イノベーションを生む"改善"

自動車工場の改善活動と全社の組織設計

岩尾俊兵

有斐閣

本書は，特定非営利活動法人グローバルビジネスリサーチセンター（GBRC）の
GBRC三菱地所経営図書出版助成を得て刊行された。

まえがき

　その日も愛知県豊田市にあるトヨタ自動車高岡工場では，あちこちで議論をする人たちの姿がみえた。工場内のプレハブで，休憩コーナーで，あるいは機械のそばで，ここを変えて１秒ムダがなくなる，いやこうだ，と侃々諤々やりあっている。その多くは，片手でおこなっていた作業を両手を使った２カ所同時作業に変更して１秒作業時間を節約しよう，といったような地道なアイデアである。

　インターンシップでこの工場にやってきた私がこの光景に感動していると，指導役の技術者が，そんなに改善が好きならもっと面白い改善箇所をみせてくれるという。

　着いた先は，自動走行ロボットが何台もパズルのように動き，人の姿のみえない，近未来の工場といってもよいような場所だ。多額の投資が必要だったが今では高岡工場だけで年数千万円，トヨタ自動車全体では年数億円稼ぐ改善活動だという。

　私はとっさに疑問の声を発さずにはいられなかった。

　「でも，こういうのはどちらかといえば工程イノ・ベ・ー・シ・ョ・ン・なのではないですか？」

　「……それは単なる言葉の問題だね。うちではこれも改・善・だから」

　　　　　　　　　　　　　　　──── トヨタ自動車高岡工場でのひとこま

　ここで「言葉の問題」と返答されている筆者の疑問は，工場で実際に働いた経験のある方であれば，「何を当たり前のことを，学者はこれだから……」と一笑に付すようなものかもしれない。

　あるいは，同じように工場で日々改善活動に従事している方であっても，「いやいや，そんなもの改善活動ではないよ」という反応をする方もいらっしゃるかもしれない。実際，主に実務家の方々が集まった本書の草稿輪読会

では，こうした変化が改善かイノベーションか，はたまた改善でもイノベーションでもない生産設備開発なのか，ということについての見解は，人によって互いに相容れないほどの隔たりがあった。

いずれにせよ，この「言葉の問題」こそが学術的大問題であり，かつ掘り下げることでより意義深い論点を提示でき，場合によっては新たなマネジメント・イノベーションを提案できる潜在性をも有しているのである。

本書が扱う論点の第一は，まさにこのような改善活動をめぐる言葉の問題，すなわち「規範論」ないし「ステレオタイプ」の存在であるが，こうしたものに囚われているのは，まず既存研究の大部分であり，次に多くの企業および実務家である。つまり，多くの企業において，作業者による小規模で持続的な生産方法の改良こそが改善活動だとされてきたのではないか。しかしこれは，インクリメンタルな改善活動が大規模でメジャー（major）なイノベーションへと変化する可能性の芽を摘んだ結果かもしれない，というのが第二の論点である。

このような本書の基本構想と一致するかのように，2019 年 5 月 8 日のトヨタ自動車決算説明会において豊田章男社長は「私は，イノベーションはどこからか突然訪れるものではなく，インプルーブメントが呼び込むものだと考えております。この改善の力こそが，これまでも，そして，これからも私たちの持続的成長を支える競争力の源泉だと思うのです」と発言している[1]。だが，単に改善活動を地道に頑張ればイノベーションになるというのも，また間違っている。改善活動から最大限に持続的な競争優位を得るためには，組織構造の選択問題という隠れた戦略的意思決定の論理を掘り起こさねばならない，というのが本書の第三の論点である。

ここで一度，これらの言葉の一般的な定義を確認しておこう[2]。

まず，「改善活動」とは，アウトプットの品質（quality）・コスト（cost）・

---

1) トヨタ自動車公式サイト「ニュースルーム」にて確認できる（https://global.toyota/jp/newsroom/corporate/27803050.html，2019 年 6 月 30 日閲覧）。

2) なお，こうした定義をめぐる既存研究の詳しい状況については，第 1 章および第 2 章で確認する。

まえがき　iii

納期ないし生産リードタイム（delivery or production lead time）・製品多様性
（flexibility）や，作業の安全性（safety），従業員満足（happiness）などの指標
（英単語の頭文字を並べて QCDF&SH などと略されることもある）を向上させる
ことを目的として，従業員全員参加でおこなわれる組織変革活動のことであ
る。「改善活動」「改善」「カイゼン」「現場改善」などと呼称され，「作業改
善」「工程改善」などといった形で修飾語がつく場合もあるが，日本企業の
競争力の源泉として 1980 年代以降世界中で注目された。

　これに対して，近年その必要性が叫ばれる「イノベーション」とは，新し
い製品，生産工程，市場，材料，組織の実現をともなう諸要素の新結合のこ
とを指し，技術革新・技術変化とも呼称される。経営学分野では，それぞれ
に製品イノベーション，工程イノベーション等といった名称を用いることも
多く，さらにそれらが持つ経済社会へのインパクトに基づいて，「インクリ
メンタル」（小規模），「メジャー」（大規模），「ラディカル」（断続的・破壊的），
「アーキテクチュアル」（産業構造革新的），「レボリューショナル」（革命的）
といった修飾語が付されることもある。また，このうちインクリメンタルで
ないものをイノベーションと捉える意見もある⁴⁾。

　本書でもみていくように，改善活動とイノベーションとは，定義からして
相容れないとする見方も存在する。しかし，そうした見方は，先述の改善活
動の定義から，「改善は現状肯定であって新結合ではないだろう」「改善には
小規模な経済的効果しかないだろう」「改善には従業員全員参加といわれる

---

　3)　工程イノベーション，製品イノベーション，あるいは組織イノベーションなど
　　　は，変化するものが何であるかという，対象に関しての分類である（Utterback,
　　　1994；Birkinshaw *et al.*, 2008 など）。これに対して，Abernathy & Utterback
　　　（1978）などのいうインクリメンタル，メジャー，ラディカルなどは，工程や製
　　　品イノベーションのインパクトに関しての分類である。

　4)　インクリメンタル・イノベーションとは，経済的・社会的インパクトが個別で
　　　は比較的小規模であるイノベーションをいい，産業を刷新するラディカル・イノ
　　　ベーションにしばしば対置される。論者によって，生産性向上効果の大小，既存
　　　の市場・技術とのつながりの有無，製品構造への影響などといったさまざまな基
　　　準で，インクリメンタルとラディカルが区分される。また，インクリメンタルと
　　　メジャーとが対比される場合もある。

iv　まえがき

けれども技術者は必要ないだろう」などと，憶測してしまっていないだろうか。ところが，改善活動とイノベーションとの定義をよくよく見比べてみると，少なくとも言葉のレベルでは，両者は一致もしていないが不一致や互いに相容れない定義を含んでもいない。すなわち，両者は完全に切り離すことも，完全に同一視することもできず，正しい理解は，両者には一部重なる部分とほとんど重ならない部分とが共存しているということであろう。そして，こうした「重なり」こそ，新しいマネジメントの理論構築の機会になるのである。

　以上のように考えられるにもかかわらず，改善活動とイノベーションという言葉の漠然としたイメージから，両者はしばしば完全に区別されてきた。

　それどころか，こうした言葉のイメージは，そのまま観察対象の姿さえも歪めてしまってきたのではないだろうか。すなわち，筆者を含む改善活動を研究対象とする学者が，学術書や論文で学び実際に工場見学で観察したと思っていた改善活動は，科学哲学でいう「理論負荷的」な存在だったのではないだろうか。言い換えれば，多くの研究が改善活動を理論の色眼鏡でみてきたのではないか。つまり，人間が持つ「見たものを，見たいような姿で，見てしまう」という特徴が，改善活動研究にも影響してきたかもしれないという問題提起ができるのである。

　このとき，研究者にとってメジャー（大規模）な工程イノベーションにみえるものと，いわゆる小さな（マイナーな工程変化をともなう）作業改善等とを，どちらも区別せずに「改善活動」と捉える企業があるという観察を前提にすると，次のような理論的進展の可能性がみえてくる。すなわち，改善活動に大小の振れ幅が生まれることを説明する論理を発見してはどうかという視点である。そうすれば，既存研究の発見を完全に否定してしまうことなく，より包括的な理論体系のもと，新しいマネジメント方法の提案さえも含んだ広い視野で議論をおこなうことができるだろう。しかも，後々分かるように，こうした論理から，日本企業の強みといわれてきた改善活動のポテンシャルを最大限引き出すことが可能になるのである。

　ここで，本書が提案する改善活動への新しい見方を要約しておくと，以

下のようになる。まず，改善活動を，「Plan → Do → Check → Act・Action（PDCA）型の問題解決の１サイクル」（ないし少数サイクル）が独立して一企業内で多数なされていると捉える伝統的な見方から，ひとつの PDCA サイクルが相互依存した別の PDCA サイクルを無数に呼び起こす可能性を持つ「潜在的な問題解決の連鎖」として捉え直す。その上で，企業はその連鎖をどこかで意識的・無意識的に断ち切っているのではないか，という問いへと発想を転換させる。

　仮に何らかの改善活動が始動しても，こうした潜在的な問題解決の連鎖をつなげずに，はじめの１サイクルの段階で全て断ち切るならば，結果として生まれる改善案は１サイクルの問題解決の結果として出てくる小変化（たとえば作業変更）といったものが独立して無数に積み重ねられるという形になるだろう。反対に，改善活動のきっかけが生まれた際に，最初から連鎖の多くを見越し，それらのつながりを意識して，相互に関連する問題解決を一挙に片づけるという方針を取る企業であれば，結果として生まれる改善活動もまた大きな設備開発・工程開発ばかりになるだろう。あるいは，こうした両極端の中間型で，個別に対応し大小さまざまな改善活動が実現される状況にある企業が存在するという可能性も，考えられるだろう。

　しかも，こうした再理論化は，単に「改善活動の概念を捉え直す」といった価値だけでなく，もっと積極的に，「改善活動が戦略的な差別化の基礎となる可能性」「改善活動から競争優位を最大限に得るための条件」「改善が比較的大規模なイノベーションになる条件」あるいは「イノベーション一般の創出条件」といったような，より大きな学術的貢献を生み出しうる可能性を有している。小さな改善活動が大きな設備開発につながる条件は何か，その際のリスクは何か，成功率を上げリスクを下げるマネジメントはあるか。こうした付加的な疑問の数々は，イノベーション一般の研究にとっても意義あるものとなるだろう。

　このように，本書は，生産管理論における改善活動研究から始まって，その再理論化によりイノベーション論・経営組織論・経営戦略論のそれぞれに貢献することを企図したものである。研究によって得られた知見は，第１章

以降の本文において詳細に語られることになるが，最終的には上述したような大きな理論分野と接合されるため，幅広い読者層を想定している。改善活動，生産管理のみならず，イノベーション，組織，戦略，さらに視点としての科学哲学，手法としてのマルチエージェント・シミュレーション（人工社会，分散人工知能）といったキーワードのいずれかに興味を持っているのであれば，研究者，実務家，コンサルタントなどといった職業に関係なく，あらゆる方が読者として射程に入っている。

　また，主な研究対象は日本および海外の自動車生産工場であるものの，シミュレーションによる抽象化の効果もあいまって，ここでの議論は産業分野を越えて適用可能であると考える。そのため，自動車産業というキーワードに興味を惹かれる方はもちろん，そうでない方にも読んでいただきたい。さらに，こうしたシミュレーションの結果として，企業規模の大小にも作用されず（「現場と本社の距離」といったいくつかの条件の違いを生み出すものの），大企業から中小企業まで多くの企業に本書の提示する論理が適用できると考えている。

　以上の前置きを踏まえ，本編では，ここで提示された問題についてより詳細かつ具体的に議論していく。

vii

目　　次

まえがき　i

第 1 章　改めて改善活動の意義を問い直す ───────── 1
イノベーションと組織の視点

1 優れた研究蓄積が引き起こすジレンマ：問題提起 ·············· 2

1.1 改善活動研究に潜む「あるべき」論　2

1.2 個別と全体：2つのカイゼン　3

1.3 社会科学の対象としての改善活動　4

1.4 新しい改善活動研究：組織とイノベーションの視点　6

2 なぜ改善活動研究が必要なのか：日本企業の最終兵器「改善」

············· 8

2.1 改善活動と競争優位　8

2.2 イノベーションとしての改善活動　12

3 イノベーション論は改善活動をどうみているか ·········· 15

3.1 通常型，工程，インクリメンタル・イノベーション　15

3.2 インクリメンタル，メジャー，ラディカルの区分　17

4 改善活動をめぐるステレオタイプ的イメージ ·············· 20

4.1 細分化されたインクリメンタル・イノベーション　20

4.2 改善活動をめぐるボトム，トップ，ミドルの役割　20

4.3 小規模，工程革新，独立，作業者・作業集団主導　21

5 改善活動をめぐる調整問題と組織設計という「空白地帯」

·········· 23

5.1 イノベーションと調整問題・組織設計　23

5.2 規範からの逸脱と新たな研究の可能性　24

viii 目 次

6 本書の構成 ……………………………………………… 26

第 **2** 章 巨人たちは何を発見し何を見過ごしたか ——— 29
本書の位置づけと理論的考察

1 先行研究レビューの目的と本章の読み方 ……………… 30

2 既存研究は改善活動の性質をどう捉えてきたのか ……… 32

    2.1 改善活動研究で中心的に扱われてきたもの　32

    2.2 改善活動をめぐる実務家の視点　38

3 「問題解決の連鎖」というイノベーション論的視点と改善活動
  …………………………………………………………… 41

    3.1 組織的問題解決活動としてのイノベーション　41

    3.2 設計の理論からみた改善活動　43

4 イノベーションへの組織構造の影響 ………………… 48

    4.1 イノベーションの種類と適合的組織　48

    4.2 産業における棲み分け　50

5 改善活動は作業者のチームワーク頼みなのか：
改善活動を担う組織の研究 …………………………… 52

    5.1 小集団活動・QC サークル研究再訪　52

    5.2 小集団改善活動と組織理論　54

    5.3 人工物の設計変更と小集団改善活動への影響　56

6 改善活動をめぐる組織内外の調整問題という論点：
関連理論レビューから …………………………………… 58

    6.1 ダイナミック・ケイパビリティ理論と改善活動　58

    6.2 組織ルーティンの理論と改善活動　61

7 イノベーションとしての改善活動の実証研究に向けて …… 65

    7.1 本書の位置づけと理論的考察のまとめ　65

    7.2 本書が用いる複合的研究アプローチ：定性，定量，実験，歴史　68

目　次　ix

第 3 章　問題解決の連鎖としての改善活動 ——————— 73
トヨタ自動車の事例

1 なぜ改善活動の長期観察が必要なのか ………… 74

2 既存研究の改善活動観の再確認と事例分析法 ………… 76

　2.1 サブ・クエスチョンへの分解　76

　2.2 定性事例の数値化とその限界　78

3 研究対象としてのトヨタ高岡工場 ………… 80

4 7 つの多様な改善活動：トヨタの改善事例比較 ………… 81

　4.1 改善活動をめぐる組織の概要　81

　4.2 事例 1　フタ物工程ドア組付作業改善　85

　4.3 事例 2　フタ物工程小規模設備導入・ドア組付作業改善　86

　4.4 事例 3　フタ物工程中規模設備導入・ドア組付作業改善　88

　4.5 事例 4　フタ物工程ドア設計変更・ドア設置作業改善　90

　4.6 事例 5　プレス課・ボデー課作業用具変更による品質改善　91

　4.7 事例 6　フタ物工程大規模設備導入（スライドパズル方式）　93

　4.8 事例 7　サイドメンバ工程大規模設備導入・自動化　95

5 問題解決の連鎖対応のための「ライン内スタッフ組織」
………… 98

　5.1 改善活動の規範論からの逸脱　98

　5.2 ライン内スタッフという新発見　102

6 トヨタのライン内スタッフは唯一解か：小括と次なる疑問
………… 105

Appendix　トヨタ自動車に残る諸問題 ………… 108

第 4 章　改善活動の 3 類型という発見 ——————— 111
日本の自動車 4 社の完成車工場比較

x 目 次

1 トヨタ的バランス型戦略以外の可能性：
4社比較がなぜ必要か ································· 112

  1.1 改善活動をめぐる全社的意思決定の余地 112

  1.2 組織構造というフィルター 114

2 改善活動分類図という考え方：分析枠組み ············· 116

  2.1 イノベーションとしての改善活動の類型化 116

  2.2 小規模中心，大規模中心，バランス型 118

  2.3 組織構造の観察と測定 121

3 比較事例分析と質問票調査の概要 ··················· 124

4 改善をめぐる多様な戦略と多様な組織の発見：
比較事例分析 ·································· 126

  4.1 A社の事例：小規模中心・分権的・作業者中心型の改善活動
126

  4.2 B・C社の事例：大規模中心・集権的・技術者中心型の改善活
動 134

  4.3 D社の事例：バランス型・中間的・ライン内スタッフ型の改善
活動 136

  4.4 データによる改善活動3類型比較 139

5 改善活動をめぐるイノベーション戦略と組織設計という論点
······································· 143

6 本章の発見に再現性はあるか：小括と残された課題 ········· 145

Appendix 質問票原文 ····························· 148

第 **5** 章　**改善活動をめぐる技術戦略と組織設計** ──────── 155
シミュレーションによる検証

1 本書で得られたシンプル・セオリーの理論化に向けて
······································· 156

2 改善活動現場を分散人工知能で再現する：
シミュレーションの方法 ························· 158

  2.1 シミュレーションにおける改善活動プロセスの単純化
158

目　次　xi

　　2.2　シミュレーションの空間（仮想空間）　161

　　2.3　シミュレーションにおける作業者・技術者・ライン内スタッフ　161

3　イノベーションの規模は組織設計に従う：
　　シミュレーションの結果　……………………………………　163

　　3.1　分権的・作業者中心型組織での小規模イノベーション中心傾向　164

　　3.2　集権的・本社技術者中心型での大規模イノベーション中心傾向　165

　　3.3　ライン内スタッフ型による相転移　165

　　3.4　シミュレーションの3条件の比較　167

4　仮想世界で判明するライン内スタッフの効果：
　　モデルへの追加的な考察　………………………………………　168

　　4.1　本社と現場の距離の影響　168

　　4.2　フットワークの軽さ・重さの影響　170

　　4.3　分権的資源配分とライン内スタッフ　171

5　イノベーションを生む改善への橋渡し：
　　分権制，集権制，ライン内スタッフ　……………………………　172

6　仮想世界は現実を語れるか：小括と残された議論　……………　174

第6章　分権的改善活動の定着には何が必要か ───────　177
　　IMVP調査と事例研究

1　海外生産拠点での改善における資源配置の分権化　………　178

2　海外生産拠点になぜ改善活動が必要なのか　………………　180

　　2.1　水平的海外生産と垂直的海外生産　180

　　2.2　海外生産費用上昇と改善活動　181

3　記述統計分析と比較事例分析の利用法：
　　本章の研究アプローチ　…………………………………………　183

4　改善活動が定着しない海外拠点と「例外」：
　　記述統計分析の結果　……………………………………………　184

5 なぜ「例外」拠点では改善活動が定着したか：
E社生産子会社の国際比較 ・・・・・・・・・・・・・・・・・・・・・・・・・・・・・・・・・ 189

   5.1 E社国内生産子会社X工場における改善活動　190

   5.2 E社海外生産子会社Y工場における改善活動　191

   5.3 E社海外生産子会社Z工場における改善活動　194

6 改善活動定着の鍵としての資源の分権化と調整問題 ・・・・・・ 196

7 権限委譲と全社的組織作り：小括と次なる課題 ・・・・・・・・・・・・・ 198

第 **7** 章　ライン内スタッフ組織の成立条件 ──────── 201
関係者の回想

1 ライン内スタッフの発生と定着の歴史 ・・・・・・・・・・・・・・・・・・・ 202

2 技術員室と人事区分としての「技術員」 ・・・・・・・・・・・・・・・・・・ 203

3 A社におけるライン内スタッフ廃止理由 ・・・・・・・・・・・・・・・・ 205

   3.1 A社の元副社長および現役製造部長の回答　205

   3.2 A社でのライン内スタッフ成立条件　207

4 トヨタ自動車元ライン内スタッフの回想 ・・・・・・・・・・・・・・・・・・ 209

   4.1 オーラル・ヒストリーの概要　209

   4.2 X氏の回想の要点　210

5 ライン内スタッフ制定着のための環境条件と組織条件
・・ 213

6 組織設計の「慣性」という視点：小括 ・・・・・・・・・・・・・・・・・・・・・ 216

Appendix　トヨタ自動車元ライン内スタッフX氏質疑応答全文
・・ 217

第 **8** 章　イノベーションを生む改善 ──────── 225
全社組織設計という隠された論理

1 本書が目指したこと：
イノベーションとしての改善活動のリトロダクション ・・・・・・・・・・ 227

1.1 長期観察による改善活動のリトロダクション　227

1.2 本書が設定した研究課題への回答　228

2　イノベーションとしての改善活動の多様性：本書の論点整理 …………………… 229

2.1 本書による発見事実　229

2.2 改善活動が全社的マネジメントを必要とするとき　230

3　「問題解決の連鎖」と改善活動の多様化および調整問題 …………………… 231

3.1 改善活動のステレオタイプ・イメージからの脱却　231

3.2 改善活動のイノベーション論からの再検討　233

4　改善活動をめぐるイノベーション戦略：組織決定論的視点 …………………… 234

4.1 実証研究で判明した改善活動をめぐる多様性と組織　234

4.2 ライン内スタッフ制という特殊な組織形態　235

5　イノベーションとしての改善活動の性質変化と全社的マネジメント ………… 239

6　イノベーション戦略と組織設計に唯一解はあるのか …… 240

6.1 イノベーションとしての改善とイノベーションを生む改善　240

6.2 改善をめぐる技術戦略策定のために　242

7　イノベーションを生む改善を超えて：他（多）分野への貢献可能性 ………… 245

7.1 改善活動と生産性のジレンマ：イノベーション論の常識を疑う　245

7.2 足し算的改善と掛け算的改善：生産関数との関係　247

7.3 新しい組織の形を求めて：イノベーションと組織デザイン　249

8　おわりに：現場改善から全社イノベーション・マネジメントへ …………… 251

参 考 文 献　253

あとがき　271

索引（事項索引，人名索引）　277

本書のコピー，スキャン，デジタル化等の無断複製は著作権法上での例外を
除き禁じられています。本書を代行業者等の第三者に依頼してスキャンや
デジタル化することは，たとえ個人や家庭内での利用でも著作権法違反です。

第 **1** 章

改めて改善活動の意義を問い直す

イノベーションと組織の視点

　　トヨタ自動車でのインターンシップ・プログラムにおいて，指導
役の M 主任に，私はなおも食って掛かっていた。「スライドパズ
ル」と呼称される特殊な方式によって工場の自動化・自働化が達成
され，トヨタ内の他工場からも見物人が来るほどの変化が，「片手
を両手に」式の改善活動と一緒とは思えなかったからだ。
　　そして私はまた口を開いた。
　　「言葉の問題なら何でも改善活動になっちゃいませんか？」
　　「……でもね，そもそも改善と他の設備投資案件に明確な区別と
か分かれ目があるのかな？　大きな設備導入のときに作業改善を追
加したり，逆に小さな作業改善をやるうちにロボット増やそうとな
ったりということもあるし」
　　M 主任はまたしても示唆的なことをいわれ，続けて次のように
締めくくられた。
　　「……というか，だからこそ，われわれ技術員室メンバーがいる
わけだしね」

　　　　　　　　　　　　　───トヨタ自動車 M 主任とのある日の会話

1 優れた研究蓄積が引き起こすジレンマ：問題提起

1.1 改善活動研究に潜む「あるべき」論

　改善活動（改善，カイゼン，*Kaizen*）をめぐる研究状況は，ある種のジレンマの真っただ中にあるのかもしれない，というのが本書の出発点である。

　ここで，本書が扱う「改善活動」とは，工程・作業の意図的な変化の積み重ねによって，生産性向上，生産リードタイム短縮，製造品質向上，さまざまな意味でのフレキシビリティ向上や，工程・作業の安全性追求といった，競争力強化を実現する多数の活動を指す（Cusumano, 1994；藤本, 1997; 2012；Adler *et al.*, 1999；Fujimoto, 2014；伊原, 2017；山口・河野, 2018）。多くの日本企業の生産現場が長期にわたって改善活動に取り組み続けており，その経営上の重要性は，過去（Cole, 1979；新郷, 1980；川瀬, 1984；Imai, 1986 など）から，現在（坂爪, 2015；伊原, 2017；Carnerud *et al.*, 2018；山口・河野, 2018 など）に至るまで，認識され続けている。

　改善活動がもたらす経営上のインパクトへの注目は国際的にも広がり続けており，2010 年以降，世界中の大学・研究機関で，改善活動の活性化やそのマネジメント方法についての研究が急速に蓄積されてきている（Gonzalez Aleu & Van Aken, 2016）。その一方で，過去の研究成果を踏まえた定義に基づいて新たに実証研究を積み重ねるという，いわゆる優れた研究が蓄積されることにより，かえって改善活動の重要な一部分がみえづらくなるという，ジレンマ的状況が発生している可能性もある。

　それは，改善活動をいつの間にか規範的に，すなわち「こうあるべき」という暗黙裡の前提のうちに観察してしまう，という問題である。これは，理論負荷性・理論負荷的問題ともいわれ，人間が何かを見るというとき，観察対象そのものの姿ではなく，観察対象に対して事前に与えられた知識や文脈に従って，何かとして見てしまうという性質に由来する。だまし絵などの例示を使った Hanson（1958）の議論が有名である。

　こうした問題は，観察対象が科学的なものとして確立し，分析手法や分野

ごとの常識が共有されるといった，制度化によって生まれるものである（Hanson, 1958；Kuhn, 1962）。すなわち，優れた研究が可能になると，同時に，研究をあるべき論へと引き込む規範化の作用が生まれてしまう。このとき，規範的な研究の積み重ねが長く続いた後に，理論の再考・打破の余地，すなわちリトロダクション（retroduction，再理論化）の可能性が生じるのである（Hanson, 1958）。ここで，リトロダクションとは，既存の理論では説明できない現象の観察を土台として，現象と理論を行ったり来たりしながら，うまく現象を説明できる論理を新たに模索・提示することである。[1]

1.2　個別と全体：2つのカイゼン

　ただし，改善活動を研究するにあたっては，改善活動という言葉の多義性が常に問題となる。たとえば，改善活動は英語圏でも *Kaizen* で通じるが，*Kaizen* が可算名詞か不可算名詞かさえ，その使用方法はまちまちである。そして，改善活動も，*Kaizen* も，品質やコスト等の向上を狙った作業変更・工程変更のひとつを指す場合もあれば，こうした活動の集合を指す場合もある。すなわち，ある工場においてA・B・C・Dという改善が別々におこなわれていた場合，改善の従事者はしばしば個々の活動を改善ないし改善活動として語ると同時に，全ての活動を一括して「わが社の改善活動」として語ることもある。改善活動，改善，カイゼン，*Kaizen* という言葉は，部分と全体を同じ言葉が表している，「入れ子構造」になっているのである。

　そして，改善活動に関する既存研究は，継続的改善活動（continuous improvement activities）全体（総体）を構成する一部分である個別改善活動を，時に *Kaizen* event や *Kaizen* project ないし日本語の改善プロジェクトと呼び分けた上で，個別プロジェクトの①完結性，②小規模性，③工程革新性や，こうした活動を遂行する組織の④分権・民主的特徴などを前提として，規範的な改善活動組織について議論してきた。このように，多義的な改善活動を部分と全体に分け，さらに部分を構成する個別の改善活動に明確な定義を与

---

　1)　論者によっては，アブダクション（abduction）と同一とすることもある。

4　第 1 章　改めて改善活動の意義を問い直す

えることで，定義に合致した個別改善活動の集合として改善活動全体もまた
捉えられるという工夫をおこなってきたのである。

　こうした工夫は，実務的にも有意義であった。個々の改善活動の集合体に
対して問題発見・解決の標準型・理念型が生産工学・経営工学的に提示され
ることで（新郷, 1977；河野, 2007；Shook, 2009；今井, 2011），生産現場の改善
活動を促進する方法論が確立されたからである。つまり，規範的な議論には，
実務にとってはお手本としての価値もあったといえる。こうした研究では，
継続的改善活動全体の組織プロセスとして一種の標準型が存在することを念
頭に置いた上で，その成功事例の紹介をおこなうこともある（Bessant *et al.*,
2001）。改善活動を対象とした文献の総括的レビュー研究によれば，改善活
動に関する最近の研究は，生産管理系の IE（インダストリアル・エンジニア
リング）的な視点などに基づく実務的なものが半数を超えており，また，学
術的な論文であっても実証や考察に至らず規範的な成功事例の紹介に終始す
るものが 3 割を超える状況にあるという（Glover *et al.*, 2014）。

1.3　社会科学の対象としての改善活動

　このような状況は，生産工学・経営工学だけでなく社会科学寄りの改善活
動研究においても同様である。改善活動に関して，経営組織論など社会科
学的な視点が必要であるとの指摘がなされ[2]（Choi, 1995），社会科学的実証分
析も蓄積されてきているが（Glover *et al.*, 2014；Gonzalez Aleu & Van Aken,
2016），これらの研究もまた，ある定義のもとでの改善活動に用いられる組
織構造が有効であることを前提とした上で経営組織論的な議論を展開するこ

---

　2)　こうした主張の背景として，イノベーション一般のマネジメント要因を探る研
　　　究では，経営組織論的な知見が活用されることが多いことがあげられる。このよ
　　　うな研究は，イノベーションが組織的な活動であるとの認識から，組織構造へ着
　　　目する。したがって，改善活動もイノベーションのひとつであるならば，イノベ
　　　ーション一般についての研究同様に，改善活動の研究においても組織構造へ着目
　　　する必要性があるという主張が成り立ちうる。この点については，本書第 2 章に
　　　詳述している。

とが多い。

　たとえば，改善活動をおこなう企業の組織構造の実態を明らかにし，そうした組織構造の有効性についての理論的な考察を提示することを目的とする研究群が，いくつか存在する。これには，小集団改善活動・QC サークルに関する経営組織論的な研究（Cole, 1979; 1985；野中, 1990），トヨタ自動車とゼネラルモーターズの合弁企業として設立された NUMMI での生産活動を民主的なテーラー主義（democratic Taylorism）や学習する官僚制（learning bureaucracy）といった概念で捉えた研究群（Adler & Borys, 1996；Adler *et al.*, 1997; 1999 など），両利き経営（ambidexterity）論（O'Reilly & Tushman, 2013），国際自動車プロジェクト（International Motor Vehicle Program：IMVP）のデータを用いておこなわれた改善活動をめぐる人的資源管理論研究（Mac-Duffie, 1995；MacDuffie *et al.*, 1996 など）などがあげられる。

　改善活動をめぐる社会科学的な研究としては，イノベーション論からの改善活動研究もあげられる。たとえば，改善活動のインパクトを「小規模でインクリメンタルだが重要なもの」と指摘した研究（Abernathy, 1978；Abernathy & Clark, 1985 など）や，技術者が主導することが多い研究開発等に対して作業者・作業集団が主要な貢献者となる民主的・分権的イノベーションであると分類した研究（Bessant & Caffyn, 1997；Koike, 1998；Bessant *et al.*, 2001），改善活動を積み重ね型の工程変化を目的とした小規模イノベーションとして捉える研究（Anand *et al.*, 2009；Varadarajan, 2009）などである。こうした研究は規範的・ステレオタイプ的な分類論の一形態そのものとも考えられるだろう。

　このように，改善活動に関する学術的な研究はさまざまな分野で蓄積され，それぞれが互いを補完するような考察をおこなっているが，そこには研究分野を超えて一種の規範やステレオタイプ的な見方が存在し続けてきている。これは，改善活動が科学的な研究対象として制度化されてきた証左でもあり，一面では好ましいことでもある。改善活動の多義性を整理した規範的な研究は，その定義に共通了解を生じさせ，研究間の比較可能性や頑健性を担保するためである。

6　第1章　改めて改善活動の意義を問い直す

　しかし同時に，こうした規範ないしステレオタイプの存在によって，ステ
レオタイプから外れた改善活動をおこなっている企業への注目，ないしステ
レオタイプから外れた企業とそうでない（ステレオタイプに合致した改善活動
をおこなう）企業との比較といった視点は欠如しがちとなるともいえよう。
それによって，ステレオタイプ的でない企業の場合にどのような組織構造が
採用されているのか，経営組織論の観点からどのような組織設計が必要とさ
れるか，といった論点は見逃されることになる。

1.4　新しい改善活動研究：組織とイノベーションの視点

　実際，個々の改善活動を分析単位として，その特性やパターンの企業間で
の差異を実証的に分析し，差異発生の原因を社会科学的ないし経営学的に考
察する研究は，比較的少なかったとされる（Glover *et al.*, 2014）。そのため，
生産工学・経営工学的に測定される改善活動の成果と，社会科学的に論じら
れる個別企業のマネジメントの要素との間に，いかなる関係が存在するのか
については，必ずしも明らかでなかった。改善活動をめぐる規範的な議論で
は，たとえ企業間で改善活動の成果・特性にバラツキが生まれたとしても，
それは継続的改善活動の理念型を前提とした導入成功例・失敗例の比較とし
て捉えられてきたためである。近年蓄積されつつある実証研究群（Farris *et
al.*, 2009；Glover *et al.*, 2011 など）においても，改善活動をステレオタイプ的
に捉えたことの帰結として，作業集団主導の分権的な組織設計以外の組織構
造を採用した場合にどのような影響があるかといった，組織構造と改善活動
成果との因果関係を意識した研究は不足している。これまで述べてきたよう
に，こうした規範的な見方ゆえに，改善活動の多様性と組織設計との関係と
いう点に，既存研究のリサーチ・ギャップが存在するというのが本書の視角
である。

　そこで本書では，改めて個別改善活動の観察を土台にした改善活動論を展
開する。すなわち，規範的な改善活動組織論→個別改善事例研究という既存
研究の論理展開ではなく，実証的な個別改善事例研究→実証的な改善活動組
織論という形で論理を展開していく。それにより改善活動に対する見方を再

1 優れた研究蓄積が引き起こすジレンマ　7

考した上で，マネジメントの一要素としての組織設計に着目し，それが改善活動の実際の成果パターンにどのような影響を及ぼすかを，比較事例分析と記述・推測統計分析を用いて議論して，上記リサーチ・ギャップの一部を埋めることを試みる。個々の改善活動を分析単位として改善活動のバラツキを測定した上で，各社の全体的な改善活動発生パターンを特徴づけ，企業間の差異が発生する原因を経営学的な観点から考察するのである。

　また，組織構造と改善活動成果という2者間に因果関係が想定できるのかについて，組織内の資源配分のあり方とネットワーク形態に着目し，マルチエージェント・シミュレーションの手法を用いた仮想世界での実験によって，議論を補完する。とくに，これまでの改善活動研究において見逃されがちであった，作業現場と本社技術部門とをつなぐ連結ピン的な「工場技術員」の機能を，「ライン内スタッフ組織」として説明し，こうした組織成員が（たとえ全体の5％未満といった小規模な割合ででも）存在する場合に，改善活動の成果のパターンにどのような変化が生じるかについて，実証的・実験的に分析する。

　さらに，こうした一連の研究を通じて，イノベーション論の中でしばしば想定された「現場の作業組織による工程改善を目的とした小規模で独立的なイノベーションの集合体」という改善活動観が，現実の経営における有効な改善活動と必ずしも（常に）一致するわけではない可能性を述べ，イノベーション論における改善活動の位置づけを明確にしていくことも，目的のひとつとしている。

　なお，結論を一部先取りしておくと，こうして実証的に観察された個別改善活動群は「完結性，小規模性，工程革新性，組織的分権性」[3]といった規範的特徴に一様に限定されるものではなく，むしろ「連結性，規模的異質性，製品革新性，組織的複雑性」[4]なども見て取れること，その結果として継続的改善活動にも規模的分布等の多様性（バラツキ）がみられること，そうした

---

3)　本章の後半および本書第2章でより詳細に述べられる。
4)　本書第3章・第4章で主に議論される。

8 第1章 改めて改善活動の意義を問い直す

多様性に対して組織設計（分権的作業者中心組織，ライン内スタッフ制，集権的本社技術者中心組織など）が影響を与えること，といった点を実証的に示すのが本書の狙いである。

以上で述べてきたように，改善活動に規範的ないし理論負荷的な見方が存在してきた可能性と，それによるリサーチ・ギャップが存在する可能性とが，本書全体を通じた問題意識である。これらの問題意識は，以降において，より具体的な疑問，たとえば「なぜ改善活動は尽きることなく生まれ続けているのか」「多数の改善活動が実施される中で，同一産業の企業群が同一の改善成果を創出し，他社との大きな相違は生じないのか」「それとも，企業内で創出される改善活動には企業固有の傾向性があるのか」「仮にそうした企業間の差異が存在する場合，いかなる要因が上述の差異に影響するのか」といった問題設定として提示される。

2 なぜ改善活動研究が必要なのか：日本企業の最終兵器「改善」

2.1 改善活動と競争優位

本項では，もう一度，改善活動の意義を確認する。改善活動が企業経営にとって客観的にどれだけインパクトのある活動であるのかを示せなければ，本書の研究意義も乏しいものになってしまうためである。

これまで，改善活動が企業の競争優位の源泉になるという指摘は，今井（1988）や Bessant（1992）をはじめとして何度もなされてきた。改善活動が企業に持続的な競争優位をもたらす理由として，企業には市場・顧客の要求を満たしつつ販売価格を顧客が許容する水準に収めた上で，さらに利益の余地を生み出す必要があることがあげられる[5]。このとき，市場・顧客の要求と企業の利益を両立させるには，目標として定めた品質，納期（生産リードタ

---

[5] 特に，日本企業においてこうした企業行動は頻繁にみられ（日本銀行調査統計局,2000），マークアップ原理・フルコスト原則的でない原理が，日本企業の価格戦略であったとされる。

イム），製品多様性（フレキシビリティ），生産コストを達成するための持続的な改善活動が必要となるという論理が，改善活動の企業経営上の意義を裏づけるものとして提示されうる。改善活動が競争優位につながりやすい産業とそうでない産業が存在する可能性もあるとはいえ，一例として自動車産業[6]において過去から現在まで競争力を保ち続けてきたのは，生産現場を中心に上述の持続的な改善活動を実現してきた企業，すなわち「ロングテール型の技術変化」[7]に取り組んできた企業群であった（Fujimoto, 2014）。

これに加えて，資産回転率とフレキシビリティの両立（Hayes & Clark, 1985）や，品質・コスト・フレキシビリティという3指標の同時向上達成（Adler *et al.*, 1999）などを可能にする経営手法として注目されるトヨタ生産方式・リーン生産方式[8]（Hayes & Clark, 1985；Womack *et al.*, 1990；Cusumano, 1994；Adler *et al.*, 1999）もまた，実際には持続的な改善活動によって創発的に生み出され（野村, 1993；藤本, 1997；佐武, 1998），その有効性が改善活動によって支えられているとされる（伊原, 2017）。トヨタ生産方式・リーン生産

---

6) たとえば，市場・顧客の要求が時々刻々と移り変わるような製品を供給する産業においては，特定・固定化された製品デザインの品質（Q），生産コスト（C），納期・生産リードタイム（DまたはT），フレキシビリティ（F）の向上を目指すメリットは比較的小さいのかもしれない。ただし，たとえば生産ラインのフレキシビリティ向上のように，経営状況の現状の改善と将来の環境変化への対応（ダイナミック・ケイパビリティ）の両方を同時に狙えるような性質の改善活動の場合，迅速な市場対応にも同時に貢献できる可能性があろう（Clark & Fujimoto, 1991；Helfat & Winter, 2011；岩尾・菊地, 2016）。

7) ある産業において，製品イノベーションと工程イノベーションが交互に生じた後に，特定の製品デザイン（ドミナント・デザイン）のもとで持続的な工程・製品の改善（インクリメンタル・イノベーション）が長期にわたって生まれ続ける状況を指す（Fujimoto, 2014）。

8) トヨタ生産方式には，自働化による原価低減およびジャスト・イン・タイムによる在庫圧縮・資本効率追求といった目標に近い概念と，多能工化や多工程持ちといった生産手段に近いものとがある（門田, 2006）。しかも，それらは常に改善されているため，トヨタ生産方式を確固とした生産方式・経営手法として捉えるよりも，目的と手段が混然一体となった，変化し続ける実践の集合として理解したほうがよい。

第1章 改めて改善活動の意義を問い直す

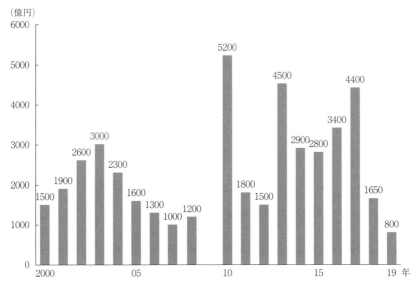

(注) 2009年は世界金融危機の影響で算出されていない。
(出所) 有価証券報告書（各年3月期）をもとに筆者作成。

図1-1　トヨタ自動車における原価改善効果の推移

方式の根底に改善活動があるという上記の考え方は，トヨタ生産方式の元祖である大野（1978）でも述べられている。

トヨタ自動車一社を取り上げてみても，原価改善活動の利益貢献額は世界金融危機の影響があった2009年3月期を除いて年間数千億円規模に達する。図1-1は，トヨタ自動車有価証券報告書において「原価改善の努力」の利益貢献額が計算され始めた，2000年から2019年までの改善活動の経済的効果の推移である。価値判断次第であるとはいえ，トヨタ自動車における改善活動の効果は，現在も経営にとって重要であり続けているのである。

ただし，ここには，部品や原材料の変更といったバリュー・アナリシス／バリュー・エンジニアリング（VA/VE）活動の影響も含まれている。VA/VE活動と工場や物流の改善活動を分離して記録した最初のデータが示されている2015年以後のトヨタ自動車有価証券報告書によれば，純粋な工場の改善活動の効果は年間450億〜700億円である（図1-2）。金融部門からの収

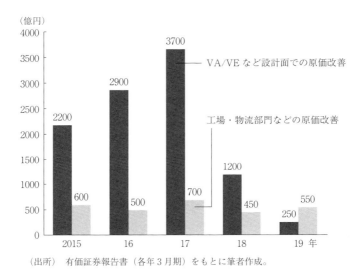

（出所）有価証券報告書（各年3月期）をもとに筆者作成。

図1-2 トヨタ自動車のVA/VE活動と純粋な工場・物流改善活動の利益貢献額

益を含めたトヨタ自動車の（連結）最終利益（純利益・包括利益）が数千億円から2兆円以上の間を推移していることを考えると，こうした利益に，工場における狭義の改善活動でも数％～十数％，VA/VEを含む広義の原価改善は数十％程度貢献しているという状況が見て取れる[9]。

生産現場での改善活動は，以上のように単体で企業に利益をもたらすほかにも，製品開発や部品調達といった他の経営機能に影響することで，経営全体へ貢献する可能性がある。たとえば，新製品開発・市場導入のプロセスでは試作車や治工具・型枠などの製造・生産をともなうため，こうした「隠れた製造・生産活動」の効率性が，製品開発期間を短縮する効果を持つ可能性がある（Clark & Fujimoto, 1991）。また，製造部門が改善活動の知識を蓄えることにより，サプライヤーに提供できる改善活動の知識が増加し，組織

---

[9] ただし，トヨタ自動車の経営成績は，連結財務諸表か個別財務諸表かによっても，また営業利益か純利益かによっても大幅に変動する，という点を考慮する必要はある。

間学習を通じてサプライチェーン全体の競争力強化につながる場合もある（Nishiguchi, 1994；Dyer & Singh, 1998；Dyer & Hatch, 2006）。こうした例では，生産部門における改善活動が，研究開発機能（部門）・物流管理機能（部門）の経営指標にまでプラスの影響を与えているわけである。このように，改善活動は経営全体からみた生産機能という一部分の競争力強化にとどまらず，他の経営機能にも影響することで，企業全体の競争力を強化する可能性をも保持するものであるといえよう。

しかも，改善活動は，このようにさまざまな経営効果を持ちながら，それに取り組むリスクは比較的小さいといわれる（Varadarajan, 2009）。一般に，先行技術開発を製品の生産につなげるには困難があるとされるが（榊原, 2005），改善活動の場合にはもとから生産に即したアイデアを生み出す傾向が強いためである（野中, 1990）。

2.2　イノベーションとしての改善活動

ここまでみてきたように，経営にとっての改善活動の重要性は，近年に至るまで広く実務家および研究者から認識されてきている一方で（伊原, 2017），改善活動が企業・産業・経済に対してインパクトをもたらす「イノベーション」であるか否かについては，否定的・肯定的双方の見解が存在してきた。たとえば，改善活動の重要性を述べた初期の研究のひとつである Imai（1986）や今井（1988）は，トップダウン型で多額の投資を必要とし本社の研究開発部門が主体となる「イノベーション」に対して，投資をあまり必要とせず作業者からのボトムアップ型の提案によって生み出される「改善活動」（カイゼン, Kaizen）というように，両者を対比的に描いている。こうした見方が生まれた背景として，研究史的にも，改善活動の重要性を述べる研究群には「本社主導の研究開発一辺倒へのアンチテーゼ」としての側面（たとえば今井, 2011；Imai, 2012 など）があったことがあげられる。[10]

---

10)　また，標準作業の策定と変更を管理者の専権事項とするテーラー主義（Taylorism）へのアンチテーゼとしての意味もあった（Imai, 1986；藤本, 2001）。

2 なぜ改善活動研究が必要なのか　**13**

　これに関して，Bhuiyan と Baghel は，改善活動の源流が 19 世紀から 20
世紀にかけていくつかの企業でみられた経営実践と科学的管理法（Taylor,
1911）の流行にあるとし，改善活動の特徴は小さな変化の積み重ねにあると
指摘する（Bhuiyan & Baghel, 2005）。このように改善活動をいわゆるイノベ
ーションとは別個のものとみる立場は，前出の Imai（1986）のような初期の
研究から，近年のレビュー論文に至るまで存在し続けている（Singh & Singh,
2015）。

　一方で，改善活動をイノベーションの一種であるとする研究も存在する
（Abernathy, 1978；Choi, 1995；Bessant & Caffyn, 1997；Boer & Gertsen, 2003
など）。こうした研究は，イノベーション論と経営組織論の観点から改善活
動を捉えたほうが示唆に富むと指摘してきた（Choi, 1995；Boer & Gertsen,
2003）。そもそも，イノベーション論の初期の研究である Myers & Marquis
（1969）でもすでに工程改善のような活動が扱われていることや，生産関数
の上方シフトをイノベーションとみる Nelson & Winter（1982）の見方が存
在することを考えれば，さまざまなアイデアを多くの経営要素を用いて実現
し，新たな生産手法や原材料を生み出す活動である改善活動を，イノベーシ
ョンと捉えられる可能性は十分にある。[11)]

　たとえば，経済協力開発機構（OECD）によるイノベーション測定プロジ
ェクトである *Oslo Manual 2018* において，イノベーションは「新しいまた
は改善された製品や生産プロセス（あるいはその組み合わせ）であって，それ
以前の製品や生産プロセスとは一線を画し，潜在的な顧客や生産現場にとっ
て利用可能なもの[12)]」（強調点は引用者による）と定義されている（OECD & Eu-

　11）　イノベーション研究の古典である Schumpeter（1934）による「諸要素と諸力
　　　の新結合による新しい生産手法，製品，組織，原材料，市場の創出」との定義と
　　　も矛盾はしないだろう。ただし，Schumpeter の立場は Schumpeter（1934）と
　　　Schumpeter（1947）でも一部異なるため，一定の留意は必要である。

　12）　原文は「a new or improved product or process（or combination thereof）that
　　　differs significantly from the unit's previous products or processes and that has
　　　been made available to potential users（product）or brought into use by the
　　　unit（process）」である（OECD & Eurostat, 2018, p. 20）。

rostat, 2018)。この定義によれば（「一線を画し」という部分に依然として価値判断が介入する余地が残るとはいえ），やはり改善活動もまたイノベーションに含まれるといえよう。

　ただし，先行研究は，改善活動をイノベーションの一種としつつも，他の種類のイノベーションとは異なる性質を持つものとして扱っていることが多い。この場合，改善活動は，当該産業における製品の決定版であるドミナント・デザインとそれに合った工程のデザインとを前提とした通常型イノベーションであり，また，持続的に生じるインクリメンタル・イノベーションであるとされる（Abernathy & Utterback, 1978）。すなわち，大規模な工程イノベーションと小規模・インクリメンタルな工程イノベーションがあるとして，改善活動は後者と捉えられてきたのである（Abernathy *et al.*, 1983；野中, 1990）。

　そして，インクリメンタル・イノベーションとしての改善活動は，生産という効率主義のもとで秩序立った世界においておこなわれるものであり，付和雷同的に同一の方向でのイノベーションは起こりやすいが（野中, 1990），「多くの場合は独創というよりは他社と比較した微細な改良型差異にとどまりやすい」（同, p. 241）といったように，際立ったアイデアが生まれる余地が小さく，他社との戦略的差別化の要因になりえないものだとされることも多い。

　このように，改善活動は，生産効率向上に大きく寄与すると考えられる上，生産以外の経営機能にも影響する。そのため，改善活動をおこなうこと自体が企業の競争優位・産業競争力にとって重要であることは確認できた。それゆえに，改善活動はある種の「イノベーション」として扱われることもある。ただし，この場合の「イノベーションとしての改善活動」は，いくつかの限定が付いたものであったし，改善活動をおこなっている企業同士の差別化は生み出しえないとされることもあった。しかも，これからみていくように，イノベーション論には，改善活動への示唆を与えてくれると同時に，いくつかの疑問をも生じさせるところがある。

3 イノベーション論は改善活動をどうみているか

3.1 通常型，工程，インクリメンタル・イノベーション

改善活動は，イノベーションではあるが，「通常型」の「インクリメンタル」イノベーションであるという限定のもとで議論されることが多い。

まず，「通常型」について，技術向上・潜在顧客獲得を既存製品と同一方向に伸張し，企業の利益を創出するタイプのイノベーション活動は通常型イノベーションと名付けられ，他のイノベーション同様に産業の興隆に影響を持つとされる（Abernathy, 1978；Abernathy & Clark, 1985）。そして，通常型イノベーションの中でも規模の小さなものは，インクリメンタル・イノベーションと呼ばれ，改善活動はその典型的な例であるとされる（Abernathy *et al.*, 1983；野中, 1990）。インクリメンタル・イノベーションは，単独で既存の技術・市場を変化させることはあまりないという意味で，産業の既存秩序を[13]大変化させる可能性を持つラディカル・イノベーション（あるいはラディカルほどではないが規模の大きいメジャー・イノベーション）に対置される概念でもある（Abernathy & Utterback, 1978）。

このとき，Abernathy らのいうラディカルとインクリメンタルの境界線は，製品のデザイン・ヒエラルキーのどの部分における変化であるかといった観点や，既存技術・既存市場とのつながりといった観点に基づいている（Abernathy *et al.*, 1983）。そして，生産性向上のような経済的なリターンは，むしろ工程イノベーションやその後のインクリメンタル・イノベーションの積み重ねに依存するところも大きいと指摘されている（Abernathy & Utterback, 1978）。Abernathy らが引用している Enos（1958）の調査でも，石油精製産業において，大規模なイノベーション（と投資）よりもむしろ小さな作業改善の積み重ねのほうが利益への貢献が大きかったと報告されている。

---

13) ただし，これが積み重なることで成熟が限界点に達し「脱成熟」する可能性は否定されていない。

16   第1章　改めて改善活動の意義を問い直す

表 1-1　組立産業における工程数削減の効果

産業種別	プロセス産業	組立産業
工程数	全体で4から5など少数	1部品だけでも100以上
工程数削減のインパクト	ラディカル	インクリメンタル
既存工程改良のインパクト	インクリメンタル	インクリメンタル

（出所）　Utterback（1994）をもとに筆者作成。

　そのため，Abernathy らの初期の研究成果のひとつである Abernathy & Utterback（1978）では，「イノベーションというと製品イノベーションを想定する論者が多いが，工程イノベーションや（製品・工程の）インクリメンタル・イノベーションも重要である」と主張することが，論文の目的のひとつとなっていた。

　ただし，（メジャーなもの，インクリメンタルなもの，どちらにせよ）工程イノベーションが重要になるかどうかは産業ごとの特性に依存するという見方も存在する。Enos（1958）などの調査は石油・素形材といったプロセス産業を対象としたものであり，こうした産業は「そもそもの工程数が少ない」という点が自動車などの組立産業とは決定的に異なるために，メジャーであれインクリメンタルであれ，工程イノベーションの経済的インパクトが比較的大きくなるというのである（Utterback, 1994）。

　たとえば，自動車のエンジンの組立には128〜129の細分化された工程があるといわれ，これらの工程が1つや2つ削減されたところで全体の1〜2％の生産性向上しか見込めないが，プロセス産業のように4から5の工程からなる場合には1つの工程の削減によって生産性が20〜25％向上するであろうことは，理論上も計算上も明らかである[14]（表1-1）。そのため，産業によ

---

　14)　ただし，ここには議論の前提として，「各工程が等しい粒度・大きさであり，工程削減の経済効果が全ての工程で均一である」という仮定が存在している。また，プロセス産業の場合においても，既存の工程設計を前提としたインクリメンタル・イノベーションは，工程数の削減をともなうラディカルなイノベーションが断続的に生じる間に生み出され続けているという（Tushman & Anderson, 1986；Utterback, 1994）。

っては，工程を削減するための変化がインクリメンタルなものであっても，ラディカルな経済的インパクトを与えうる，ということになる。

3.2 インクリメンタル，メジャー，ラディカルの区分

イノベーションの中には，小規模でインクリメンタルなものから大規模でメジャーなもの（Abernathy & Utterback, 1978），そして市場・技術の構造を変革させるラディカルなものまでが存在するとされ（Abernathy *et al.*, 1983），さらに，工程改善・作業改善などのインクリメンタルなイノベーションもまた，その積み重ねによって産業や企業の生産性向上に寄与するとされてきた（Abernathy & Utterback, 1978；Bessant, 1992）。こうした点はすでに本書で確認してきた通りである。

その上で，インクリメンタル・イノベーションとしての改善活動は，製品イノベーションやメジャーな工程イノベーションとは性質を異にするものであるとも論じられている。たとえば，インクリメンタル・イノベーションは産業が成熟した段階で起こり，産業の創成期・成長期に起こるラディカルなイノベーションとは発生時期が異なるとされる（Abernathy & Utterback, 1978）。すなわち，産業発展の初期段階では，「どのような製品を生産するか」についての合意が形成されていないために多数の真新しくラディカルな製品イノベーションが発生し，やがて市場がそれらの製品群から特定のデザインを選択すると，当該デザインがいわば製品の決定版である「ドミナント・デザイン」となる。それ以後は，この製品設計を前提とした工程を開発すべくメジャーな工程イノベーションが生まれ，さらに生産工程が確定する段階になると，コスト削減を主な理由として工程や製品のインクリメンタル・イノベーションが主眼に置かれるようになるのである（Abernathy & Utterback, 1978；秋池, 2012）。

こうした段階にくるとラディカルな製品イノベーションはあまり生まれなくなり，続いてメジャーな工程イノベーション，最後にインクリメンタルなイノベーションが，徐々に生まれにくくなっていくとされる（Abernathy, 1978；Abernathy & Utterback, 1978）。生産性は向上するのにイノベーション

18　第1章　改めて改善活動の意義を問い直す

は生まれないという，いわゆる「生産性のジレンマ」と呼称される状況である（Abernathy, 1978）。それどころか，インクリメンタル・イノベーションこそがこうした停滞の原因であるとされることもある。たとえば Benner & Tushman（2000）などは，インクリメンタル・イノベーションによる短期的な生産性向上を目指す戦略が組織学習を方向づけ，長期的なラディカル・イノベーションを締め出すと指摘した。

　そして，改善活動もまた，インクリメンタル・イノベーションの部分集合として，この想定にあてはまるとされてきた（Choi, 1995；Bessant & Caffyn, 1997；Boer & Gertsen, 2003）。この立場は，Abernathy & Utterback（1978）のような初期の研究から比較的最近の研究（Anand *et al.*, 2009 など）にまでみられるものである。最近では，Martini *et al.*（2013）のような一部の理論的研究において，インクリメンタル・イノベーションとラディカル・イノベーションを同時に扱う継続的イノベーション（continuous innovation）という概念が提唱された例もあったが，ここでもやはり，改善活動自体はあくまでもインクリメンタルなものとして扱われている。なお，ここまでの議論と一部重複するが，ラディカルなイノベーションが産業においてごく稀に生じるものであるのに対し，インクリメンタルなイノベーションは一産業において多数生み出されるとされる（Tushman & Anderson, 1986；Varadarajan, 2009）。

　このように，イノベーション論から改善活動を捉えた場合，その定義は明確になる一方で，素朴な疑問もまた生まれてくる。たとえば，「生産性のジレンマの結果，改善活動の余地が尽きてしまった産業がないのはなぜか」，あるいは，多数のインクリメンタル・イノベーションによって「なぜ工程・作業がなくなってしまわないのだろうか」。こうした疑問は，次のように整理してみると，さほど荒唐無稽なものではないかもしれないのである。

　まず，前提として，改善活動によるコスト削減の基本は，工程ないし作業の削減であるとされる（新郷, 1977；Suh, 1990）。しかしながら，たとえば1994年時点において工程数128〜129とされた自動車のエンジン組立をみてみても（Utterback, 1994），自動車産業に属する企業はその後20年以上にわたって数多くの改善活動を繰り返しながら（Fujimoto, 2014），エンジン組立

工程数が1にまで削減されることも，インクリメンタル・イノベーションが生じなくなってしまうこともない。むしろその反対に，改善活動の余地は尽きず，企業競争力の向上に貢献し続けていることは，前節でもみた通りである。

もちろん，改善活動の中に品質向上などを目的として工程が一時的に増加するものが含まれる場合も考えられるが，そうして増加した工程もやがて改善対象になるはずと考えれば，疑問は依然として残る。すなわち，改善活動の余地が尽きるならば改善活動のマネジメントの余地もまた尽きるはずだが，そうならないのはなぜだろうか。

一見馬鹿げた疑問に思われるかもしれないが，インクリメンタル・イノベーションは，通常型イノベーションとして，既存の技術体系の枠内でなされるはずのものである。だとすると，固定的な技術体系の中で，工程数と作業数の上限はある程度は決まっているだろう。そしてそれは，改善活動のようなインクリメンタル・イノベーションの連続によって減少し続けるはずである。だが，そんなことは現実には起こっていないし，直感的にもそう簡単には起こりえないと考えられる。だとすると何かが間違っているのではないか，というのが，本書の目指すリトロダクションのはじめの一歩である。

繰り返すと，改善活動をイノベーションとしてみた場合に，「なぜ改善活動は尽きることなく生まれ続けているのか」という点は明らかでない。この点に関しては，次章の理論的考察において筆者なりの答え（仮説）を示すことになるが，先に次節では，その前提となる改善活動の理論的な取り扱いを確認しておこう。すなわち，改善活動の規範論，ステレオタイプとはどのようなものかということを詳細に述べていく。

---

15) この点については，先行研究レビューをおこなう第2章および実証パートにあたる第3～7章において本書なりの答えを出すが，それからさらに踏み込んだ産業の脱成熟に改善活動が与える影響については，本書の第8章において再度考察する。

4 改善活動をめぐるステレオタイプ的イメージ

4.1 細分化されたインクリメンタル・イノベーション

　改善活動をインクリメンタル・イノベーションのひとつとみなす研究が多い点についてはすでにみてきた通りである。このとき使用されるインクリメンタル・イノベーションという概念は，製品設計の小変化なども含んでおり，改善活動よりも射程の広いものといえよう（Abernathy & Utterback, 1978）。そのため，改善活動は，他のインクリメンタル・イノベーションを全体集合として，そこからさらに区別される要素を複数持つ部分集合であると考えられてきたといえる。

　まず，改善活動は，他のインクリメンタル・イノベーションと同じく，産業・企業に小規模な変化をもたらすという特徴があるとされる（野中, 1990；Choi, 1995；Bessant *et al.*, 2001）。このとき，改善活動は基本的にはインクリメンタルな「工程の」イノベーションであるとされ，同時に個々の改善が積み重なることで大規模な経済効果をもたらすものであるとされる（Varadarajan, 2009；Anand *et al.*, 2009）。すなわち，改善活動には，一企業においておこなわれる多数の作業・工程改善の総体としての意味と（今井, 1988），総体としての改善活動を構成するひとつひとつの作業・工程改善プロジェクトとしての意味がある（Glover *et al.*, 2014；Gonzalez Aleu & Van Aken, 2016）。これは，言葉としての改善活動の「入れ子構造」として，すでに述べた通りである。このとき，個別改善は「ありたい企業像ないしありうべき未来像」と「現実の企業像ないし現実の姿」との量的・質的ギャップが小さい変化であるとされる（内野, 2006）。そして，こうした多数の個別改善活動はそれぞれ独立しており，他の改善活動や他の組織活動との相互依存性はあまり考えられていない（Boer & Gertsen, 2003）。

4.2 改善活動をめぐるボトム，トップ，ミドルの役割

　また，改善活動は，技術者が主導することが多い研究開発等と異なり，作

業者・作業集団が主要な貢献者となる民主的・分権的なイノベーションであるとされる（Bessant & Caffyn, 1997；Koike, 1998；Bessant *et al.*, 2001）。他のイノベーション活動が問題解決と意思決定とを必要とする情報処理活動であるように（Thompson, 1965；Myers & Marquis, 1969；Clark & Fujimoto, 1991；藤本, 1997），改善活動もまた現場での問題解決・意思決定を必要とするが（Lindberg & Berger, 1997；Koike, 1998；小池, 2000；小池ほか, 2001），この種の問題解決・意思決定をおこなうのは主に作業者ないし作業集団であるとされてきたのである（野中, 1990；Koike, 1998；Bessant *et al.*, 2001）。

　ただし，特に日本の研究者を中心に，改善活動においてもマネジメント層が果たすべき役割が存在するという指摘もなされている（川瀬, 1984；三枝, 2016；山口・河野, 2018）。こうした研究群では，トップダウンで改善活動の戦略的重要性を説いた上で改善活動の目標を設定したり[16]（三枝, 2016），技術的な問題解決を手伝ったり（川瀬, 1984）などといった役割が指摘されるが，現場層とマネジメント層と成果の全てが活性化している状態が理想とされ（山口・河野, 2018），最終的には現場のライン組織によるボトムアップ的な問題解決という型への収斂が想定されている（川瀬, 1984）。川瀬（1984）のタイトルが「ライン中心型組織の提案」とであることに端的に表れているように，マネジメント層の役割を説いた研究であっても，改善活動を主役として担う組織がいくつかの代替案の中から選択可能なものとして存在しうることを，明確に指摘しているわけではない。

4.3　小規模，工程革新，独立，作業者・作業集団主導

　ここまでの議論をまとめると，改善活動をイノベーションとしてみる場合，次のような見方が存在してきたということになる。すなわち，小規模なものであって（Choi, 1995；Bessant *et al.*, 2001），工程革新を主な対象とし

　16）　あるいは，現場に有無をいわせずにトヨタ生産方式による改善活動を導入するという段階ではトップダウン的なマネジメントが必要とされることもあるが，それを実施する組織においてはやはり現場のボトムアップ的な問題解決がなされるべきとされる（三枝, 2016）。

22　第1章　改めて改善活動の意義を問い直す

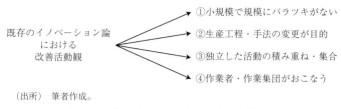

(出所)　筆者作成。

図 1-3　イノベーション論における改善活動

(Bhuiyan & Baghel, 2005 ; Anand *et al.*, 2009)、個々に独立した同質・同規模の活動の積み重ねであって (Anand *et al.*, 2009)、作業者・作業集団主導型 (川瀬, 1984 ; Bessant & Caffyn, 1997 ; Koike, 1998 ; Bessant *et al.*, 2001) のイノベーションとして、改善活動は分類されてきたのである (図1-3)。

　この図1-3が、改善活動をめぐる規範の具体的な姿であり、同時にこれが理論負荷的に改善活動研究を縛ってきた定義ともいえよう。一種の固定的な見方という意味では、ステレオタイプ・イメージとも言い換えられるだろう。

　しかし、こうした分類・定義は、なぜ改善活動が尽きないのかという前出の疑問に答えてくれるものではない上に、さらなる疑問をも生じさせる。すなわち、特定の産業において多数回生じるインクリメンタル・イノベーションとしての改善活動に、本節で概観してきたような特徴が見出せる場合が多いとしても、個別の改善活動の特性を無視できるのかという疑問である。

　もちろん、全ての改善活動が一定の型にはまって創出されるならば、ここでの問いは意味をなさない。しかし、改善活動も一種の投資をともなう企業行動である以上、製造業における他の投資計画同様に、その投資額や収益率は常に一定ではなく多少のバラツキを持つ可能性が考えられる (Cabral & Mata, 2003)。そして、こうした疑問の上に、各企業にはそれぞれの企業固有のマネジメントが存在することを仮定すれば「多数の改善活動が実施される中で、同一産業の企業群が同様の改善成果を創出し、他社との大きな相違は生じないのか」「それとも、企業内で創出される改善活動には企業固有の傾向性があるのか」「仮にそうした企業間の差異が存在するとしたら、いかなる要因が上述の差異に影響するのか」といったように、疑問を発展させてい

くこともできる。

こうした点をさらに考察するため，次節では，改善活動をめぐるマネジメント要因を探っていく。

5　改善活動をめぐる調整問題と組織設計という「空白地帯」

5.1　イノベーションと調整問題・組織設計

イノベーション活動における組織内外の調整問題は，イノベーション・マネジメントの主要な論点である。しかしながら，イノベーション論に立脚した改善活動研究においては，この論点があまり論じられてこなかった[17]。

たしかに，改善活動をイノベーション論の視点で捉えることで，改善活動が企業経営にどのようなインパクトを与えるのかについてはより明確になる。その一方で，改善活動をいかにマネジメントすればよいのかについての議論は，イノベーション論の文脈にはあまり登場しない[18]。イノベーション論の文脈では，改善活動の性質の分類論が提示されることが多く（Abernathy, 1978；Bessant & Caffyn, 1997；Boer & Gertsen, 2003 など），イノベーション論を踏まえた具体的なマネジメント法の研究は今後の発展分野とされた（Choi, 1995）。そして，そうした場合に必要となるのが経営組織論的な視点であると指摘される（Choi, 1995；Gonzalez Aleu & Van Aken, 2016）。

改善活動から視点を移してみると，イノベーション一般をめぐる組織のあり方とイノベーションの成功との関係については，ネットワークの形状

---

17)　なお，イノベーション論から離れてみると，近年の改善活動研究（坂爪, 2015；山口・河野, 2018 など）には，上司と部下（経営層と現場）といった組織の垂直方向の調整問題を扱ったものがある。しかし，こうした研究は，他のイノベーション活動において問題となる，部門横断的な組織の水平方向の調整問題については，中心的には扱っていない。

18)　他方，生産管理論においては，改善活動を促進するための考え方（大野, 1978；Imai, 1986；今井, 1988；河野, 2007；Womack & Jones, 1996）から，具体的な改善手法（新郷, 1977; 1980；Shingo, 1981; 1988）まで，幅広く研究がなされている。

24　第1章　改めて改善活動の意義を問い直す

や調整形態・組織構造などに注目した研究群がこれまでにも存在してきた（Thompson, 1965；Myers & Marquis, 1969；Allen *et al.*, 1979；Aoki, 1986；Clark & Fujimoto, 1991；内野, 2006）。イノベーションは多様なアイデアと多様な人々と多様な資源が結びつくことによって達成されるために，多数のステークホルダーを巻き込む必要があり，この種の組織的な要因が成否に影響を与えるのである（Van de Ven, 1986）。さらに，さまざまな経営要素・資源の結合を必要とすることから，イノベーションの成功には多様なステークホルダーを説得して資源を動員・獲得する段階においても創造性が必要となり（武石ほか, 2012），多部門の言葉と論理を理解しながらコンセプトを提示する力で組織を統合・調整していくマネジャーが必要となることがあるとされてきた（Clark & Fujimoto, 1991）。

　このように，イノベーション一般の成功要因として全社組織的な要因が考察されてきたにもかかわらず，改善活動のようなインクリメンタル・イノベーションについては，そのような全社的な組織要因があまり議論されてきておらず，分権的でボトムアップ型の問題解決を前提とした議論が多い（Bessant *et al.*, 2001）。近年においても，改善活動の成功要因を組織やチームワークなどに求める研究は存在するが（Farris *et al.*, 2009；Glover *et al.*, 2011），そこでも，全社組織が改善活動の後方支援を担うとの指摘はあっても，多くは基本的にはチーム内の組織設計の議論に終始している（Farris *et al.*, 2009；Glover *et al.*, 2011; 2014）。

5.2　規範からの逸脱と新たな研究の可能性

　上述のような事態は，既存研究が改善活動を小規模で個々独立した工程のインクリメンタル・イノベーションであると想定したために，そうしたタイプのイノベーションについては作業者・作業集団という組織に着目すればよいとされることが多かったために生じたものと考えられる（Bessant *et al.*, 2001）。これはすなわち，改善活動に対して暗黙裡に，標準的な型（規範）が想定されてしまっていたということである。もちろん，実際にも改善活動がこうした想定からはみ出さないのであれば，調整は分権的な組織での現場の

意思決定に任せればよいということになるだろう（Aoki, 1986；Koike, 1998；小池ほか, 2001）。

　このような想定のもとであれば，組織全体に調整問題が及ぶことはなく，したがって組織全体の調整問題を前提にした組織設計等の視点も必要がないことになる。Van de Ven（1986）や武石ほか（2012）にみるような組織内外での資源獲得という視点も，そもそも規模が小さいイノベーションであって資源をそれほど必要としないのであれば，必要性が薄れるだろう。換言すれば，インクリメンタル・イノベーションとしての個々の改善活動の規模にバラツキが存在しないか，それが無視できるほどに小さいことが明らかになれば，上記の論理が実際の経営にも完全に適用できることが予測される。

　反対に，改善活動の中に比較的規模の大きいものが含まれていた場合には，議論の前提が崩れ，上記の論理が完全には適用できないことになる。もし改善活動の規模にバラツキが存在するのであれば，そこには資源動員の必要性が生じる場合が含まれることになり，ステークホルダーの数も増え，したがって改善活動をめぐる最適な調整機構・組織構造が常に作業者のチームワークに限定できるとは限らなくなるのである。しかも，先回りして既存の文献における実務家の回想をみてみると，改善活動は時として大規模なものになり多くの関係者間を調整する組織成員が必要となる可能性もあるとされているため（松島・尾高, 2008；原田, 2013），ここで提示された疑問を実際の企業の実証データから再検証する意義は見込めよう。

　こうした状況を踏まえれば，「多数の改善活動が実施される中で，同一産業の企業群が同様の改善成果を創出するのか」という疑問に対しては，以降で改善活動についてのさらなる先行研究レビューと実際の改善活動の観察・調査が必要となるだろう。その上で，「企業内で創出される改善活動には企業固有の傾向性があるのか」という疑問に答えるため，それらの観察・調査結果を数社間で比較する必要があろう。さらに，「仮にそうした企業間の差異が存在するとしたら，いかなる要因が上述の差異に影響するのか」という疑問に関して，イノベーションとしての改善活動が既存研究の想定から逸脱する部分を持つ場合には，調整機構としての組織構造・組織設計が鍵となる

26　第1章　改めて改善活動の意義を問い直す

可能性があることは，本節でみてきた通りである。

6　本書の構成

　これまで述べたように，イノベーションとしての改善活動は，小規模で繰り返しおこなわれるインクリメンタルな変化であって，主に作業者・作業集団によって担われると考えられてきた。しかし，実務家の回想をもとにすれば，改善活動は規模が比較的大きなものから比較的小さなものまで存在しうる。そのため，改善活動をめぐる資源の獲得・配分もまた，必ずしも全てが分権的な組織・調整機構を用いておこなわれることが最善かどうかは追加的な調査を経なければ分からないだろう。[19]

　ここで組織や調整の定義について議論を展開することは本書の目的ではないが，[20]さしあたりここでいう調整活動とは，ある目的に沿ってアウトプットを統合するために，異なるステークホルダーに働きかけることである（March & Simon, 1958; 1993：Clark & Fujimoto, 1991）。そのためには，他の組織成員との間に合意を形成して意思決定の前提（フレームワーク）を変えてしまう場合もあれば（Simon, 1947; 1997；Edmondson, 2012），結果としてのアウトプットに整合性がもたらされる枠組みを作ってしまう場合も考えられる（Simon, 1969）。なお，組織構造が受け入れられる際にも，経営理念が共有される際にも，必要となるのは他の組織成員の思考のフレームワークを制御す[21]

---

19)　なお，インクリメンタル・イノベーション「と」ラディカル・イノベーションを「同時に」実現する場合には，さまざまな組織成員が調整と交流をおこなう組織が必要であるともいわれる（児玉, 2010）。

20)　MarchとSimonの *Organizations* の第2版でも，調整についての定義がないまま，冒頭から組織における調整の必要性が語られている（March & Simon, 1993, p. 23）。

21)　ここでの組織成員はエージェント，アクター，アクタントなどと言い換えが可能である。これらの用語は，組織的な活動において目的・手段関係に基づき情報処理をしている主体を指す。エージェントとアクターは，ともに主として人間を対象とし，前者がどちらかといえば受動的，後者が比較的積極的に自己の意思で

る（フレーミングをおこなう）ことであるとされる（Edmondson, 2012）。

　一般に，組織において分業がおこなわれたならば，その後に組織として一貫した行動を取るために調整の必要性が発生する（March & Simon, 1958; 1993；Lawrence & Lorsch, 1967）。調整がおこなわれずに個人が勝手な行動を取れば，組織としてのアウトプットは無秩序なものになってしまうためである。そのため，改善活動が分業と協働をともなう組織的な行動であるならば，改善活動にもまた調整という観点が必要となろう。したがって，改善活動に，比較的小規模な生産現場内完結型のものから，実務家の回想のように大規模で多様なステークホルダーの協力が必要なものまで幅があるのであれば，必然的に，時として作業集団という枠を越えた調整の必要性もまた生じるだろうというのが，本書の基本的な視点である。

　こうした問題意識・問題設定の上に立って，本書は，上述の問題に対して以下のようにアプローチしていく。本章に続く第2章では，さらに詳しい既存研究レビューをおこない，改善活動として取り上げられてきた企業活動の性質の再確認，生産管理論の中の改善活動・品質管理研究における組織と調整の概念整理，イノベーション論おける調整の必要性についての議論の整理，経営組織論におけるイノベーションの概念整理，といった形で順次レビューしていく。これによって，本章で述べたイノベーションとしての改善活動をめぐる調整問題について，過去にどういった主張がなされ何が明らかになっていないのかを概観する。

　第3章以降は事例研究を中心に，適宜コンピュータ・シミュレーションや記述・推測統計分析を並行的におこなう。第3章では，改善活動研究に対するリトロダクションの可能性について論じるために，トヨタ自動車高岡工場での改善活動の実態調査がおこなわれ，7つの改善プロジェクトが詳細に分析される。第4章では，トヨタ自動車に関する発見事実を踏まえ，日本の自

行動を変化させる（Feldman, 2000；D'Adderio, 2008; 2011など）。アクタントは，アクターの範囲を人間外の自然物や人工物にまで拡張したものであるという特徴がある（Pentland & Feldman, 2008など）。

動車産業各社に差異があるのか，すなわちどのような規模感の改善活動に重心を据え，どのような組織で取り組んでいるのか，そこには企業ごとの特殊性が存在するのか，といった疑問に答える。第5章では，第4章で明らかになった改善活動の性質を前提条件に置いたコンピュータ・シミュレーションによる，仮想世界での実験がおこなわれる。

　続く第6章と第7章は，やや補論的な位置づけである。第6章においては，各社の改善プロジェクトの総体としての改善活動の平均的規模と，それを推進する組織は，変化させられるものなのか，意図的に変化させるとしたら何が必要か，という疑問に答える。これは，分権型と集権型という2種の組織設計の間の移動にかかわる問題である。第7章の基本的な問題意識も第6章と同様のもので，改善活動のマネジメントのために特殊な組織構造を採用する場合，それが単に組織図を書き換えるだけで可能となるのか否かを考察する。これは組織設計のうち特殊なもの（ライン内スタッフ制）の採用の成否にかかわっている。

　第8章では，そこまでの各章の疑問と答えの流れを振り返り，全体として，本章で提示した本書の大きな問題設定に対しどのようなことがいえるのかを考察する。そこでは，工場における改善活動にはイノベーション戦略の余地があり，こうした戦略に適合的な組織設計がいくつか存在することが示唆される。そのため，工場の改善活動の十分なマネジメントには，全社組織設計と組織定着のための全社的経営努力という大きな視点もまた必要とされるという可能性が述べられる。

第 **2** 章

巨人たちは何を発見し何を見過ごしたか

本書の位置づけと理論的考察

　ある大学でおこなわれた研究会にて，私が国内外の自動車工場における改善活動の実態と調整問題の重要性についての発表を終え，質疑応答に入ったときのことだった。一人の経営組織論の大御所研究者が挙手され，マイクを握られた。

　「それじゃあ，結局，岩尾さんがいいたいのは，改善活動，改善活動ってみんないうけど，本当はノウハウや技術より調整が大事だってことなの？」

　「そういわれると，そうかもしれません。ただ，技術等も大事で，要は，改善活動の種はいろんなところにあって，それをどこまで育てるかには意思決定の余地があるし，そこには組織の形がかかわっているというか……」

　　　　　　　　　　　　　　　———ある日の研究発表での質疑応答

1 先行研究レビューの目的と本章の読み方

　本章では，改善活動研究やイノベーション論の偉大な先人たちが見逃したものとは何だったのかを議論していく。こうした巨人の肩の上に乗りつつも，そこではじめて見えた景色と同時に，見えなくなった景色について述べていくのである。

　前章で，改善活動が企業の競争力に影響を及ぼしうること，そのため改善活動はしばしばイノベーションとして扱われてきたことを確認した。ただし，そうした研究群は，改善活動のイノベーションとしてのインパクトに焦点を当てた一方で，なぜ改善活動が尽きることがないのかといった点や，多数生じる改善活動に規模のバラツキが生まれることはないのか，もし多少でも個々の改善活動（改善プロジェクト）に性質の差異がみられるならば，その中でどのようなものに集中するかについて企業ごとに差異はないのかといった点，また，こうした差異に組織構造が影響する可能性もあるのではないかという点については，疑問を残したままであった。

　こうした疑問の数々は，現時点ではそれぞれ無関係なものにみえているかもしれないが実は互いに密接に関係していることが，本章で判明することとなる。その連関は，改善活動を「潜在的には問題解決の連鎖という特徴を持つが，その連鎖を好きなところで断ち切ることができる活動」として捉え直すリトロダクション（再理論化）によって，明らかにされるだろう。

　前章で，他のイノベーション活動では中心的論題のひとつとなる調整問題が，改善活動に関してはあまり注意を払われない傾向は，改善活動が，小規模で，資源獲得のための広範囲な調整を必要とせず，作業集団のチームワークで完結するという，既存研究の規範的な見方によってもたらされていると

　1）　ここで，規模への着目が強調される理由は，規模の大小によって資源動員の大小が左右され，それによって調整の必要性が左右されるという，本書第1章および武石ほか（2012）の論理を改善活動に適用する，本書の特徴ゆえである。

1 先行研究レビューの目的と本章の読み方　31

指摘した。こうした規範論ないしステレオタイプ・イメージは，改善活動に対して理論負荷的な影響を与えてきた可能性もあった。それゆえに，時に実務家が改善活動として語る大規模なプロジェクトを，例外として観察対象から外してしまうことも考えられる。

　これに対して本書は，改善活動が既存研究の想定から逸脱するとき，そこにはやはり調整問題とその解決手段としての組織設計の必要性が生じる可能性があると論じた。そこで本章では，より詳しい既存研究レビューを踏まえ，以上の議論への理論的考察をおこなう。はじめに，既存研究が主に想定する改善活動の規模がどのようなものなのかについて，生産管理論の中で改善活動研究を扱った代表的な著書2冊のコンテンツ・アナリシス，および近年の改善活動研究のレビュー論文の検討をおこない，改善活動研究・品質管理研究が，改善活動を促進するためにどのようなマネジメントが必要であると考えてきたのか，そこでは組織と調整についてどのような議論がなされてきたのかを整理する。

　つぎに，イノベーション論・公理的設計理論において，製品開発・工程開発・改善活動が，それぞれどのように扱われてきたのかについてレビューし，3者の共通点と相違点を探る。こうした各種イノベーションの共通点を踏まえ，改善活動を個々に独立した問題解決ではなく，本来的・潜在的には問題同士が絡み合った「問題解決の連鎖」であると仮定すれば，実務家の視点と既存研究の視点とを同時に扱うことができると指摘する。

　さらに，イノベーションにおける調整の必要性と影響，これをイノベーションとしての改善活動に適用した場合に得られる示唆について考察する。そこでは，経営組織論がイノベーションをどのようなものとして扱ってきて，そのマネジメントのために何が必要と考えてきたのかを明らかにする。これによって，改善活動が問題解決の連鎖として見直された場合に，新たに生まれてくる研究の視点も明らかになる。

　このように，生産管理論・イノベーション論・経営組織論の複合領域として改善活動をみた場合に，それぞれ一部分ずつ重複した既存研究レビューをおこないながら，過去に議論された内容と，これまで議論されずに残ってい

る論題とを概観しつつ，本書の理論的立場を述べていくことが，本章の目的である。

　なお，本書の理論的位置づけを詳細に知る必要のない読者は，以降を飛ばして第3章へ進んでも，全体の流れは損なわれない。また，本章では，文献レビューが一段階進むごとに，「•」で示した箇条書きによって，まとめを付した。この箇条書き部分のみをつないで読んでいくことでも，本章の主立った主張は理解可能であろう。

2　既存研究は改善活動の性質をどう捉えてきたのか

2.1　改善活動研究で中心的に扱われてきたもの

　改善活動研究は，生産管理論の中の一分野としておこなわれることがある。こうした研究群は，改善活動を成功させる要因について考察するという目的から，個別具体的な改善活動事例の紹介を中心としたものが多い。たとえば，Glover *et al.*（2014）によれば，ProQuest のデータベースに存在していた578 の改善活動についての著作物から新聞記事や要約のみの会議録等を除外した 195 の出版物のうち，事例紹介が実に 31 % を占めていたという（p. 42）。近年，改善活動に関しての出版物自体は急激に増加しているものの，アカデミックな考察と実証まで揃っている研究は Glover *et al.*（2011）などのごく一部に限られていた。

　こうした状況は，改善活動に関しての実証的・理論的研究にいまだ余地があることを意味するとともに，個別企業の改善活動の事例を詳しくみられる状況にあることをも意味する。すなわち，事例紹介が豊富であることによって，既存研究が取り上げてきた改善活動の規模や性質がどのようなものか調べるという本章冒頭での課題が，各著作・論文のコンテンツ・アナリシスをおこなうことにより達成可能となる。そこで，以降では，改善活動の研究において主要な業績として触れられることが多く（藤本, 1997；Bessant *et al.*, 2001；Glover *et al.*, 2011 など），かつ事例紹介が豊富な，今井正明の 2 著作（今井, 1988; 2011）を取り上げる。その後，Glover や Farris らといった，近

2 既存研究は改善活動の性質をどう捉えてきたのか 33

表 2-1 今井正明の 2 著作における改善活動事例数と対象企業

	カイゼン（今井，1988）	現場カイゼン（今井，2011）
事例数	18	20
企業数	15	20
研究対象 企業名 （登場順）	日産自動車 富士ゼロックス ペンテル 小松製作所 日産化学 日立電子 アイシン・エィ・ダブリュ キヤノン トヨタ自動車 小松製作所 小林コーセー NUMMI 新日本製鐵 リコー フィリップス	MK エレクトロニクス ウォルト・ディズニー・ワールド あるプレス工場 東海神栄電子工業 カイゼン・コンサルタント　デジレ・デミュルネアの回想 2 社 大和実業 サンクリプス エクセル・インダストリー レイランド・トラック レブロ シーメンス・オーストカンプ・ベルギー トレス・クルセス 井上病院 マタラッツォ・オブ・モノリス・リオ・デ・ラ・プラタ アルパルガタス インフォテック フィデリティ・インベストメンツ ルーカス・オートモーティブ ラ・ブエノス・アイレス

（出所）　今井（1988; 2011）に登場する企業名をもとに筆者作成。

年の改善活動研究の被引用関係で中核となっている研究者たち（Gonzalez Aleu & Van Aken, 2016）の論文を検討していく。

　はじめに，『カイゼン：日本企業が国際競争で成功した経営ノウハウ』（今井，1988），およびその後続書である『現場カイゼン：知恵と常識を使う低コストの現場づくり』（今井，2011）における改善活動事例を，以下で概観する。[2] 表 2-1 にあるように，今井（1988）では 15 社の 18 事例（補遺におけるキヤノンのケース・スタディを加えると 19 事例）が，今井（2011）ではカイゼン・コ

---

2)　どちらも英文書籍が初出であるが，日英の翻訳によって若干内容に差異がある上，英文→和文→英文第 2 版と内容が更新されている部分もあるため，ここでは和文書籍を参考にした。なお，和文書籍に近い原書は Imai（1986）および Imai（2012）である。

ンサルタントの回想や匿名企業を含む 20 社の 20 事例が取り扱われている。

表 2-1 から分かるように，今井（1988）においては日本企業が中心的に取り上げられていたのに対し，今井（2011）では海外の事例がほとんどであるという特徴がある点には留意が必要と考えられるが，事例が数十個に上っているため事例間の比較が可能である。

そこで，まず，取り上げられている個別事例の内容を明らかにするため，改善活動の参加者・期間・投資額・経済効果についてみていく。この 4 点は，今井（1988; 2011）のいずれにおいても触れられることが多いため，さまざまな観点から「改善活動の規模」を測定する目的で，特に着目した。なお，ここでは，全社で多数回おこなわれた改善活動の総体と，個別の改善活動とが，どちらも「改善活動」とされていることから，これらを区別するために全体・個別の区分を加えてある。

38 事例のうち，何らかの成果や，必要となった費用，改善活動の数など，数値的なデータが取れるものが 24 事例あった。表 2-2 で改善活動の数をみると，アイシン・エィ・ダブリュやキヤノンにおいては年間 20 万〜40 万回の改善活動がおこなわれていたことが分かる。こうした改善活動の規模は，全体としては数億円といった効果が見込めるものの，個別では比較的小規模であるといえよう。つぎに，参加者についてみると，作業者（従業員）とその管理者が中心になっているものがほとんどであり，社長・院長が主に活躍するという例外が 2 つほどみられるのみである。そして，改善活動に要する期間は数日から数週間であり，個別改善活動で 1 カ月を超したものは，アルパルガタスの 3 カ月間とマタラッツォ・オブ・モノリス・リオ・デ・ラ・プラタの半年間という 2 例のみである。ただし，この 2 例はともに，当該企業がはじめて改善活動に取り組んだ事例であるので，例外と考えてもよいかもしれない。

また，改善活動に使用した費用としては，手作り・自前といったものでコスト計算がされないか 0 円であるものがほとんどである。しかも，費用が生じる場合も，キヤノンの平均約 641 円のように低額である。例外としては，日産化学の 1 件当たりの平均改善活動費用約 16 万円がある。これに対して，

改善活動の効果は，品質改善や顧客満足といった金銭評価しにくいものも多いが，日産自動車の作業時間 0.6 秒以上短縮を狙った作業改善やキヤノンの 1 件当たり約 5 万円，日立電子の 10 万円，効果の高いものでも日産化学の 1 件当たり約 64 万円，富士ゼロックスの 67 万 8500 円など，基本的に数十万円を超えない。このように，今井（1988; 2011）をみる限り，全体としての改善活動の効果は経営にとって大きな金額となるが，個別の改善活動は（どこからが小さいかという価値判断が必要とはいえ）比較的小規模であるといえよう。とはいえ，今井正明の著作においても，個々の改善活動の経済効果には微細な差異がみられる。

　一方，近年の改善活動研究の状況はどうであろうか。まず，改善活動の研究は近年増加しつつあり，北米・ヨーロッパ・アジア等を中心に活発な研究領域となっている。Bessant などの理論研究に加え（Bessant, 1992；Bessant & Caffyn, 1997；Bessant *et al.*, 2001 など），Farris *et al.*（2009）や Glover *et al.*（2011）などの実証論文が最近の研究の中心となってきている（Gonzalez Aleu & Van Aken, 2016）。後者の実証的研究は，個別の改善活動を「改善イベント」（*Kaizen* events）または「改善プロジェクト[3]」（continuous improvement projects）と呼称して，その成功要因について研究している。これらの研究群は，彼ら自身の研究が改善活動の実証的な分析としておそらく初であろうと自己評価している。こうした研究では，さまざまな産業の改善プロジェクトの実態が調査されているが，ここでの改善プロジェクトは（どのような産業においても）基本的に数日で終わるものであり，月に平均で 1〜16 回以上生まれ，経営層の支持のもと数名の作業者のチームによってなされるものであり，資源の使用よりは改善プロジェクトのタスクの割り振りとチームワークが重要とされる（Farris *et al.*, 2009；Glover *et al.*, 2011; 2014）。

　すなわち，今井（1988; 2011）にみられた状況は，近年の研究においてもあまり変わっていないといえるだろう。これらの研究も，個々の改善プロジェクトは基本的に小規模で，作業者のチームワークと経験によってなされると

　3）　以後，本書でも，個別の改善活動のことを，適宜，改善プロジェクトと呼ぶ。

36　第**2**章　巨人たちは何を発見し何を見過ごしたか

表 2-2　今井正明の研究に

会社名	全体／個別	参加者概要
日産自動車	全　体 （おびただしい）	管理者と作業者
富士ゼロックス	個　別	──
	個　別	管理者と作業者 9 人
小松製作所	全　体 （年平均 4.2 件）	QC スタッフと作業者
日産化学	全　体 （年間 987 件）	作業者 5〜6 人のグループ 多数
日立電子	個　別 （7 件）	──
アイシン・エィ・ダブリュ	全　体 （年間 22 万 3986 件）	作業者
キヤノン	全　体 （年間 39 万件）	作業者
新日本製鐵	個　別	作業者 6 人 （一部保全部門）
MK エレクトロニクス	個　別	コンサルタントと作業者
あるプレス工場	個　別	管理者と作業者
コンサルタントの回想	個　別	コンサルタント
コンサルタントの回想	個　別	コンサルタントと作業者
エクセル・インダストリー	全　体	コンサルタントと従業員
レイランド・トラック	全　体	社　長
レブロ	全　体	作業者
シーメンス・オーストカンプ・ベルギー	全　体	社員の 70 %
トレス・クルセス	個　別	管理者 1 名と作業者 3 名
井上病院	個　別	院長とスタッフ
マタラッツォ・オブ・モノリス・リオ・デ・ラ・プラタ	個　別	従業員
アルパルガタス	個　別	技術スタッフと作業者 2 名
フィデリティ・インベストメンツ	全　体	
ルーカス・オートモーティブ	全　体	コンサルタントと作業者

（出所）　今井（1988; 2011）をもとに筆者作成。

よる改善活動の規模

期　間	投資額	効　果
——	低コスト	1作業につき作業時間を 0.6 秒以上削減
——	——	顧客満足向上
18 時間（会合 18 回）	廃材で治具製作	67 万 8500 円コスト削減
——	——	——
——	16 万 2107 円/件	63 万 8298 円/件
——	0 円	10 万円コスト削減
提案承認後実施	641 円/件	4 万 9487 円/件
20 時間	自分たちで手直し	熱効率 5000 キロカロリー/トン向上
——	治具を手作り	3 ％の不良率が 0 に
2 回の検査と 1 回のブレーンストーミング	電気回路変更と 毎日の清掃	プレスの不具合修繕
2 日	0 円	書類の量 3 分の 1 に
指摘から 1 カ月	——	金型配送リードタイム 3 日→2 日
1 年間		生産性 57 ％上昇
9 年間		品質欠陥 7 分の 1 に
5 年間	——	欠勤率半減 年間提案数 0.15 件→8 件 廃棄物半減 顧客からの不合格品 90 ％減 段取り時間半減 スループットタイム 30 ％減 在庫 40 ％減
数年間	——	設計と金型製造日数 120 日→49 日
4 週間	——	ヒヤリ・レポートが月 158 件→4 件
——		ミスやクレーム減
半年	——	作業時間 22 分短縮 荷積みコスト 35 ％減
3 カ月		3 万 4000 アルゼンチンペソのコスト削減
——	——	顧客からのクレーム 75 ％減
1 年間	レイアウト変更	9 人必要な工程を 3〜4 人で可能に

38   第**2**章　巨人たちは何を発見し何を見過ごしたか

しているのである。無論，今井正明の著作の中でも改善プロジェクトの全て
が完全に「等しい」規模であるとされているわけではなく，その中には微細
（投資額 0 円から十数万円程度）ではあるが相対的な規模の大小がある。ここ
で重要なのは，こうした規模の大小の幅の中に，設備開発や製品開発のよう
な数千万円以上のものは含まれず，いずれも小規模であるということである。
　ここまでをまとめると，

- 改善活動に関する初期の代表的著作である今井正明『カイゼン』『現場
  カイゼン』で取り上げられている事例は，基本的に小規模で作業者等
  が中心になっているものだった
- 近年研究蓄積が進んでいる海外雑誌での改善活動研究も，この傾向を
  加速させつつある

といえよう。

2.2　改善活動をめぐる実務家の視点

　一方で，日本企業において実際に改善活動を推進してきた実務家の回顧の
一部には，改善プロジェクト間の相対的な規模の大小が，時として微細とは
いえないほどのものになる可能性を示唆するものがある。たとえば，トヨタ
自動車の元副社長池淵浩介氏は，現場の作業者を動員しつつ，ダイハツや川
村金属といった外部の組織に泊まり込みで出かけ，さまざまな人を巻き込み，
資源を動員して改善活動を推進していったと回想している（松島・尾高，
2008）。また，トヨタ自動車元理事の原田武彦氏も，改善活動を実現するた
めに，時には全社レベルでの調整を必要とする資源動員をおこなうことがあ
ったという。そして，改善の中には他工程・他部署との調整が必要な全社規
模のものが含まれ，実際にこれをおこなっていたのは，「製造の技術員は現
場の横糸になれ」との使命を大野耐一氏（元トヨタ自動車工業副社長）から与
えられた技術員室[4]だったという（原田，2013）。「全社規模の改善活動」を金

　4）　技術員室は，工場にデスクを持つ大卒・大学院修了レベルのエンジニア集団に
　　　よって構成された組織。本書第 3 章・第 4 章にて詳細を解説。

2 既存研究は改善活動の性質をどう捉えてきたのか 39

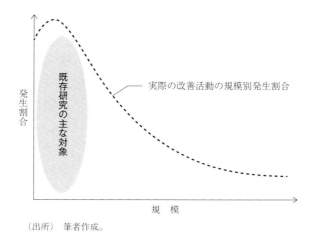

（出所）筆者作成。

図 2-1 既存研究が主に対象とする改善活動

額で評価したときの具体的な数値は不明ではあるが，同じく全社規模の活動である製品開発・設備開発（Clark & Fujimoto, 1991）に近いものとなる可能性は考えられるだろう。

こうした実務家の見方を受け入れるとすれば，多数のインクリメンタル・イノベーションの集合として捉えられてきた改善活動（Bessant, 1992；Varadarajan, 2009）の中にも，規模の比較的小さなものから大きなものまでが存在する可能性があり，場合によっては「インクリメンタル」の範囲を超える可能性も完全には否定できない。そして，その中には資源の獲得等をめぐって大規模・全社的な調整問題が生じる状況も考えうる。こうした潜在的な可能性の中で，既存研究は，研究対象を比較的小規模で発生数の多いものに絞っていたという可能性もあるのである[6]（図 2-1）。

---

5) ここで，「比較的」とは，あくまでもここでの区分が産業内の企業間比較に基づく相対的なものであることを示す。なお，数理モデルを用いる際には，いくつかのモデル間において最頻値が 0 により近いものを比較的小規模，反対に最頻値が 0 からより遠いものを比較的大規模と呼称することができよう。

6) こうした場合，「多くは小規模であるが時折大規模なものも存在する」という対数正規分布（の確率密度関数）的な形状となる可能性がある（Cabral & Mata,

40　第2章　巨人たちは何を発見し何を見過ごしたか

　しかし，改善活動について研究してきた既存文献の適用範囲を，実務家の視点に沿って拡大するというだけでは，理論的にはあまり意味がないだろう。ここで必要なのは，なぜ既存研究は対象を絞ってきたのか，既存研究の成果を損なわずに改善活動の適用範囲を拡大することは可能か，について明確な答えを出すことであろう。これに関連して，一時点での現場の小さな改善が時間の経過とともに全社的な大規模なものになるというような現象はありうるか，それともそれらは分離しているものなのか，そういった現象の背後にある論理は何か，という疑問も併せて考察する必要があろう。

　本書では，改善活動が既存の改善活動観に，それどころかインクリメンタル・イノベーションの範囲にさえ，とどまらない可能性を論じてきた。しかし，改善活動の理論を拡張するのに改善活動の理論自体を用いるのは矛盾である。こうした理論の拡張をおこなうには，改善活動やインクリメンタル・イノベーションよりも広い理論分野に一度立ち返ってみる必要がある。

　具体的には，改善活動，インクリメンタル・イノベーション，ラディカル・イノベーション，製品開発，設備開発などを抽象化して同時に扱う，イノベーション一般についての理論への回帰が有効と考えられる（Martini *et al.*, 2013）。

　すなわち，

- 実務家の一部の発言からは，既存研究の改善活動観から逸脱した事例のある可能性が考えられる
- とはいえ，そうした発言の検証と理論的な意味づけはいまだ十分でない
- そのため，今後の学術的・理論的貢献のためにはイノベーション論などに立ち戻った議論が必要である

といえる。

2003）。

3 「問題解決の連鎖」というイノベーション論的視点と改善活動

3.1 組織的問題解決活動としてのイノベーション

まずは，イノベーションについての実証研究をもとにした研究である。以下でみていくように，こうした研究には，ラディカルなイノベーションやメジャーなイノベーション，特に製品イノベーションや大規模工程イノベーションの研究に偏りがち，という特徴がある。そして，こうした偏りゆえに，インクリメンタル・イノベーションの一部であるとされてきた改善活動の研究にそのまま使用できる枠組みかどうかについては，一考の余地がある。

企業が生み出すイノベーションの実態を観察した研究群は，イノベーション創出が組織的な問題解決の連鎖をともなう活動であると指摘してきた（Myers & Marquis, 1969；Clark & Fujimoto, 1991）。Schumpeter（1934）の定義にもあるように，イノベーションは多様な要素の新結合であるから，多様な資源・アイデア・ヒトなどが出会う必要があり（Van de Ven, 1986），イノベーションの実現までの道のりでは多くのステークホルダーの説得・調整が必要となるとされる（武石ほか, 2012）。このとき，組織を「意図的に調整された諸力の体系」とみれば（Barnard, 1938），上記の状況は組織化の過程にほかならない。企業における組織的なイノベーション活動は，設計構造方程式の解を探しながら（藤本, 2013），試作製作などのために適宜経営資源を費やして（Clark & Fujimoto, 1991），次々に発生する組織的な問題解決の連鎖の中で，さまざまな組織成員との関係構築をともないながら進められていくものであるとされるのである（Myers & Marquis, 1969）。

そのため，イノベーションの実現にあたって組織内外の多様なアイデアや資源を活用する必要性から，組織内外への調整形態・組織設計に着目されることがある。たとえば，ネットワークを多数持つコミュニケーション・スターが，イノベーション活動において情報や技術を社内にもたらすゲートキーパーの役割を演じているとする研究もある（Allen *et al.*, 1979）。こうしたネ

ットワーク形態を基礎としつつ，組織内外の組織成員間をひとつのコンセプトに統合・調整する重量級プロダクト・マネジャーが必要であるとする指摘もある（Clark & Fujimoto, 1991）。また，組織形態・組織構造とイノベーションとの間には何らかの関係があるとも考えられてきた（Ettlie *et al.*, 1984；Tushman & Anderson, 1986；Henderson & Clark, 1990；Büschgens *et al.*, 2013）。先行研究は，イノベーションがしばしば同じ企業によって引き起こされる理由を，イノベーションの種類と組織のあり方との適合性に求めてきたのである（Cefis & Orsenigo, 2001）。

　中でも，製品開発や一部の工程開発においては，多数の専門技術者による問題解決がおこなわれてきた（Utterback, 1994）。そして，こうした大規模で組織的なイノベーション活動における問題解決はルーティン化されることもあった（Clark & Fujimoto, 1991）。さらに，こうしたイノベーション活動におけるコミュニケーション経路は組織全体規模のものであり，かつ固定的であると指摘されてきた（Henderson & Clark, 1990）。換言すれば，こうした製品イノベーション・大規模工程イノベーション活動においては，問題解決にあたって必要な調整範囲がはじめから広範囲・全社規模に定められていることが多かったといえよう。

　すなわち，
- イノベーション創出は組織的な問題解決の連鎖をともなう
- そのため，調整形態・組織設計がイノベーション創出に影響するとされる
- このとき，製品開発・大規模工程開発などの調整範囲は，はじめから大規模に設定されることが多い

ということである。

　イノベーション活動においてみられる特徴は，こうした問題解決の連鎖なのである。そこで，つぎに考えられるべきは，「問題解決の連鎖としてのイノベーション活動の特徴は，改善活動にも適用できるのだろうか」という論点であろう。次項では，このような問題解決の一般理論化を目指した公理的設計の理論（ないし公理系設計理論）を渉猟していく。

3 「問題解決の連鎖」というイノベーション論的視点と改善活動　　**43**

3.2　設計の理論からみた改善活動

　企業がイノベーションを生み出す際には，（新）設計をともなう（畑村，2006；藤本，2009; 2012）。たとえば，新しい製品，新しい工法，新しい組織などは全てイノベーションとして捉えられるが（Schumpeter, 1934；Damanpour, 2014），これら全てにおいて設計という活動が必要となっている。このとき，設計という活動には，一般的な法則性があるとされる（Simon, 1969；Suh, 1990; 2001）。

　こうした見方を進めた Suh は，「よい設計」かどうかを判断する公理系が存在すると主張し（Suh, 1990; 2001），独立公理（必要機能間，また必要機能と構造間で，干渉が少ないほうがよい），および情報公理（同じ必要機能をより少ない情報で達成できるほうがよい）という基準を示した。改善活動のように，生産プロセスを簡易化する（工程を削減する）ことを目的のひとつとするようなイノベーションも（Utterback, 1994），情報公理でみた場合に望ましい設計変更となる（Suh, 1990）。

　このとき，設計活動とは，市場や社会からの要求を実現するために，さまざまな制約条件のもとで人工物の構造パラメータを設定していく活動と表現できる[8]（Suh, 1990）。しかも，こうした人工物は，特定の環境のもとで特定の操作を与えられた場合に何らかのサービスを提供してくれるものであるため，あるアウトプット（y）が特定の構造（x）と環境（e）のもとで特定の操作・インプット（z）によって得られるという意味で，$y=f(x, e, z)$ の形に表現できるとされる（藤本，2009）。そして，たとえば自動車であれば部品点数は約3万点とされるように，新製品開発や新設備開発などで複雑な人工物を設計する際には，上記の中でも構造（x）の数が多いため，必然的にこうしたパラメータ設定という問題解決が連鎖的に多数おこなわれる[9]。これに比

---

　7)　functional requirement の訳であり，要求機能または必要機能と訳される（畑村，2006；中尾，2009）。

　8)　Suh はこうした設計活動を行列式（構造方程式）で表現し，対角行列または三角行列で表現可能な設計以外は「悪い設計」であるとしている（Suh, 1990）。

　9)　ただし，製品の基本設計思想がモジュラー型かインテグラル型かによって，そ

44 第**2**章 巨人たちは何を発見し何を見過ごしたか

べると，改善活動によってもたらされる作業標準の設計変更や，カラクリの[10]
設計などには，一見こうした構造の大規模さ・複雑さは認められないかもし
れない。

　ただし，x, e, z の各パラメータは時間の影響を受けるともされる点に，注
意が必要である（藤本, 2009）。しかも，こうした時間の影響は，改善活動の
ようなタイプの設計問題の場合，特殊な形で現れる可能性がある。これは，
Suh などが考える製品設計や工程設計においては（新）設計時に想定される
環境と構造は切り離されているのに対し（Suh, 1990），改善活動においては
設計の対象と（再）設計された人工物が置かれる環境とが，どちらも「同じ
工場内」であるという特徴（小池ほか, 2001；Dul & Ceylan, 2011）を持つため
である。そのため，ある時期（t）に特定の環境（e_t）を想定して改善活動が
おこなわれたとして，その改善活動が終了した際（$t+1$）には，環境はもは
や別のもの（e_{t+1}）になってしまっているだろう。その場合，$y=f(x_t, e_{t+1}, z_t)$
というように，x, e, z それぞれの各値に不整合が生じてしまう。

　そのため，（環境変化の影響が無視できるほど小さい場合を除いて）アウトプ
ット（y）もまた，必ずしも事前の狙い通りになるとは限らないだろう。そ
の場合，工程内の人工物（機械）の操作（作業）を微調整する必要が生じる
かもしれない。すなわち，工程設計の変更に合わせて，作業設計の変更（作
業改善）が追加的におこなわれる可能性・余地があるのである（Hayes &
Wheelwright, 1979）。

　さらに，改善活動はすでに稼働している生産ラインにおいておこなわれる
ことが多いが，時として製品のモデルチェンジ等による生産準備が並行して
なされる場合もある（松島・尾高, 2008）。こうした場合には，人工物として
の生産システムの上位目標（y）に「新たな製品の生産」が加えられ（$y \rightarrow y'$），

　　の影響は異なる（藤本, 2004）。

　10）　改善活動のために設計されるもののうち，カラクリ人形のように手工的な工夫
　　　や器械的な仕組みで動く機構のことを指す。たとえば，ペットボトルの重みで部
　　　品を出し入れしたり，部品自体の重みで部品箱の奥まで流れていくようにしたり，
　　　というものがある。

3 「問題解決の連鎖」というイノベーション論的視点と改善活動　　45

上位目標を達成するための手段もまた変更を余儀なくされると予測される
（Simon, 1969）。

　このように，改善活動を公理的設計の理論でみると，製品イノベーション
や大規模工程イノベーションとは別の論理から，しかし製品イノベーショ
ン・大規模工程イノベーションと同様に，問題解決の連鎖という特徴がもた
らされる可能性が考えられるのである。もちろん，こうして改善活動にもた
らされた問題解決の連鎖の結果，やはり大規模工程イノベーションが改善活
動として生まれるという可能性も，否定はできないだろう。

　こうした状況を想定すれば，工場の現場において改善活動が尽きない理由
は，「工程を削減すること自体が工場という環境を変化させ，予期せぬ結果
が生まれる余地があり，その解決にさらなる改善活動が必要となるため」お
よび「生産ラインの上位目標に新たな目標が（経営トップ等から）付け加え
られる場合があるため」といえる。すなわち，改善活動は，物理的な人間と
工場設備が相互に影響し合い，事前の予測が完全にはできない環境下での活
動である上に，さまざまな権限関係や人間の思惑が絡まるために，問題解決
の連鎖という側面を持ってしまうと考えることもできる。

　生産現場は物理的なモノが絡まる場であるため，ひとつの工程・作業の変
化が他の物理的な存在に影響してしまう。生産現場はまた，権限関係が絡ま
る場でもあるため，ひとつの工程・作業の変化に対して他の部署等の許可が
必要になることもある。さらに，生産現場はさまざまな組織成員の思惑が絡
まり合う場でもあるため，どこかで生まれた工程・作業の変化に何らかの意
味づけがなされ，別の大きなプロジェクトになる可能性がある。このように
さまざまな要素間の相互依存性の高い現場は，潜在的に，ひとつの小さな変
化からも問題解決の連鎖が生じる可能性を有する。ただし，そうした問題解
決の連鎖のどこまでを扱うかには，意思決定の余地があるだろう。こう考え
ていくと，改善活動の余地が生まれ続ける理由の一端を説明できそうである。

　このように，イノベーションをめぐる設計活動に関して，藤本（2004）な
どの製品開発論的視点から述べられる調整活動の論理は，改善活動という観
点からみれば，製造にも同じくあてはまる。ただし，改善活動に関してみる

べきは，「生産している製品自体が調整集約的な製品アーキテクチャかどう
か」ではないだろう。

　むしろ改善活動に関しては，「調整集約的な製造現場かどうか」が最も重
要となる。それによって，当該製造現場に求められる組織目標の数と質の厳
しさ，人工物の導入具合，専門化された部門の数などが影響し，同じ組織で
あっても工程や作業の相互干渉度合い（それによる調整活動の潜在的必要性）
に違いが出てくると考えられる。たとえば，同じ人数で同じ機械を用いて，
同じ目標を掲げていても，工場が狭いかどうか，中間在庫などのバッファー
があるかどうかによって，工程や作業の干渉度合いおよび相互依存性の高さ
が変わってくるといった具合である。

　仮に，機械がぎっしり詰まったところに人がひしめく状況であれば，作業
や設備の変化はその都度全ての人工物および組織成員と調整されなければな
らなくなるのに対し，広々とした工場で機械設備間にも作業者間にも余裕
（バッファー）がある状況であれば，ひとつの作業の変化はほとんど当該作業
者のみにしか影響しないかもしれない。このように，改善活動は，製造現場
ないし工場という人工物の連続的な設計変更にほかならない。そして，製造
現場は，人と人工物が複雑に入り組んだ巨大人工物であり，しかも，改善活
動という設計変更にあたっては，その巨大な人工物を稼働させながら，その
内側でそれを修理・保全ないし設計変更しなければならないのである。[11]

　ここでの議論を要約すると以下の通りである。

- イノベーション創出活動としての製品開発・工程開発・改善活動には，
  いずれも（新）設計をともなうという共通点がある
- ただし，改善活動は環境と設計対象が一体であり，改善活動がおこな
  われることによって，設計の前提として事前に想定された環境を変化
  させてしまう

11）　そのため，ひとつの改善活動における関係者が組織的・物理的に増大すると，
　　その規模も基本的には増大する傾向にあるといえるだろう。もちろん，個別的な
　　事情による例外的な帰結もまた考えられる。

3 「問題解決の連鎖」というイノベーション論的視点と改善活動　47

- そのため，場合によってはインプット（作業）を変化させるなど，追加の改善活動が必要となる可能性がある
- これに加えて，新たな製品の生産が要請されるなど生産ラインのアウトプットに変化が求められる場合，生産システムの目的・手段関係全般に変更が要請される
- このように，生産現場は物理的な存在，権限，意図・思惑が絡まり合う場であり，そこでの変化は潜在的には問題解決の連鎖という特徴を持つと考えることもできる
- それゆえに，製品開発論で論じられる問題解決の連鎖と調整活動という観点は，結論に至るまでの論理的なプロセスに違いがあるが，改善活動にも同様に適用が可能である

これらは，第1章での最初の疑問に答えるものである。

ただし，ここで示されている公理的設計（ないし公理系設計）は理念形であり（中尾, 2009），実際の企業における設計活動からいくつかの点を捨象したものである。たとえば，実際の設計活動は組織的に進められるものであるから（Clark & Fujimoto, 1991），設計解もまた組織内でのさまざまなやり取りの中で探し出される（藤本, 2013）。さらに，仮に，改善活動に問題解決の連鎖という特徴がみられたとしても，前述の通りその連鎖のどこまでを扱うかは組織内で意思決定される余地があるだろう。

というのも，改善活動が組織的な問題解決の連鎖という潜在的な特性を持っていると仮定すると，その連鎖を意図的に無視してしまう，最初から連鎖の多くを見込んだ改善活動をおこなう，などの選択肢も考えられるためである。そして，こうした活動は「組織的な」問題解決であることから，ここでの選択によって調整範囲が変化することになろう。すなわち，改善活動をめぐる調整問題は，①狭い調整範囲で完結する改善活動に絞ってしまってほかは無視する，②はじめから大きな調整範囲まで扱えるようにする，③改善プロジェクトごとに調整範囲を変化させる，といったいくつかの方法で解決される可能性がある。

仮に改善活動に上記のような潜在性があるとすれば，規模という点に限定

したとしても，比較的小規模中心，比較的大規模中心など，企業ごとに異なる傾向性を持つこともありうるのである。そのため，この点については追加の文献レビューと実態調査が必要であろう。そして，規模の増大には資源動員と関係者の説得が関係するため（Van de Ven, 1986；武石ほか, 2012），規模が大きな改善活動の場合には他のイノベーション活動と同様に調整問題が生じる可能性があり，それゆえ調整機構としての組織的な要因が改善活動に影響を与える可能性がある。こうした視点に立てば，第1章で最後に示した疑問は，以下のように読み替えることができるだろう。すなわち，実際の企業でも潜在的にさまざまな規模の改善活動が発生しうるのか，その場合にはどのような調整問題が生じ，経営にどのような影響があり，そうした影響をマネジメントするには何が必要なのだろうか，という問いである。

なお，調整問題は，ある組織構造のもとで解かれるため，組織設計の視点もまた必要とするだろう。そこで，次節以降では，組織構造の概念をより詳しく検討していく。

4 イノベーションへの組織構造の影響

4.1 イノベーションの種類と適合的組織

イノベーション論の文脈では，組織内での調整（コミュニケーションと意思決定）のあり方が分権的か集権的かにより，インクリメンタル・イノベーションとラディカル・イノベーションへの対応に違いが生じるとの指摘がなされている。たとえば，Aoki（1986）と Romanelli & Tushman（1994）の2研究は，インクリメンタルで連続的な変化への対応には，分権的で下位階層に意思決定を任せる組織が適しているのに対し，ラディカルな変化には，集権的で上位階層が多くを決め他の組織成員はその決定に従うというトップダウン型の組織が適しているという指摘を，数理的に（Aoki, 1986），また実証的に（Romanelli & Tushman, 1994）おこなっている。

こうした見解と一致して，近年のイノベーション研究においても，組織内の調整形態・調整手法が，ラディカル・イノベーションとインクリメンタ

ル・イノベーションの双方に，それぞれ影響を与えるという統計的な結果が発表されている（Valle & Vázquez-Bustelo, 2009；Büschgens *et al.*, 2013）。しかも，こうした影響は，インクリメンタル・イノベーションとラディカル・イノベーションとで別々の性質を持つとされる。たとえば，製品開発においてコンカレント・エンジニアリング（開発の早い段階から多機能部間の調整と問題解決とを密におこなうこと）は，インクリメンタル・（製品）イノベーションの場合には開発リードタイム削減や品質向上への貢献がみられるのに対し，ラディカル・（製品）イノベーションに対してはコスト削減効果がみられるのみであるという（Valle & Vázquez-Bustelo, 2009）。

　こうした視点から，イノベーション活動においてどのような組織を用いるかによって，最終的に当該組織が創出するイノベーションの種類が変化すると指摘されることもある。たとえば，分権的な組織（小集団活動）を用いるからこそ，改善活動は必然的にインクリメンタル・イノベーションにしかなりえないという指摘も存在する。野中（1990）によれば，イノベーションには知識創造が必要であるが，生産現場での知識創造は「QCサークルなどの小集団活動を通じて問題を提起し，その改善点を提案する機会が与えられる。顕在化された問題は作業者の問題解決努力によって解決されるのである」（p. 240）とされ，「しかしながら，このような作業者の経験的知識に基づいた知識創造の方法は，経験を超える形而上学的な知の創造がおこなわれにくく，やる気になればなるほど体験の範囲でのアイデアの提案とその実現が容易なインクリメンタル・イノベーションにつながりやすいという限界をもつ」（p. 241）という。生産活動は基本的には経験科学であって，経験の範囲で考えることになるため，経験を超えた大きなアイデアにはつながらないというのである。

　上述のような，調整のあり方・組織形態とイノベーションとの関係性は，次項でみるように，産業レベルの分析においても確認される。[12)]

---

　12)　ただし，分析対象が企業レベルから産業レベルに変化した場合，企業内での詳細な調整のあり方よりは，既存企業か新規参入企業か，大企業か小規模ベンチャ

4.2 産業における棲み分け

技術変化がラディカルなものであるかインクリメンタルなものであるかによって，産業においてイノベーション創出の主役となる企業の組織形態に変化がみられるという指摘が，先行研究によってなされている（Ettlie *et al*., 1984；Tushman & Anderson, 1986；Romanelli & Tushman, 1994）。たとえば，ラディカルなイノベーションは集権的なリーダーシップを取る新規参入企業によってなされることが多い一方（Tushman & Anderson, 1986；Breschi *et al*., 2000），インクリメンタル・イノベーションは分権制組織を採用した既存企業によってなされることが多いという特徴がみられる[13]（Ettlie *et al*., 1984；Varadarajan, 2009）。

イノベーションには，新規参入企業が主役となるものと，既存の企業が主役となるものとが存在することは，以前から指摘されてきていたものの（Schumpeter, 1947；Malerba & Orsenigo, 1996；Breschi *et al*., 2000），イノベーションの主役が新規参入者・既存企業のどちらになるかは，産業ごとの技術体系に依存していると考えられていた[14]（Breschi *et al*., 2000）。これに対し，Tushman & Anderson（1986）などは，技術体系そのものではなく，技術のインパクトと組織のあり方との適合関係に着目したといえよう。こうした，イノベーション活動に対する組織決定論的な見方は，Henderson & Clark（1990）などの後続研究のみならず，Lawrence & Lorsch（1967）といった経営組織論の古典的研究にもみられる。

このように，ラディカル・イノベーションが集権的でトップダウン型のコミュニケーションと意思決定によっておこなわれ，反対に，インクリメンタ

ーかといったように大まかな組織形態から分析する場合が多い。

13) これに関連して，イノベーションには有機的な組織が必要であるという見方も存在するが（Burns & Stalker, 1961），多くの場合ラディカル寄りのイノベーションは集権的な組織やチームによって生み出されるとされる（Holahan *et al*., 2014）。

14) なお，技術体系とイノベーションの主役企業が持つ性質との関係は，国ごとに若干の差異はみられるものの，おおむねどの国の産業にもあてはまるとされる（Malerba & Orsenigo, 1996；Cefis & Orsenigo, 2001）。

ル・イノベーションは分権的でボトムアップ型のコミュニケーションと意思決定によっておこなわれると指摘されてはきたものの，インクリメンタル・イノベーションを創出している企業は常に同じような調整形態を採用しているのかといった疑問や，どの企業も同じようなタイプのインクリメンタル・イノベーションを創出しているのかといった疑問は残されたままである。稀にしか生じないラディカル・イノベーションと繰り返し生じるインクリメンタル・イノベーションとの間にあって，どこに集中するかという技術・イノベーション戦略は考察されても（Varadarajan, 2009），繰り返し生じるインクリメンタル・イノベーションのうちどのようなものに集中するのか，全ての企業が同じ調整形態・組織形態で同様に対応しているのかについては，確認されることが少なかった。[15)]

以上の議論は，以下のようにまとめられる。

- インクリメンタル・イノベーションには比較的分権的な組織が適合するとされる
- 反対に，ラディカル・イノベーションには比較的集権的な組織が適合するとされる
- そして，組織設計の如何によって創出されるイノベーションの種類が変化する可能性が指摘されてきた
- このことは，産業におけるイノベーションの性質に関する技術決定論的な要素に対して，組織決定論的な要素の存在を示唆する
- しかし，組織設計と創出されるイノベーションの性質には各企業で特色があるのか否かについて，インクリメンタル・イノベーション内および改善活動内を対象とした研究は，あまり進んでいない

では，改善活動研究に対して，組織構造の概念は，どのような影響を与えてきたのだろうか。次節で概観しよう。

15）　一方，ラディカル・イノベーションに対するイノベーション戦略が企業ごとに異なり，その結果として発生するイノベーションが変化するという可能性が，近年の日本企業の研究（および日米比較）で指摘されている（清水, 2016；藤井, 2017）。

5 改善活動は作業者のチームワーク頼みなのか： 改善活動を担う組織の研究

5.1 小集団活動・QC サークル研究再訪

　生産管理論や経営工学といった分野から改善活動を研究する場合には，職場のチームワーク・集団力学が重要な視点となってきた（野渡，2012）。このとき，生産現場での改善活動には作業者や組長・班長といった生産現場の作業者たちが深くかかわり（小池，2000；福澤ほか，2012），そこでは作業者の参加の度合いの高いボトムアップ型の問題解決がおこなわれていたという（Koike, 1998）。なお，班長と組長は直接作業を担うことも多いため（福澤ほか，2012），こうした生産現場のリーダーをも作業集団の一員として捉えれば，改善活動の中心となってきたのは作業者・作業集団だとされてきたということになる（野中，1990）。そして，こうした作業集団内のチームワークにおいて，リーダーとして認識される組織成員は，直接作業経験が豊かという特徴を持ち，いわば作業に熟練しているか否かという周囲からの認知・認識がフォロワーとリーダーとの間の（作業に熟練した人に従うという）関係を構築する土台となっていた（野渡，2012）。

　改善活動というタイプの問題解決活動は，小集団活動という組織的な側面があるとされることも多い（Cole, 1979; 1985；野中，1990；野渡，2012）。小集団活動は，組織のあり方を変えたという意味で，それ自体がイノベーションであるとされることもあるが，その特徴は，作業者が意思決定に参加すること，意思決定が分権的におこなわれること，作業者の責任の度合いが増加することにある（Cole, 1985）。なお，1979 年時点において，こうした小集団活動は

16）とはいえ，改善活動が根づいていない企業においては，とりあえずトヨタ生産方式をやらせてみるというトップダウン的なマネジメントが必要とされる。これは，トヨタ生産方式による改善活動の効果には多様な要素の相互作用が複雑に絡み合い，論理的に明確になりづらく，それゆえ現場の反対が起こりやすいためであるという（三枝，2016）。

従業員数 30 人以上の日系企業の約半分でおこなわれていたという[17] (Cole, 1979)。近年の研究でも，こうした組織を採用することが従業員の職務満足と企業の生産性の両方を向上させると報告されている (Neumann & Dul, 2010)。ここで述べたような小集団活動は QC サークル（活動）と呼び変えられることもあるが (Cole, 1979; 1985)，近年，QC サークルの定義が改善活動一般を指してきている上に，小集団活動は「小集団改善活動」と呼び直されてきていることから，大まかにこれらは改善活動をおこなう組織という概念と一致していると考えてよいだろう (今井, 2011；QC サークル本部, 2012)。

　小集団改善活動・QC サークルでは，作業者が現場・職場における意思決定に参加し，自らの身近な問題点・改善点を発見することでその活動が開始され，小集団内での参加者同士の調整・協力によって改善活動が実現される (城戸, 1986; 1988)。こうした過程において，原則的には参加者全員が意見を出しながら問題の解決案を策定していく (QC サークル本部, 2012)。小集団改善活動では，最初から最後まで，すなわち参加者が主体的に設定した課題が最終的に実行されるまで，基本的に作業者の手に委ねられたままとなるのである (城戸, 1986; 1988)。

　ここまでを要約すると，以下の通りである。

- 改善活動の主役として，作業者・作業集団とそのリーダーが注目されることがある
- この場合のリーダーは，作業のうまさによってフォロワーを惹きつける
- 改善活動は，作業集団による小集団活動という形態を持つことがある
- 小集団活動では，作業者たちが身近な問題を自主的に設定し，解決案を策定・実行する

---

17)　こうした活動が従業員満足を高めるとして，経営側もその重要性を認識しているが，日本やスウェーデンでは定着する一方，アメリカではあまり定着しなかった。その理由として，日本とスウェーデンが歴史的に労働者不足に悩まされ，労働者不足をチームワークで解決せざるをえないと経営側が認識していたことが大きいという (Cole, 1985)。

54 第**2**章 巨人たちは何を発見し何を見過ごしたか

5.2 小集団改善活動と組織理論

　前項で述べたような方法は，経営組織論的な意思決定の観点からも合理的であるという指摘も存在する（Adler *et al.*, 1997；城戸, 1986; 1988）。Adler *et al.*（1997）の議論に沿って，改善活動を経営組織論的に考察すると，以下のようになる。まず，改善活動が活発な企業に導入されていることが多いトヨタ生産方式・リーン生産方式は，極端に少ない中間在庫によって各作業と工程をつなぎ，組織の目標に対する手段が一致していない「異常」が発生すると，とたんに生産システムが停止せざるをえないという仕組みになっている（大野, 1978；野中, 1990；Adler *et al.*, 1997）。いわゆる「かんばん方式」の意義もこうした異常感知の迅速さにある（新郷, 1980；野中, 1990）。

　すなわち，組織の目的・手段関係に「異常」が生じると，この状況を是正するために，組織的な行動・組織ルーティンに変更が要請される（Weick & Quinn, 1999；Feldman & Pentland, 2003）。組織ルーティンの変化の必要性が認知されると，具体的な組織ルーティンの遂行を担う作業者は，作業（ルーティン・ワーク）に対して改善・改良を求められる（Adler *et al.*, 1997）。そして，生産システムの上位目標達成の手段となっている生産設備・作業手順のことは，日頃から生産設備を使用している人間（すなわち作業者）が最もよく知っている（より多くの情報が集まる。Von Hippel & Tyre, 1995）。そのため，作業者による意思決定が最も質がよく，彼らのリアルタイムな問題解決に優位性がある（Adler *et al.*, 1997）。こうしたことから，作業者のコミットメントを前提とした小集団的な問題解決が有効であり，班長や組長がそれを統括する必要がある[18]（城戸, 1986；Adler *et al.*, 1997；Andries & Czarnitzki, 2014），というものである。

　上記の論理は，生産現場の作業者が普段から触れる機会の多い，生産工程の改良の場合に，よりあてはまるであろう。いくつかの実証的研究によ

　18）　特に，日本企業の場合には，現場の実状や問題を最も熟知しているのは経営トップや技術部門の人間ではなく現場の作業者であることが多いため（唐津, 1981；藤本, 2003），こうした状況が生じやすいという（城戸, 1988）。

5 改善活動は作業者のチームワーク頼みなのか 55

っても，そうした問題解決が工程イノベーションとしておこなわれる場合
（Anand *et al.*, 2009），製品イノベーションとは異なって，作業者等の組織階
層下位者による参加型のイノベーションが効果的であることが示されてい
る。反対に，製品のインクリメンタル・イノベーションにおいては，作業者
の参加はあまり有効でないとの結果も報告されている（Andries & Czarnitzki,
2014）。無論，こうした参加の前提として，作業者のモティベーションが必
要とされる（Cole, 1979）。

　このとき，小集団活動における意思決定の間や，意思決定後の具体的な問
題解決の実行段階において，ステークホルダー間の調整活動がおこなわれる。
ただし，この場合の調整活動とは，小集団のメンバー間でおこなわれる比較
的規模の小さいものである（Cole, 1979；城戸, 1986；Adler *et al.*, 1997）。小集
団改善活動は，小集団を活動単位として展開されるものであって，そのメン
バー全員が何らかの形で議題に参加し，メンバーが相互に協力・調整し，影
響を与え合いながら推進されていくとされているからである（QC サークル
本部, 2012）。

　これに加えて，資源を使用する権限も，一部作業者に委譲される必要があ
るとも論じられている。たとえば，アメリカ企業において小集団活動で発案
された品質・生産性についての改善案は経営側の管理者に進言されるが，最
終的にそれを実行するための資源を経営側が握っているため，作業者は主に
本社にいる組織階層上位者に対して説得をおこなわなければならない。こう
した事情があるため，小集団改善活動において発案された改善案が実現され
ないこともありうる（Lawler & Mohrman, 1985）。アメリカにおける小集団
改善活動は，旧来からの組織内の権限関係を変化させずに，作業者による
小集団を追加的に結成させる（組織形態・組織構造を並列する）という方式に
よっておこなわれたために，失敗につながったともいわれる（Cole, 1985；
Lawler & Mohrman, 1985）。これに対して日本では，小集団改善活動におい
て QC サークルの活動者が資源を与えられ，QC サークルが企業の技術者な
どを利用できるように経営側が支援をおこなう[19]（野中, 1990；QC サークル本
部, 2012）。

すなわち，ここでは，

- トヨタ生産方式・リーン生産方式によって「異常」の発見が容易になる
- 組織内の目的・手段関係に異常が生じると，組織成員は作業を見直す
- このとき，作業について一番情報を持つのは実際に作業をおこなう作業者である
- こうした前提から，作業者が問題解決するほうが効率がよいと考えられてきた
- そのため，改善活動へのモティベーションを前提として，作業者の参加によって生じる小集団（活動）に改善活動を任せるほうが有効である
- ただし，小集団に資源が一部権限委譲されないと，調整問題が発生して改善活動は失敗する

という議論が展開されている。

5.3 人工物の設計変更と小集団改善活動への影響

たしかに，改善活動における諸問題が個々の作業者が扱う生産設備の情報だけで十分に解決可能であれば，その規模と組織設計は小規模で作業者による分権的組織という特徴を持つことが予測される。しかし，これらの議論では，改善活動において小集団では解決できないほどの問題（作業者単独では収集不可能な情報を必要とする問題）が生じた場合に，上述のような論理はあてはまらないのではないかといった考察はあまりなされていない。たとえば，改善活動が生産・製品の技術的な問題に影響する場合を考えると，単純に作業集団に権限委譲するだけでは不十分かもしれない（川瀬, 1984）。工場はひ

---

19) 坂爪（2015）のように，改善活動は組織階層の上位者と関係する場合があると指摘する研究も存在する。ただし，坂爪（2015）は，組織の管理者層・経営トップ層が改善活動を支援すべきと議論しているため，前出の研究（Cole, 1985；Lawler & Mohrman, 1985）と基本的には同型の，規範的議論であるとも考えられる。

とつの大きな人工物であり，組織成員はこうした人工物によって行動を制限されているため，創造性の発揮のためには人工物の設計変更をともなう場合がある（Dul & Ceylan, 2011；三枝, 2016）。そうして人工物の配置を変更する際には，人間工学的視点をはじめとした技術的な知識・情報が必要となる（Dul & Ceylan, 2011）。

これに関して，職場において改善活動と工程設計とは共存しており，それぞれ作業者と本社技術者が分業して責任を分担している，と指摘した研究もある（川瀬, 1984; 1985；小池, 2001）。技術的な問題において本社が登場するほどではないものに関しては，工場内の技術者が参加する場合もあるというのである（川瀬, 1984; 1985）。ただし，これらの研究では，作業者と技術者との調整という観点が取り上げられてはいるが，基本的に両者は分業関係にあるとされており，改善活動と工程設計とは完全に分離されたものなのか，作業者が工程設計をおこなったり技術者が作業改善を手伝うといった状況は考えられないのか，考えられるとしたらそれはいかなる要因で分化するのか，そうした曖昧な状況をめぐってステークホルダー間でいかなる調整がおこなわれるのかといった点は，あまり議論されていない。

一方で，小集団改善活動による品質向上（QC 活動）についての比較的新しい研究では，部門横断的な水平方向での調整の必要性にも言及されることがある。たとえば，中條（2011）は，QC 活動には「徹底した重点志向，ボトルネック技術の予測とブレークスルーなどが大切であり，これに成功するには，明確な目標を設定・共有した上で，その達成に向けて複数の部門・担当者が協力し，各自の持つ強い面を活かせる体制を確立することが必要」（p. 23）であるといい，QC 活動の本格的な研究はこれからであると主張している。そのため，今後は部門横断的な活動と，部門内のプロジェクトと，現場での改善・QC といった複数の活動形態とを並行的に実践し，相互に連携させる方法を考える必要があるという。

こうした既存研究の状況をまとめると，

- 改善活動が人工物の変化をともなう場合には，技術的な知識が必要となる

- こうした場合，工場現場では作業者と技術者が役割分担するとされるが，分担が曖昧な仕事の場合の調整はどうするのかといった点はあまり研究されていない
- 改善活動が時に部門横断的におこなわれる必要があることは述べられているが，具体的なマネジメントのあり方についてはこれからの研究課題とされた

となる。すなわち，改善活動を基本的に小規模で調整範囲の小さいものとみる既存研究での状況は，改善活動と組織・調整との関連を考察している研究群においてもみられる。そこでは，工場において工程設計の変更と作業改善等が共存しているとされ，作業者と技術者がそれぞれ役割分担することも指摘されている。また，今後は部門横断的な改善活動に着目する必要があるとの主張もみられる。

経営組織論・経営戦略論分野の既存研究には，ここまでにみてきたもの以外にも，組織的な要因がどのようにしてイノベーションに影響を与え，どのような組織設計がありうるのかについての見解が存在する。代表的なものが，次節で取り上げる，ダイナミック・ケイパビリティの理論，組織変革の理論，ルーティン・ダイナミクス理論である。

6 改善活動をめぐる組織内外の調整問題という論点：
関連理論レビューから

6.1 ダイナミック・ケイパビリティ理論と改善活動

イノベーションを起こす能力としてのダイナミック・ケイパビリティについての研究や，変革についての経営組織論的見解なども，本書への示唆を有するだろう。

Teece *et al.*（1997）は，企業が独占レント，希少資源保有レント（リカード的レント）のほかに，イノベーション創出によりシュンペーター的レントを得ることもできるとし，激動する競争環境のもとではシュンペーター的レントが企業の生き残りに必須であるという。Teece らは，こうした組織能

力を，ダイナミック・ケイパビリティと呼称している（Teece *et al.*, 1997；Teece, 2007; 2014a; 2014b）。そして，イノベーションは既存資源の新結合から起こるのであるから，Teece ら以前の戦略論の流派であったリソース・ベスト・ビュー（RBV）が想定する希少資源保有による経済レント発生という視点の上に，それらの資源の組み換え（新結合）による経済レントという視点を加える必要があるとする。このとき，ダイナミック・ケイパビリティは，将来の見通しを前提にした，資源の調整・再配置・組み換え能力を指す（Teece, 2007）。ダイナミック・ケイパビリティがどのような構造で成り立っているのか，何によって担保されているのかといった疑問への明確な答えは出ていないが，少なくともこうした組織能力の発揮には，事業機会の発見とそれに合わせた資源の組み換えという2段階以上のプロセスが存在するだろう（Teece, 2007；菊澤, 2014）。

　ある企業にとっての事業機会や企業の危機の察知能力が他社と比較して高い場合には，その企業が現状維持する（資源を組み換えない）場合の主観的な機会損失が増加していくため，他企業よりも相対的に早期に（したがって有利に）事業変革に取り組むことになるとされる（菊澤, 2014）。一方で，Teece らの議論に従えば，資源の組み換えが他企業に比してうまい企業もまた，ダイナミック・ケイパビリティを持つことになる。資源組み換えのための必要コストが低かったり必要時間が短かったりすれば，たとえ機会認識の能力が相対的に低くとも，結果としてダイナミック・ケイパビリティが同程度となるためである（O'Reilly & Tushman, 2013）。

　では，資源の配分および資源をめぐる紛争の調停に必要とされるものは何かというと，変革の組織理論によれば組織構造と調整であるという（Simon, 1947; 1997；March & Simon, 1958; 1993；Weick & Quinn, 1999；内野, 2006）。これに関して，Weick & Quinn（1999）は，組織変革が経営組織論の分析対象となりうるとした上で，Weick の組織化の概念等を使った分析枠組みを提示している。

　Weick & Quinn（1999）によれば，組織は，組織構造が固定化した状態である冷凍状態から解凍され（unfreeze），状態遷移が起き（transition），再び

冷凍される（refreeze）。こうした変化は急激なものであるが，冷凍状態にあって組織の目的・手段関係に変化がなくとも細かいインクリメンタルな修正をおこなうことはできるという。こうした変化は，それが急激なものであれ継続的なものであれ，理想的な組織では同様なものであるという（p. 366）。理想の組織とは，権限関係がきちんと整理され，資源配分が明確であるにもかかわらず，フレキシビリティと組織の下位階層での即断即決も可能な，自己組織化ができる組織である。実際に，自己組織化が可能な組織はコンピュータ産業において高い成果を上げていたともいわれる（Brown & Eisenhardt, 1997）。そして，こうした組織は総じて，コミュニケーションが活発で，プロジェクト横断的な活動がおこなわれているという特徴を持つ（Weick & Quinn, 1999）。

　組織の権限関係を硬直化させないことによってイノベーションが促進されるという視点は，野中（1990）の，ミドル・アップ・ダウン型のコミュニケーションと調整によって知識創造とイノベーションがおこなわれる，という主張にもみられる。2000年代以降の研究でも，権限の配分関係としての組織構造の視点が，変革に必要であるとされている（内野，2006；Edmondson, 2012）。このとき，たとえばEdmondson（2012）などは，イノベーション創出のために学習力と実行力を高めるには，普段の有機的な組織作りを前提に，プロジェクトごとに組織成員をチーム化（チーミング，teaming）することが必要と指摘している。

　こうした研究群にみられるのは，組織にとってイノベーションはヒト・モノ・カネなどの資源の再配分・再配置をともなうものであるから，イノベーションのためには過度な分業による組織の硬直を避けるべきであるという主張である。そのための処方箋として，権限関係・権限配分・コミュニケーション形態・調整形態としての組織構造を変化させたり（Hackman & Wageman, 1995），組織内のコミュニケーションのあり方や調整のあり方を有機的なものにしたりといった方法が考えられてきた。その上で，ひとつひとつのイノベーション活動に合わせて調整範囲（チーム化の範囲）を変化させる必要があるという（Edmondson, 2012）。

すなわち,

- 1990 年以降, イノベーションを創出する能力であるダイナミック・ケイパビリティに注目が集まってきた
- イノベーション創出は組織内での資源の組み換えをともなう
- そのため, 組織内の権限・資源の配分がイノベーション創出に影響する
- それゆえ, 組織構造（権限関係・権限配分・コミュニケーション形態・調整形態）を変化させることで, イノベーション創出を制御できる可能性がある
- その上で, 各イノベーション・プロジェクトの特性に合わせて, 調整範囲を変化させる必要がある

という指摘が, 既存研究にみられる。

　こうした研究群は, イノベーティブな活動の阻害要因を研究することで, 阻害要因を乗り越え, イノベーションを引き起こす方法を考えている。ただし, ここでは, なぜ変化が起こるのかという点は研究されていない。そこで, 次項において, 組織内での変化の源泉について考察している議論を概観する。

6.2　組織ルーティンの理論と改善活動

　改善活動は, 組織ルーティンを意識的に変化させる活動である（藤本, 1997；Zollo & Winter, 2002）。これまでも, 組織ルーティンの変化を支えるものとして, 改善能力や進化能力の存在が指摘されることがあった（Hackman & Wageman, 1995；藤本, 1997；Adler *et al.*, 1999）。一時点での, あらかじめ定められた手順による生産手法の集合を静態的な組織ルーティンの束として捉えた場合, その効率化をおこなう改善能力と, 新たな組織ルーティンの発生・淘汰・保持をもたらす進化能力というダイナミック・ケイパビリティの一部の存在が, 示唆されたのである（藤本, 1997）。しかしながら, トヨタ自動車の進化能力が具体的に何によって担保されているのかについての研究は, 藤本（1997）の段階では今後の課題とされたままであった。マクロな組織能力の存在は示唆されたものの, それを支える組織内のミクロなレベルの原理

は明らかにされなかったのである。こうした限界の克服に，組織ルーティンの変化を組織内のミクロ・レベルから理論化した，ルーティン・ダイナミクスという新分野の成果を利用できる可能性がある。

ルーティン・ダイナミクスを初期に理論化した Feldman & Pentland (2003) は，組織ルーティンを「組織内で繰り返しおこなわれる相互依存関係にある行動のパターン」(p. 96) と定義した上で，ひとつの組織ルーティンを明示的側面と遂行的側面の 2 側面で捉えるというアイデアを提示した。明示的側面とは行動をおこなう際に参照されるルールのことであり，遂行的側面とはそのルールに沿いながら現実に合わせて即興的に生み出される行動のことである。組織ルーティンを上記の 2 側面に分割して捉えれば，組織成員が比較的安定したルールに基づいて行動し，同時に実際の行動が環境に適合しながら生み出されることで多様性を持ち，よい結果をもたらした行動が新たにルールとして採用されるという，2 側面間の影響関係を考えることができる (Feldman, 2000；Feldman & Pentland, 2003)。すなわち，ルールが行動を生み出し，行動がルールに変更をもたらすというフィードバック関係・ループ構造を考えることで，組織ルーティンの安定と変化を同時に扱える理論枠組みが用意されたのである。そして，こうしたフィードバック関係こそが組織ルーティンの変化の源泉と考えられている。

これを生産現場の例で考えると，作業者が繰り返し組立作業をおこなう場合，作業者の頭の中にある作業手順が組織ルーティンの明示的側面であり，外から観察できる作業そのものが遂行的側面である。組織ルーティンは，図 2-2 のように，物質的側面（紙に書かれたルールや交通標識など）を加え，近年では 3 側面から捉えられることもある (D'Adderio, 2011；Feldman *et al.*, 2016)。この場合は，紙に書かれたルールを，人間が認識し，そして行動に移す，という段階が考えられている。

そして，ルーティン・ダイナミクスの観点からも，やはり調整問題が組織の変化（その部分集合としての改善活動）の成否を握る。たしかに作業者は，紙に書かれた作業標準（人工物）を参照しながら頭の中に行動案を生成し，その案の中のひとつを選択して行動に移す。だが，実際の行動に移すまでに

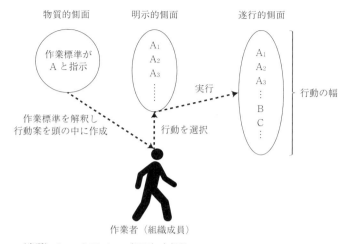

（出所）　Iwao & Marinov (2018) を邦訳。

図 2-2　組織ルーティンの 3 側面

は解釈と選択という裁量の幅がありえ，標準作業票が変更されても，作業者がこれまで習熟してきた作業手順を選択すれば，作業はすぐにこれまで通りのものに戻るだろう（Koumakhov & Daoud, 2017；Iwao & Marinov, 2018）。そのため，作業者が事情を汲んで組織的調整を放棄することによって生じた組織ルーティンの 3 側面の不一致が，改善活動をしても実際の作業が変わらないという失敗を生み出すこともあった（Iwao & Marinov, 2018）。

　ルーティン・ダイナミクスは，こうした失敗原因の理論的考察もおこなっている。たとえば，下位階層の組織成員個人レベルでの変化を，ボトムアップ型のコミュニケーションによって組織に定着させようとすると，それが上位階層の組織目標を満たさない場合には，上位者から拒否される（Feldman, 2000；Feldman & Pentland, 2003）。反対に，組織階層の上位にある組織成員が，トップダウンで組織ルーティンの変化を目指すと，今度はボトムに位置する組織成員の事情を反映できず，変化が受け入れられない状況が指摘された（Pentland & Feldman, 2008）。このように，ボトムアップ型であれトップダウン型であれ，組織ルーティンの変化には固有の問題があり，組織成員の

レベルで起こった変化が組織全体としては受け入れられない場合もあるとされる。いったん生じた明示的側面の変化は必ずしも組織内で保持されるわけではなく，組織内の権力関係によって変化が拒否されることもあるというのである（Feldman & Pentland, 2003）。本書ではこれを，組織階層の垂直方向の調整問題と表現する。

これに加えて，水平方向の調整問題と表現できる問題も，主に組織の下位階層に権限委譲したボトムアップ型の変化の場合に指摘できよう。一般に，組織階層が下位になればなるほど，同一階層に存在する組織成員の人数も専門部署の数も増加するため（Simon, 1947; 1997；March & Simon, 1958; 1993；Lawrence & Lorsch, 1967），ボトムアップ型の変化には組織階層の水平方向での調整も必要になる。一人の組織成員の行動変化のような，組織全体からみて部分的な組織ルーティンの変化は，その部分と関係する他の部分との間で，逐次調整がおこなわれる必要がある（Feldman & Pentland, 2003；Feldman et al., 2016；Koumakhov & Daoud, 2017）。ルーティン・ダイナミクス研究者の一人とされる D'Adderio が発見したように，たとえば自動車の部品表作成においては，異なる専門部署間の水平的な調整の必要性と，そうした調整の困難さがみられる。このとき，専門部署の組織成員との調整は「世界観の対立・コンフリクト」を起こすとされ（D'Adderio, 2008），専門化度合いが高まることによって部門間の調整の難易度が増加する（March & Simon, 1958; 1993）。

しかも，部分同士の相互干渉・相互依存の関係が強い「複雑な人工物」である場合（藤本, 2004; 2012），ある部分を1カ所変えると別の部分や他部署等に影響し，その調整のために再度部分を変化させると，また別の部分等との調整が必要になるという，連鎖反応が起こる。この連鎖を断ち切るために，組織ルーティンの変化を抑制するためのマネジメントがおこなわれることさえある（D'Adderio, 2008）。このように，組織内でのルーティンの変化が他の組織成員の仕事に影響する場合，成員間で水平方向の調整の必要性が生じ，部門間の頻繁な調整の負担が大きい場合，変化を制限させることもある。

ここまでの議論をまとめると，以下のようになる。

- 生産手法の改善は，組織ルーティンの変化をともなう
- 組織ルーティンを2つ以上の側面で捉えると，組織ルーティンが自発的に変化の始端を生み出す論理が見出せる
- ただし，変化が実現に至るまでには，組織内において垂直・水平の2方向で，調整の必要性に突き当たる
- このとき，調整のコストが大きいと判断されると，調整を放棄されることもある
- 調整が放棄されたとき，組織ルーティンの変化は無視・制限される

このような，組織ルーティンが変化する際の調整という視点は，ルーティン・ダイナミクスが近年重要性を認識してきているトピックであり（Koumakhov & Daoud, 2017），今後のさらなる研究が必要であるとされている（Feldman *et al.*, 2016）。

ルーティン・ダイナミクスは，組織ルーティンの変化の源泉について考察するとともに，変化を妨げる可能性がある要因として，調整問題についても考察した。ただし，変化をめぐる調整問題は今後の研究が求められているテーマであり，いまだ十分な研究の蓄積はないとされる（Feldman *et al.*, 2016；Koumakhov & Daoud, 2017）。すなわち，組織構造とイノベーションとの関係に関する議論は，そもそもの組織内における変化の源泉を明らかにしておらず，反対に，変化の源泉について明らかにしたルーティン・ダイナミクスの議論は，調整と組織構造の研究が今後の課題となっている，という状況にあるのである。そのため，変化の源泉としての改善活動と，改善活動による（組織ルーティンの）変化を定着させる調整の仕組みについての研究は，両理論の横断を必要とするだろう。

7 イノベーションとしての改善活動の実証研究に向けて

7.1 本書の位置づけと理論的考察のまとめ

ここで，前章と本章，2章にわたって述べてきた，本書の問題意識，研究の位置づけ，および理論的考察を通観しておこう。

まず，本書の出発点として，改善活動には規範的な見方，ステレオタイプ的な見方，理論負荷的な見方が存在してきたことを述べた。そうした見方が，イノベーションとしての改善活動研究における，組織構造・組織設計と最終的に創出される改善活動との関係についての視点を薄め，ここが研究の空白地帯となってきた。

既存研究では，改善活動は規模と調整問題が小さいものとされ，実際に既存研究において取り上げられた改善活動の事例も，小規模で作業者中心のものが多かった。そのためか，生産管理論の文脈では，改善活動の主役として作業者・作業集団とそのリーダーが注目されることが多く，作業者たちが身近な問題を自主的に設定・解決・実行するという，小集団改善活動の効率性・有効性が指摘された。たとえば，トヨタ生産方式・リーン生産方式によって作業の異常発見が迅速におこなわれると，作業について一番情報を持つ作業集団が問題解決するほうが効率がよいといったことである。改善活動において資源や技術的知識の活用が必要になった場合には部門横断的な調整が必要になるとの指摘もあるものの，いかにして技術者と作業者が調整するのかといった具体的なマネジメントについては，これからの研究課題とされている。

これに関して，より広範なイノベーション論の文脈で，イノベーション創出活動としての製品開発・工程開発・改善活動には，設計という共通点があることが指摘された。同時に，改善活動においては環境と設計対象が一体であり，改善活動がおこなわれることによって，設計の前提として事前に想定された環境を変化させてしまうという特徴があることが分かった。そのため，改善活動は大小さまざまな問題解決の連鎖を生む可能性があり，このことによって改善活動の余地が生まれ続けていることを説明できる可能性がある。一方，製品開発といったイノベーション創出もまた組織的な問題解決の連鎖であるために，調整形態・組織設計が必要とされるが，製品開発などの場合の調整範囲は，はじめから大規模に設定されることが多かった。

これに対し，改善活動の調整範囲は全体として小規模で完結することが多いと考えられるが，個別の改善プロジェクトの中には大規模な調整範囲に影

7 イノベーションとしての改善活動の実証研究に向けて 67

響するものもありうる。たとえば，問題解決の連鎖の影響が，設備や製品設計といった人工物に影響し，技術者等を巻き込まざるをえない場合，大規模な調整が必要となる[20]。イノベーションの規模と組織設計には適合関係があると考えられていることを踏まえ，組織決定論的な視点に立つと，改善活動に対してどのような組織構造を用意するかによって，組織から創出される改善活動の性質が異なってくる可能性もある。このとき，イノベーション創出は組織内での資源の組み換えをともなうため，権限・資源の配分が組織構造の設計の鍵となる。また，各改善プロジェクトの特性に合わせて調整範囲を変化させる企業が存在する可能性もある。これに関して，組織内外での調整活動は，垂直・水平の2方向でおこなわれ，調整のコストが大きいと判断されると，調整が放棄されることもあるとされる。そのため，調整が放棄されたときには，そうした調整が必要な（イノベーションとしての）改善活動は制限されると考えられる。

　このように，イノベーションとしての改善活動は，問題解決の連鎖の結果として大規模になる潜在性を秘めており，こうした潜在性のもとで，どのような規模のものまで扱うのか，またどのような規模のものに集中するか，という点には企業に選択の余地がある。そして，改善活動に対してどのような組織設計をおこなうかによって，上記の選択結果は変化すると考えられる。本章のレビューで明らかになったように，前章で提示した本書の疑問，すなわち「なぜ改善活動は尽きることなく生まれ続けているのか」「多数の改善活動が実施される中で，同一産業の企業群が同様の改善成果を創出し，他社との大きな相違は生じないのか」「それとも，企業内で創出される改善活動には企業固有の傾向性があるのか」「仮にそうした企業間の差異が存在する場合，いかなる要因が上述の差異に影響するのか」には，実は一貫した関係がある。すなわち，一度なされた改善活動には次なる問題解決の余地が残る

---

20)　こうした「問題解決の連鎖」と人工物の設計変更にともなう知識の要請という視点は，「一時点での現場の小さな改善が時間経過とともに全社的な大規模なものになるといった現象はありうるのか。ありうるならばそうした現象の背後にある論理は何か」という疑問に答えるものでもある。

ために，改善活動は尽きないし，こうした中でどこまでの問題解決をおこなうかによって，創出される改善活動の規模が企業特殊的なものになり，そこには調整問題が絡むために，組織構造の設計という要因が影響する可能性があるのである。

先行研究レビューの論理の中には，①イノベーションがインクリメンタルで小規模である場合には調整範囲は小さく，②調整範囲が小さいと変化の阻害要因である調整の必要性も少なく，③それゆえインクリメンタルなイノベーションである改善活動もまた調整範囲の小さい小集団によってなされる傾向にある，という3段論法的なものも多い。しかしながら，こうした3段論法的な関係は，改善活動がインクリメンタルで小規模なものであるという前提が崩れると，それに必要な組織構造なども順次変化すると考えられる。ただし，こうした可能性を視野に入れて，さらなる議論を展開するには，前提となる改善活動の実態把握が必要であろう。そして，改善活動を問題解決の連鎖として捉え直して観察するならば，その観察期間は，連鎖を追うため必然的に長期になるだろう。

そこで次章では，比較的長期の観察に基づいた改善活動の実態把握がおこなわれる。そして，次章以降の実証研究において，その都度新たに生じてくる疑問に対し，本書では，次項に述べるような複合的・混合的・三角測量的な研究アプローチによって，ひとつずつ取り組んでいくことになる。

7.2 本書が用いる複合的研究アプローチ：定性，定量，実験，歴史

前項までの議論で，イノベーションとしての改善活動がどのようなもので，そこにはいかなる調整問題が生じると考えられ，調整問題を解決する組織設計がどのようなものと考えられてきたかが明らかになった。これまでみてきたように，生産管理論・イノベーション論・経営組織論は，それぞれ部分的に上記の問題に答えてきており，これらを統合することで本書の疑問にも答えられる可能性があるのである。ただし，そのためには実証的な分析が必須であることも，すでに述べた通りである。

そのためにも，先に，次章以降の実証パートで用いる研究手法・分析手法

を概観しておく必要があろう。まず，社会科学の実証研究や因果推論において用いられる手法をほとんど網羅的に，目的に合わせて使い分けているというところは，本書が他の研究と一線を画す特徴と考えている。すなわち，具体的な因果プロセスを観察する場面では参与観察を，因果の程度を問題にする場面では定量的研究アプローチを，因果の妥当性・再現性を検証する場面では（仮想世界での）実験的アプローチを用いているのである。事例研究と統計分析，またコンピュータ・シミュレーションなどを組み合わせ，複数の論拠を示しながら議論を進めていくという，三角測量法的・混合法的な方法（佐藤，2008）を用いていることになる。

　これは，近年の社会科学の潮流を意識したものである。本書は，これら全てのアプローチにおいて，ここで提起した論理の妥当性に関する研究対象とのコミュニケーションの可能性を担保しているともいえよう（稲葉，2019）。インタビュー調査において対象者が質問者の誤解を正すといった場合のみならず，人工社会・分散人工知能を使用したシミュレーションによる仮想世界での実験も，間違った推論をすると必ず，エラーや予測と異なる数値として，それを実施する者に意見してくるためである。

　繰り返し述べているように，本書は，改善活動の実態がどのようなもので，いかに（how）遂行されているのかについて明らかにした上で，リトロダクションの可能性を探っていくことを目的としている。そのためには，定量か定性かといった二者択一にとどまらず，同じ定量的研究の中でも，あるいは同じ定性的研究の中でも，異なる研究アプローチをとることさえある。したがって，長期にわたる改善活動の観察，企業間比較，抽象的な理論化のためのシミュレーションなど，各章の目的に合わせて研究手法を選択する必要があるのである。

　これに関して，Yin によれば，「なぜ」と「どのように」という問いに答えるには実験・歴史分析・事例研究といった方法が適しているのに対し，「どのくらい」という問いに対しては統計分析が適しているという適性が，それぞれ存在するという。[21]

　「なぜ」「どのように」という問いに答えるために実験・歴史分析・事例研

70 第2章 巨人たちは何を発見し何を見過ごしたか

表2-3 研究戦略の考え方

リサーチ戦略	リサーチ問題のタイプ	行動事象に対する制御の必要性	現在事象への焦点
実　験	どのように／なぜ／どれくらい	あ　り	あ　り
定量調査	誰が／何を／どこで／どれくらい	な　し	あ　り
資料分析	誰が／何を／どこで／どれくらい	な　し	あり／なし
歴史分析	どのように／なぜ	な　し	な　し
事例研究	どのように／なぜ	な　し	あ　り

（出所）　Yin（1994）をもとに筆者作成。

究が適しているとされるのは，因果関係の推測のために組織内で人がどのように活動しているか（歴史の場合は「いた」か）を明らかにする必要があるためである。とはいえ，行動への制御の必要性や現在への焦点といった点で，この3手法は異なっている。実験を用いる場合，ある変数以外が研究対象に影響しないように制御をおこなう（たとえば物理実験であれば，物体の運動に空気抵抗が影響しないように実験空間を真空にする）必要がある。また歴史分析の場合，現在はどうなっているのかという視点は得られにくい。

　こうした点を踏まえて，本書は，仮説構築的な「なぜ」を明らかにする場面では事例研究を多く用いつつ，研究戦略として必要に応じて仮想世界を用いた実験としてのコンピュータ・シミュレーションを採用したり，定量分析をおこなったり，社内資料・公開資料の分析をおこなったり，歴史的な観点からオーラル・ヒストリーの分析を試みたりする。そのため，表2-3に現れる研究手法の全てを用いる結果となった。[22]

21）　Yinの研究方法論研究の代表業績であるYin（1994）によると，彼は学部時代に歴史学を専攻し，大学院で実験心理学を学んだ社会心理学者であるが，博士論文は表情認知に関するものだった。そこでは，実験室実験的な研究に加えてケース・スタディが用いられたが，その博士論文の執筆過程で，彼は「経験的研究が進歩するのは論理をともなった場合だけであり，機械的な努力は意味をなさない」（邦訳, p.4）と気づくに至った。すなわち機械的に統計的な分析をするのではなく，ある仮定からどんな仮説が設定でき，その仮説を検証する（あるいは反証する）にはどのような分析手法が望ましいのか明らかにした上で，分析をおこなうべきだと考えたわけである。

7 イノベーションとしての改善活動の実証研究に向けて 71

表2-4　ケース・スタディの4タイプ

	単一ケース設計	複数ケース設計
全体的（単一分析単位）	タイプ1	タイプ3
部分的（複数分析単位）	タイプ2	タイプ4

（出所）　Yin（1994）邦訳, p.53。

　なお，事例研究による分析をおこなう場合でも，事例の対象と数によって事例研究をさらに分類することもできる（Yin, 1994）。すなわち，事例が一企業内の部分なのか全体なのか，事例の数が単一なのか複数なのかという，2軸のマトリックスで表現できる分類がありうる（表2-4）。単一事例と複数事例とのどちらを用いたほうがよいのかについて，たとえばケースが既存理論への決定的反論である場合，極端でユニークかつ希少な事例である場合，新事実を発見するようなケースである場合には，単一事例でよいとされる。それに対し，比較が目的である場合には複数事例が必要となる。また，分析単位はいくらでも分割・結合することができ，一社単独事例を個別のプロジェクトごとの複数事例に分割したり，複数の事例を統合して一社全体の記述をしたりすることもありうる（Yin, 1994）。

　そのため，全体的なケースにするのか，一社を部分に分けて複数の分析単位で事例研究をおこなうのかもまた，研究の目的に依存することになる。本書においても，表2-4の4タイプを，選択的に全て用いている。たとえば，第3章は既存研究の想定の再検討という反証事例を示すために一社単独事例を取り上げたが，章の中は改善活動ごとに複数事例に分割し，その間での比較を可能にしてある。続く第4章は，企業間の比較を目的とするため，一社内のひとつひとつの改善活動の事例は取り上げず，全体複数事例の比較をおこなうことになる。それ以後は，一社内の複数工場を単位とした複数部分比

　22）　これにより，副次的な効果を得られるかもしれない。ある論理を補強する証拠が事例分析と数理的・統計的分析といった形で複数存在すれば，調査結果の信頼性が高まるという効果である（Yin, 1994；佐藤, 2008；Bansal & Corley, 2012）。

較事例，工場を対象としつつ企業全体のあり方を比較した全体比較事例など，目的に合わせて事例研究の研究対象レベルを変化させている。

　本項で，本書の研究手法について全体的・大局的視点から説明したが，それぞれのより詳しい調査設計や調査対象などについては，以降の各章で述べていくこととする。

第 **3** 章

問題解決の連鎖としての改善活動

トヨタ自動車の事例

　トヨタ自動車において，M主任をはじめとする技術員室メンバーは，ほとんどが理系大学院卒の技術者であったが，その仕事はというと，とにかく工場を歩くことだという。私は思わず質問せずにいられなくなった。

　「ひたすら歩くのですか？　そうすると，デスクはいつ使うのですか？」

　「……あのね，仕事ができればそのうちデスクなんか座っている暇はなくなるし，仕事ができなかったら恥ずかしくてやっぱり工場を歩き回るかトイレにこもるしかなくなるよ」

　冗談も交じっているとはいえ，はたして本当にその通りになった。作業者は，改善の中で技術的な問題に行き当たると，近くを歩く工場技術員を呼び止めるか無線で呼び出す。配線を誤って切ってしまった，原因不明の色落ちが出る，改善活動をもっと進めるためにこんな機械が欲しいなど，用件は多種多様である。M主任が「改善と設備開発の区別が曖昧だからこそ技術員室メンバーが必要なのだ」と発言された通りの状況である。

　こうして，工場技術員にはどこからともなく大量の仕事が降ってくる。

———— トヨタ自動車高岡工場でのひとこま

74 第**3**章 問題解決の連鎖としての改善活動

1 なぜ改善活動の長期観察が必要なのか

　前章までで，「イノベーションとしての改善活動」という論点を提示した。そして，改善活動もまたイノベーションのひとつとして議論されることがあるが，その場合は一般的なラディカル・イノベーションのイメージではなく，インクリメンタルで特殊なものとして捉えられることが多い，と指摘した。

　すなわち改善活動は，既存研究において「小規模な」「生産工程の」「他の改善活動やその他の組織的活動から独立した」「作業者・作業集団による」インクリメンタル・イノベーションであると理解されることが多かった。そして，こうした規範的な見方は，いつの間にか観察対象を歪めてしまう可能性もあることを議論してきた。たとえば，実際の現場において，一般的なイノベーションのイメージに近い工程開発が「改善活動」として行われていた場合に，観察する研究者の側が「これは改善活動ではない。言葉の誤用に過ぎない」として，それを取り上げないかもしれない。こういった理論負荷性問題が生じる可能性があるのである。

　そこで本章では，改善活動の実態把握を改めておこない，改善活動に対する「小規模な」「生産工程の」「他の改善活動やその他の組織的活動から独立した」「作業者・作業集団による」インクリメンタル・イノベーションという見方が実態に即しているかどうかを明らかにする。さらに，第2章において理論的に考えられた「問題解決の連鎖としての改善活動」が実際に観察されるのか，一種のステレオタイプ的なイメージで捉えられることの多かった改善活動がいかなる場合に大規模化し，そのとき組織成員同士はどのようにかかわり合う可能性があるのか，といった点を明らかにしていきたい。つまり，改善活動のうちいくつかが，時間経過とともに規模を増大化させる論理についての考察を，現実を踏まえて再確認していく，ということである。

　　　＊　本章は，Iwao（2017）の事例を使用しつつ，理論的位置づけなどを本書に合わせて大幅に加筆修正したものである。

こうした目的に照らし，以下のような未解答の疑問に答えていく。すなわち，「改善活動は常に工程イノベーションに限られるのか。仮に製品設計にまで影響する場合，その規模はどのようなものになるのか」「改善活動は多数の独立した改善プロジェクトの集合であって，改善プロジェクト間での相互作用は存在しないのか」「（改善が常に作業者・作業集団中心となるとは限らないとして）作業者と技術者は単なる分業関係にあるのか。技術者などに途中からバトンタッチする状況もあるのか」「こうした組織成員同士のかかわりが，一時点において小規模であった改善活動の規模を増大化させることがあるのか」といったことである。

これまでレビューしてきたように，先行研究の想定からの逸脱がある場合，改善活動をめぐるステークホルダーの数と種類は増大していき，規模が拡大し，それにともなって調整の必要性も増す可能性がある。たとえば，規模がステークホルダーの数を指す場合，規模が増大すればステークホルダーの数が増大することと同義であるし，規模が投資金額を指す場合であっても，金額が大きくなるにつれて財務部門などとの折衝も多くなり，いずれにせよステークホルダーの数は増加するだろう。また，改善活動全体を構成する個別多数の改善プロジェクト間や，生産管理・製品開発・工程設計などといった他の組織的活動との間に相互に影響があるとすれば，ここでもやはり関係者の間での調整が必要となると考えられる。そして，このように多様なステークホルダー間の調整が必要となった際には，調整を取り仕切る組織成員が作業者ではない可能性もあり，その場合，必ずしも作業者・作業集団が中心となるイノベーションとはならないかもしれない。

こうした疑問に答えていくには，改善活動の観察期間の設定に注意を払った調査をおこなう必要がある。たとえば，一度限りの訪問調査や短期間に数度の訪問調査では，一時点での改善プロジェクトがその後どのように変化したか分からないであろう。こうした点を踏まえ，これまで1プロジェクト当たりの活動時間がせいぜい数日程度（Farris *et al.,* 2009；Glover *et al.,* 2011; 2014）あるいは実施含め多くは1カ月を越さない（今井, 1988; 2011）とされた改善活動に対し，本章では，約1カ月間の参加型参与観察，およびそ

76 第3章 問題解決の連鎖としての改善活動

の後1年にわたるフォローアップ調査によって長期の観察をおこない，実態把握をすることとした。

　こうした調査によって得られた本章の発見を先取りすると，実際には改善活動は，時として大きな変化となり，生産工程の変化にとどまらず，製品設計に対して変更を求めたり，他部署や他企業との協働が必要とされたりする場合があるということが分かる。したがって，改善活動のような一見小さな変化であっても，問題解決の連鎖の中で，技術や予算など資源を動員する必要のある問題が生じた場合には全社的な調整が必要となり，調整機構としての組織設計が必要となる。このような，問題解決の連鎖としての改善活動の性質が一社内において詳細に観察され，そこでは「組織的な」問題解決の連鎖を組織成員間の調整活動によってこなしていく姿がみられた。

　そして，こうした改善活動をめぐっては，時に調整役として技術者が中心となる場合があった。これらの技術者は，人事制度上も物理的にも，工場の「生産ライン」「職制上のライン組織」のそばにおり，ライン・アンド・スタッフ組織でいうライン（職制）の作業者のために，技術的な課題を解決するという，「スタッフ」である。そこで本書では，こうした組織を「ライン内スタッフ」と名付けた。これは，組織図上の職制（ライン）の末端に近く物理的な生産ラインの中で歩き回るという，特殊な組織構造の機能や形態を表現した，本書独自の概念である。[1] 調整機構として，この組織構造（Mintzberg, 1980）が機能するメカニズムについても後述される。

2　既存研究の改善活動観の再確認と事例分析法

2.1　サブ・クエスチョンへの分解

　繰り返し述べてきたように，イノベーションとしての改善活動に関する先行研究の想定は，（改善活動は）①小規模で（Choi, 1995；Bessant *et al.*, 2001），

---

1)　なお，ライン内スタッフ組織はトヨタにおいて公式には技術員室といい，これまで実態が語られることは少なかった。

2 既存研究の改善活動観の再確認と事例分析法　77

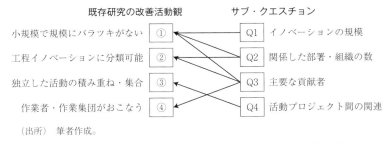

（出所）筆者作成。

図 3-1　改善活動の実態についてのサブ・クエスチョン関連図

②生産方法を変化させる工程イノベーションに属し（Bhuiyan & Baghel, 2005；Anand *et al.*, 2009），さらに，③総体としての改善活動は性質・規模が同質で互いに独立した（他の活動との相互影響がない）個々の改善プロジェクトの集合体であって（Anand *et al.*, 2009），④作業者・作業集団によって担われることが多い（Bessant & Caffyn, 1997；Koike, 1998；Bessant *et al.*, 2001）タイプの，インクリメンタル・イノベーションであるというものである。本章の目的は，こうした既存研究の想定がはたして現実に即しているのかを明らかにすることにある。

この目的に照らすと，「既存研究の想定は常に正しいか」という問いを，これから述べるような小さな問い（サブ・クエスチョン）に分割した上で，一定期間工場の現場における個々の改善活動を観察し，それぞれの小さな問いに対して個別に答えていくという研究の方法がありうる。なお，ここでは個々の改善プロジェクトを研究の対象とし，単一企業における複数の改善プロジェクトをみていく。分割された問いは次のようなものである。

　Q1：この改善プロジェクトの規模はどのくらいか。
　Q2：この改善プロジェクトにいくつの部門や企業が関係したか。
　Q3：この改善プロジェクトにおいて誰が主要な貢献者となっていたか。
　Q4：この改善プロジェクトでは他の改善プロジェクトとの調整が必要
　　　だったか。相互依存性は存在したか。その場合，どの改善プロジェクトと関係があったのか。

これら4つの問いは，図3-1にみるように，改善活動についての既存研究

78 第3章 問題解決の連鎖としての改善活動

の想定と論理的に関係している。

2.2 定性事例の数値化とその限界

ただし，イノベーションとしての改善活動の規模をどのようにして測定するかという問題は，依然として残る。本章では，イノベーションの規模の測定指標として，先行研究で使用されてきた，改善活動に必要な投資額と経済効果という指標に加え（Imai, 1986；今井, 1988；Boer & Gertsen, 2003），実現までに必要な利害関係者の数と調整の量（人・時）とを用いる（Thompson, 1965）。前章の先行研究レビューでも明らかになったように，改善活動においてさまざまな利害関係者間での調整が必要となる可能性があり，そのためには，ある改善プロジェクトの調整範囲をどこまで広げるかについての意思決定と，ステークホルダー間の利害を調整する問題解決が必要となる可能性があるからである。

そこで，以下では，こうした調整問題についての量的な指標として，調整範囲・調整量という2指標を使用して分析をおこなっていく。調整範囲・調整量を，投資額・経済効果と同じく，イノベーションの規模を示す指標のひとつと考えるということである。具体的には，調整範囲とは，改善活動1個1個（すなわち，個別改善プロジェクト）に関係する組織内外の部門数であり，生産現場からみたステークホルダーの数を指す。そのため，同じ工場の車体部と成形部では「2」とカウントされ，車体部1名と本社生産技術部2名であっても（仮に生産技術部での所属が明確に違うのでない限り）同じく「2」とカウントされる[2]。また，調整量は，人・時（人・工）の考え方を用い，純粋

---

2) こうした測定は，事例研究においてなるべく量的な指標を測定し，できれば統計分析を同時におこなうことで事例から主観を排除したいという考え方に基づいている（Yin, 1994；Bansal & Corley, 2012 など）。ただし，測定はここで述べるように完璧なものではない。たとえば，認識される部署の数は，会社に詳しければ詳しいほど増加するかもしれない。外部の者には同じような所属や肩書きにみえても内部の人には細かい違いが分かったりするという具合である。ただし，本章の研究では，筆者が約1カ月間にわたって実際にトヨタ自動車の一社員に近い立場で改善活動に参加することで，こうした社内事情を理解する素地はできたと

に調整に使ったと思われるミーティングの時間，交渉の時間などをカウントしている。すなわち，ミーティングや交渉1回につき，使用した時間×人数によって全体として使用した時間を計算し，これを調整量として用いている。たとえば，5つの異なる部署から，それぞれ1名ずつ代表者が出て1回だけ30分間のミーティングをしたら改善活動が実現されたという場合，調整範囲は5部門，調整量は2.5人・時となる。

　ただし，ミーティングはほとんどが30分刻みであること，交渉も多くは15分刻みの休憩時間を利用しておこなわれていることから，観察とインタビューに基づきつつも，正確な時間ではなくあらかじめ設定された会議時間や休憩時間などの区切りを利用している[3]。また，こうした調整時間は，基本的には観察された分しか測定されず，参与観察の外での会議や電話・メールなどを使って調整されている時間であったり，デスクで一人沈思黙考してアイデアを出すなど調整とはいいづらいが内製コストではあるという時間だったりは，測定できていない。そのため，全体的に調整時間を過小に計上しているというバイアスが存在する。

　とはいえ，他の条件が一定だとすれば，ここで測定されている調整時間以外で，典型的には残業時間などとして調整時間が消費されていた場合も，その調整量の順位は今回の観察の結果からおおむね変化しないと考えられる。なお，改善活動事例の始まりと終わりについては，ある作業や工程において改善の必要性が誰かから認識され会社内で話題となった時点が始点（始端），そして改善案が提案されて実現され，経済効果が計算されたら終点である，とする。

　これらを踏まえ，各改善プロジェクトの事例におけるQ1～4への回答が，表3-1のように集計されていくことになる。

　　　考える。また，本章の結果は，2016年6月24日にトヨタ自動車高岡工場車体部主任の確認を受けているため，ある程度の正確さは担保されているものと考えられる。
　3）　全ての改善活動参加者の行動を同時にストップウォッチで計測するという調査設計が不可能であったという消極的理由もある。

80　第**3**章　問題解決の連鎖としての改善活動

表3-1　個別改善活動サブ・クエスチョン回答表

事例	Q1	Q2	Q3	Q4
1				
2				
3				
4				
5				
6				
7				

Q1：この改善プロジェクトの規模はどのくらいか。
Q2：この改善プロジェクトにいくつの部門や企業が関係したか。
Q3：この改善プロジェクトにおいて誰が主要な貢献者となっていたか。
Q4：この改善プロジェクトでは他の改善プロジェクトとの調整が必要だったか。相互依存性は存在したか。その場合，どの改善プロジェクトと関係があったのか。

（出所）　筆者作成。

3　研究対象としてのトヨタ高岡工場

　本章は，改善活動の実態調査をおこなうために，複数の改善活動の比較事例分析を実施するが，分析対象としてはトヨタ自動車高岡工場（愛知県豊田市）を選択した。この事例選択には，以下のような理由がある。まず，トヨタ自動車高岡工場が，Imai（1986）やWomack *et al.*（1990）などによって改善活動が活発で生産性が高い工場の例として研究されてきたことがあげられる。また，同工場は，車体部・塗装部・成形部・組立部・工務部という，自動車製造工場のオーソドックスな組織編成をしているため，特殊な事情を考慮する必要が少ない。さらに高岡工場は，トヨタ自動車の他の工場と比べても累積生産台数が1位であり（伊藤, 2013），同社を代表する工場であるという点も，事例選択の参考となった。

　本章での研究には，一定期間で全ての改善活動に触れる必要があるため，筆者による参加型の参与観察という手法が選択された。具体的には，トヨタ自動車高岡工場車体部技術員室において，2013年8月26日〜9月21日の期

間に，筆者が工場技術員としての業務に参加し，そこで観察した全ての改善活動について，概要を記録した。ただし，参与観察終了時点で途中段階にあった改善プロジェクトについては，適宜，訪問インタビュー調査や電信・電話などでの確認により終了までのデータを計算している。これに加え，2014年1月31日，2月13日，8月29日，2016年6月24日に，それぞれ2時間ずつ，高岡工場車体部技術員室主任へのインタビュー調査を，2014年2月20日には，トヨタ自動車元社長渡辺捷昭氏へ2時間のインタビュー調査をおこない，参与観察結果の解釈の妥当性を確認した。なお，これらのインタビュー調査はいずれも非構造化インタビューの手法でおこなった。

　こうして収集した参与観察のデータを，前述の通り，改善の必要性を組織成員が認識した段階を始点，効果測定が行われた段階を終点として，ひとつひとつの事例にまとめた。次節では，それらの事例を，改善プロジェクトの調整量が小さいものから順に紹介していく。

4　**7つの多様な改善活動：トヨタの改善事例比較**

　本節では，総体としての改善活動を構成する7つの改善プロジェクトの詳細を研究していく。はじめに，事例の前提知識となる改善活動に関係する組織や人々について解説し，つぎに，個別の事例について詳細を記す。

4.1　改善活動をめぐる組織の概要

　トヨタ自動車の工場生産現場における改善活動の影響が及ぶ可能性がある範囲は，大きく分ければ，①工場内，②工場外だが社内，③社外，という3種類を考えることができる。なお，ここでいう工場とは，工場長のもとに管理される生産拠点の1単位をいう。本社工場，元町工場，高岡工場（以上，愛知県豊田市），田原工場（愛知県田原市）などである。各工場は，基本的には，車体部，成形部，塗装部，組立部からなる4つのラインと，工務部，品質管理部という2つのスタッフ部門で成り立っている。もちろん，エンジン専門の上郷工場（愛知県豊田市）や，半導体専門の下山工場（愛知県みよし

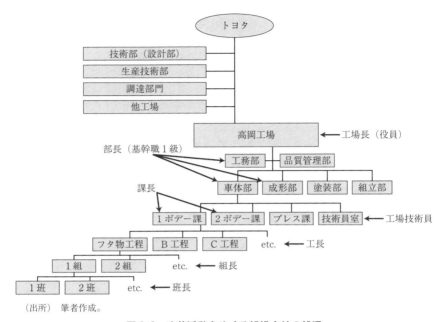

図 3-2　改善活動をめぐる組織内外の状況

市）といった専門工場も存在するが，自動車産業における最終組立工場としての基本形は，上述のような組織の構成であるという[4]。高岡工場においては，改善活動に関係する組織内外の状況は，図 3-2 のようになっていた。この図を基本に，調整範囲が計算されるのである。以下で，図に示されている各組織成員について解説する。

工場長は本社の取締役クラス（本社の専務・常務を兼ねる）であり，その下に位置する部長は基幹職 1 級と呼ばれ，関連会社取締役級の扱いを受ける。課長はラインの正常な稼働と生産能率（生産基準時間÷生産実働時間で計算さ

---

4) この形態が自動車産業において基本形とされるのは，仮に容積が大きい割りに付加価値が比較的低いとされる車体と成形部品とを別々の場所で製造しようとすると（すなわち，車体専門工場・成形工場を設けると），運搬費用が量産効果に比べて高くついて経済効果が小さくなるため，場所を別々にする必要性が低いからである（2014 年 1 月 31 日インタビュー）。

4　7つの多様な改善活動　　**83**

れる指標）の管理を主要な業務とし，主に大卒の正課長と，主に現場出身の副課長[5]の2人で，仕事を分担する。ラインの課の下には工程があり，これは工長が管理する。工長の下には，直接作業・改善・保全という3つの作業に従事する作業者を統括する組長がおり，組長は改善と作業標準改定を職掌とする。組長の下には15名ほどの作業者がおり，それぞれ作業者を5名ずつにまとめる班長が存在する。班長は課業時間の半分はライン入りすることが望ましいとされているが（野村, 1993），年産台数の変化によってライン入り時間の割合は変化する（福澤ほか, 2012）。班長に求められるのは，作業標準を忠実に守ることと，改善を促進していくことである。人事は組長・工長がおこなうため，班長の役割は，管理というよりも現場作業のベテランとしての立ち居振る舞いをこなすことである。一般作業者は，区分Aと呼ばれる直接作業者，区分Bと呼ばれる改善工，区分Cと呼ばれる保全工に分けられ，この間を頻繁にローテーションされる。それぞれの区分ごとに班長・組長が存在し，3つの区分を束ねて工長が存在しているというのが，現場組織の概略となる。

　まとめると，トヨタ自動車には，直接作業者や保全といった一般的な作業者のほかに，改善工という改善専従作業者のいる点が注目すべきであるが，これ以外にも「標準作業を確実にこなせる作業者」に班長という職制が与えられていること，そして技術員室の存在が，特殊な点といえる。このように，生産に関する機能がほぼ担保されている組織編成の中で，技術員室という一見余分な組織が存在していることは注目に値する。

　技術員室は，工場技術員[6]という改善専従者と位置づけられるスタッフが集まっている物理的な部屋を指し，同時に組織名でもある。工場技術員は，生産現場に物理的にも組織図上も近い位置に存在している技術者である（ほぼ

　　5）　社内での呼称はどちらも課長であり，職務区分はタッグを組んだ課長同士の性格・志向性による。なお，課長には生産技術部などからの出向者も多い。

　　6）　ここでの技術員は，厳密には技術員区分で採用された従業員（大学院卒，大卒，高専卒以上が中心）という意味である。本社生産技術部門の技術員と区分するため，以降は「工場」技術員と呼称する。

84　第**3**章　問題解決の連鎖としての改善活動

理系大学院修了者で占められる）。彼らは本社の技術者でもなければ，工場の中のスタッフ部門である工務部の技術者でもない。工場技術員は，工場のQCD(T)F（品質，コスト，納期，生産リードタイム・中間在庫量，フレキシビリティ）に対して責任を持ち，現場の作業者たちの改善活動に対して技術的なアドバイスをおこない，また，他部署との調整が必要となった際に調整役となる「調整役の技術者」である。そのため，工場技術員・技術員室は，通常の組織論でいうライン・アンド・スタッフ的な組織ではない。トヨタ自動車元社長の渡辺捷昭氏によれば，工場技術員の仕事は「改善のために現場に役立つ知識と知恵をもって，目線は下から現場に近づき，現場を巻き込んでいくこと」であるとされる。[7]　各部には課と技術員室が横並びで存在するが，技術員室長は次長級であり，課長より職階は上位となる。技術員室にはさらに１ボデー課，２ボデー課，プレス課といったグループが作られ，グループの長はグループ長（GM）と呼ばれて，職階上は課長と同ランクになっている。

　工場技術員はあくまでラインの部の下に置かれ，ラインの課と並列して存在し，個々の技術員には持ち場となるラインの課が与えられている。技術的知識を吸収するために本社生産技術部とのローテーションもおこなわれるが，あくまで本籍は工場のままであり，大学院修了後，生産技術部や生産調査室とのローテーションを経験しながら基本的には工場内で昇進していくことになる。[8]　このため，感覚として「工場の人間」であるという意識が芽生えるようなキャリア設計がなされている。工場技術員のオフィスも，工務部などのように建屋が別にあるわけではなく，車体・成形・塗装・組立工場のそれぞれの建屋の中に「ハウス」と呼ばれる部屋が与えられている。ハウスには机とパソコン，電話，簡単な応接室があり，ラインの課長の机も部長の机も同じ大部屋内に設置されている。工場技術員の仕事はデスクでは完結せず，工

---

7)　2014年2月20日インタビュー調査による。

8)　もちろん，適性などの判断を経て，生産技術部や生産調査室，設計部（トヨタ内では技術部）に転籍になる場合もあるが，比較的レアケースである。

場内を歩きながらおこなわれることが多い。筆者が観察していた期間でも，デスクは常に1～2割程度しか埋まっておらず，デスクが完全に埋まるのは朝礼と昼休み，終礼くらいであった。このように，組織図上も物理的にも，仕事のやり方からみても，工場技術員はライン・アンド・スタッフ的なスタッフ部門ではなく，ラインのそばについている「ライン内スタッフ」と表現したほうがよいと考えられる。

トヨタ自動車における改善活動は，これらの組織成員が関係して遂行されている。以下では，具体的な改善プロジェクトの事例を取り上げていく。

4.2 事例1 フタ物工程ドア組付作業改善

高岡工場車体部フタ物工程におけるドア組付作業は，部品（工場内ではワークと呼称）を部品置き場（工場内ではパレット，シューターと呼称）から取り出し，コンベアや治具の前までそれを運び，部品のセット口に部品を置いて作業開始ボタンを押す，という手順でおこなわれる。一連の作業は作業標準によって手順が定められている。

この作業における改善の始点は，一般の直接作業者が作業開始ボタンの前で1秒間何もせずに待つ時間があることを指摘したことであった。作業者はこれを「手待ちのムダ」であると組長に伝え，作業者と組長は改善案について話し合った（1人・時）。組長はコンベア横のセンサ位置を変更すれば手待ち時間が消滅することを発見し，センサを移動させても安全上の問題がないか作業者に確認した後，保全工に依頼してセンサ位置を変更した（0.5人・時）。組長は作業標準を書き換え，この改善によって費用0円で約14万円の原価改善効果が見込めるとした[9]（2013年8月30日）。

この事例においては，投資額は0円で，調整範囲は1部署，調整量は1.5人・時であった。改善活動は直接作業者によって開始され，現場の組長が最

---

9) なお，改善効果は，基本的には削減された作業時間に基づいて計算される。当時，工務部より改善効果は5200円/時間（台当たり）として計算するように指示があり，これに生産台数を掛けることで改善効果が計算される。この場合は，1秒の作業短縮によって5200円÷3600秒×10万台≒14万円/年間となる。

86　第3章　問題解決の連鎖としての改善活動

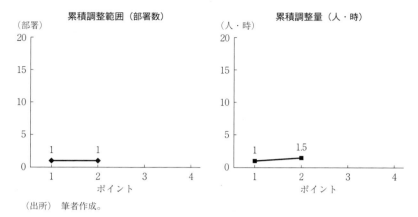

図 3-3　事例1における調整範囲・調整量の変化

表 3-2　事例1サブ・クエスチョン回答

事例	Q1	Q2	Q3	Q4
1	調整量 1.5 人・時 0 円の投資 14 万円のコスト削減	1 部署 (高岡工場内)	直接作業者 組　長	事例2に影響

(出所)　筆者作成。

終的に承認することで実現した。ただし，この改善プロジェクトは，ハイブリッド・ハリアーの立ち上げ時期に重なっていたこともあり，さらなる改善が目指されて事例2へとつながった。なお，この事例には調整範囲・調整量が計算された時点が2カ所あり，それぞれの変化は図3-3にある通りである。また，表3-2は事例のまとめである。

4.3　事例2　フタ物工程小規模設備導入・ドア組付作業改善

このようにして改善されたドア組付作業だったが，このとき高岡工場ではハイブリッド・ハリアーの立ち上げをおこなっており，それによる生産量増加が見込まれたため，タクトタイム（自動車1台を作るのに必要な時間）にはさらなる短縮への圧力があった。しかも，生産車種が増加するため，部品点数の増加についても同時に考慮しなければならない。すなわち，作業時間短

縮とフレキシビリティ確保の同時達成が求められていたのである。

このことは，課長・工長を通じて，現場の組長・班長にも伝わっていた（2013年9月2日）。これを受けて，直接作業者に頼った改善だけでは限界があると考えた組長は，改善工に応援を依頼し，改善工と作業者と組長が議論した結果，部品をセット口に置いた後の作業開始ボタンまでの移動が「歩行のムダ」[10]であるという結論に達した。組長は「作業開始ボタンの位置を部品置き場の近くに移動させ，部品を取りに行く段階でボタンを押す」というアイデアを出し，それについて保全工に相談した。こうしたディスカッションには2人・時が費やされた。その後，保全工は，この変化には配線の変更にともなう技術と予算（経費）が必要だと判断し，車体部など部単位の技術スタッフである工場（製造）技術員に相談した。工場技術員は作業開始ボタンの移動コストの回収は難しいと判断し，作業開始ボタンとひもスイッチ（ひもを引っ張ることでオン／オフが切り替わるスイッチ）を天井から配線でつなぎ，部品置き場の近くに設置するという案を提案した（0.5人・時）。これは作業者からも受け入れられ，費用3万円で29万円の原価改善効果が見込まれた上，タクトタイムの変動にも対応できるようになった。

この事例では，3万円の費用が投資され，関係部署は1ボデー課と技術員室の2つであり（調整範囲），調整量は2.5人・時であった。改善の始点は課長で，組長が改善プロジェクトを進める中で保全工と技術員室に適宜相談した。最終的な改善活動の終点は作業者による受容である（図3-4，表3-3）。この改善案によってハイブリッド・ハリアーの立ち上げは進み，また，この成功を受けて車種立ち上げ時のタクトタイム変動に柔軟に対応する「変種変量ライン」という工場の経営方針が打ち立てられることになった。

---

10) 「歩行のムダ（運搬のムダ）」とは，部品を移動させる時間のような付加価値を生まない時間を，無駄として認識することをいう（大野, 1978）。反対に，付加価値を生む時間のことは，正味作業時間（藤本, 2003）や基本変換（河野, 2007）といわれる。

88　第3章　問題解決の連鎖としての改善活動

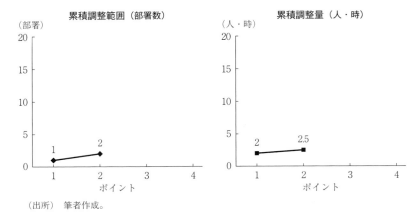

図3-4　事例2における調整範囲・調整量の変化

表3-3　事例2サブ・クエスチョン回答

事例	Q1	Q2	Q3	Q4
2	調整量2.5人・時 3万円の投資 29万円のコスト削減	2部署 (高岡工場内)	作業者 工場技術員	事例3に影響

(出所)　筆者作成。

4.4　事例3　フタ物工程中規模設備導入・ドア組付作業改善

　前項までの改善によってハイブリッド・ハリアーの生産立ち上げへの対応が可能となり、高岡工場では、「変種変量ライン」化という標語のもとで高フレキシビリティ達成による本社への価値提供という目標が、工場レベルで設定された。そのため、フタ物工程にはさらなる改善が求められていた。こうした中、ハイブリッド・ハリアーの立ち上げメンバー（工場内ではトライ班と呼称）である工場技術員1名が、当該作業において①部品置き場のスペースが足りなくなる、②生産量増加によって部品の運搬工数が増加する、という問題が発生することを発見し、車体部技術員室にてその旨を報告した（2013年9月11日）。そのころ、工場自主研という改善プロジェクトが立ち上がっており、そのメンバーだった別の工場技術員が、この問題を取り上げることになった。

4　7つの多様な改善活動　89

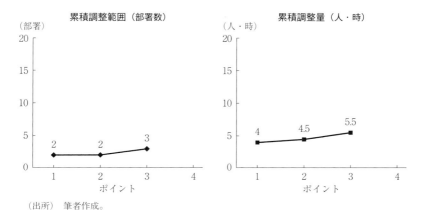

（出所）筆者作成。
図 3-5　事例3における調整範囲・調整量の変化

表 3-4　事例3サブ・クエスチョン回答

事例	Q1	Q2	Q3	Q4
3	調整量 5.5 人・時 30 万円の投資 216 万円のコスト削減	3 部署 （高岡工場と 設備業者）	作業者 工場技術員 設備業者	事例6に影響

（出所）筆者作成。

　工場自主研には，ドア組付作業現場の改善工，組長のほか，品質物流課の班長などが参加していて，ミーティングではおよそ4人・時の時間が費やされた。目下の問題は部品置き場が足りないことであり，これは運搬回数を増やすことで対応するという案が現場から出た。ところが，工場技術員が計算したところ，運搬回数の増加は約173万円の原価圧迫効果が生じた。そのため，工場技術員は，運搬回数を抑えつつスペースも確保する改善をおこなう必要があると考えた。直接作業者は「ここの作業は歩行が多くて疲れる」ため，歩行のやり方を変更する改善案を提示した（0.5人・時）。工場技術員はこれに依拠しながら，部品置き場を使用頻度順に並べ替えて，さらに部品入れ（工場内ではシューターと呼称）を大型化すれば，歩行のムダもなくなり運搬も増加しないとして，これを直接作業者と組長に伝えた。
　具体的なレイアウト変更には，工場の図面が書いてある Auto CAD のデ

90 第3章 問題解決の連鎖としての改善活動

ータを参照する必要があり，組長はこれを工場技術員に任せた。工場技術員
は，Auto CAD データを用いて設備業者との交渉にあたり（1人・時），約
30万円の投資で216万円の原価改善効果が見込まれた。調整範囲は1ボデ
ー課と工場技術員と設備業者の3部署で，5.5人・時の調整量が費やされた。
改善の始まりは工場のトップであり，技術員室が主にこの改善プロジェクト
を担った。改善案の原案は直接作業者の意見を反映して修正され，最終的に
新しい設備が導入された。「変種変量ライン化」の方針は，ここで活躍した
工場技術員たちにより，事例6へと発展していった（図3-5，表3-4）。

4.5 事例4 フタ物工程ドア設計変更・ドア設置作業改善

　ボデー課の作業の中に，完成したドアをボデーに設置するというものがあ
る。この作業において，直接作業者は，ボルトとナットとネイル・ガンを持
ってボデーに近づき，ボデーとドアの接合部にそれらを打ち付ける。ボルト
とナットの数は車体の数と同じく5種類存在し，「必要なボルトとナットを
間違いそうになる」という作業者の不満を生んでいた。そのため作業者はボ
ルトとナットの持ち方を変えるなど作業改善に取り組んでいた。ちょうどそ
のころ，工場技術員が別の改善の調査に訪れており，作業者は技術員にこの
作業を変更しようと考えている旨を話した（2013年8月）。工場技術員は，
当該作業はボルトの付け間違いによる品質不良の原因になりうるので，むし
ろボルトとナットの種類を減らすほうがよいと考え，これを作業者に伝えた
（1人・時）。ただし，ボルトとナットの種類を減らして共通部品化するには，
強度・長さ・太さなどを調整しても問題が発生しないかについて設計部門と
折衝する必要があった。工場技術員は度重なる設計部門との調整を経て（4
人・時），ボルトを2種類にまで共通化し，さらに調達部門とも調整し（2
人・時），共通化部品の大量購入によって部品費を削減することもできた。
　一連の改善は現場の直接作業者に受け入れられ，さらに別の2工程にも取
り入れられることで，330万円の原価改善効果と品質向上効果が見込まれた。
この改善活動の投資額は0円，調整範囲は1ボデー課，技術員室，設計部門，
調達部門という4部署に及んだ。また，このとき，製品設計にわずかな変更

4 7つの多様な改善活動　91

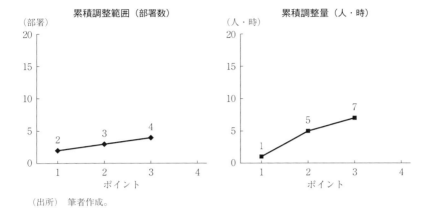

(出所) 筆者作成。

図 3-6　事例 4 における調整範囲・調整量の変化

表 3-5　事例 4 サブ・クエスチョン回答

事例	Q1	Q2	Q3	Q4
4	調整量 7 人・時 0 円の投資 330 万円のコスト削減	4 部署 (トヨタ自動車内) 設計部での設計変更含む	作業者 工場技術員 設計部技術者 調達部門	―

(出所) 筆者作成。

が加わっている。トータルの調整量は 7 人・時であった。改善の始点は工場技術員と会話をした直接作業者であり、工場技術員が設計部門や調達部門との折衝をおこない、最終的に直接作業者によって受け入れられた (図 3-6, 表 3-5)。

4.6　事例 5　プレス課・ボデー課作業用具変更による品質改善

高岡工場品質管理部の検査工は、100 台に 1 台ほどの割合で塗装の不具合が存在することを発見し、同技術員室にその旨を相談した (2 人・時)。品質管理部技術員室の工場技術員は、化学的な分析をおこなった結果、塗装前のボデーの洗浄が不十分で不純物が混じっていることを発見し、早速、組立部技術員室と塗装部技術員室に洗浄方法見直しの必要性を伝達した (2013 年 8

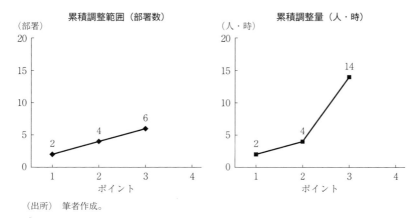

図3-7 事例5における調整範囲・調整量の変化

表3-6 事例5サブ・クエスチョン回答

事例	Q1	Q2	Q3	Q4
5	調整量14人・時 0円の投資 156万円のコスト削減	6部署 (高岡工場内と マーカー製造業者)	作業者 工場技術員 マーカー製造業者	―

(出所) 筆者作成。

月)。塗装部の直接作業者は技術員室からの要請を受けて洗浄時間を調節するなどしたが、不良率は一定の数値から下がらなかった。そこで再度、直接作業者から塗装部技術員室の工場技術員に問題が伝えられた。ここで再び2人・時が費やされた。

　工場技術員は成分分析を行い、油や埃は十分に洗浄されているがAという業務用マーカーの塗料が洗浄しきれていないことを発見した。そして、Aは前工程である車体部の作業者が、ボデーに日付を書き込んだり、作業箇所に丸印を付けたりするために使用していることが分かった。塗装部の工場技術員は早速、車体部の工場技術員、他工場の工場技術員、マーカー製造業者を集めてミーティングをおこなった。2時間にわたる技術的な議論と、実験をおこなった結果、市販のマーカーBを使用することで当面は問題が解決できるとの結論に達し、Aの製造業者にはBを参考にした新製品のアイデ

アが伝えられた（10人・時）。車体部の工場技術員はマーカーの変更を現場の組長に伝え，受け入れられた（2013年8月13日）。これによって事実上費用0円で手直し時間300時間が短縮され，156万円の原価改善と品質改善が同時に達成された。

この事例では，調整範囲は6部署であり（品質管理部，組立部，塗装部，1ボデー課，技術員室，マーカー製造業者），調整量は14人・時であった。品質管理部の技術者から始まった改善活動は，組立部と塗装部とを巻き込み，さらに車体部まで含めたミーティングがおこなわれた。これらの部門間でやり取りしていたのは，それぞれの部署の工場技術員だった（図3-7，表3-6）。そして，最終的に現場の組長が改善案を受け入れた。

4.7　事例6　フタ物工程大規模設備導入（スライドパズル方式）

フタ物工程の中にはフード（ボンネット）を組み付ける作業が存在する。基本的な作業は，10個の部品置き場から，ボンネットの内側の部品を運ぶ作業者と，ボンネットの外側の部品を運ぶ作業者が，それぞれ部品を運搬して機械にセットするというものである（図3-8）。ただし，フードは部品が大きいために，1ライン当たりの車種がこれ以上増加すると，部品置き場のスペース不足が直ちに問題になる。この当時，工場全体で「変種変量ライン化」の標語のもと（生産車種増加に対応した）フレキシビリティ向上が目指されていたため，車体部長はフード組付作業の改善を技術員室長（部内の工場技術員の長）に指示した（2013年4月）。

そのころ，現場の組長も，フード組付作業改善案を現場の作業者たちと話し合っていたが，なかなかアイデアが浮かばなかった（1人・時）。工場技術員らは，同様の問題を田原工場がうまく解決したとの情報を，生産調査室帰りの工場技術員から得て，田原工場に向かった。田原工場の工場技術員はAGV（automatic guided vehicle，無人搬送車）という運搬ロボットを活用している様子を実地で説明したが，高岡工場の工場技術員は「AGVのムダ使いが多い」との意見を出し（6人・時），これを持ち帰って現場の組長を巻き込んで工場自主研で話し合った（5人・時）。その結果，運搬ロボットが部品を

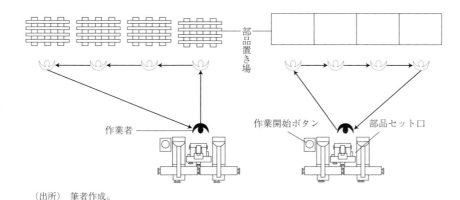

(出所) 筆者作成。
図3-8　フタ物工程大規模設備導入・フード組付作業改善前

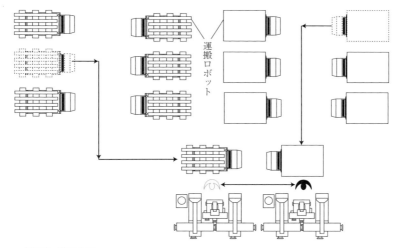

(出所) 筆者作成。
図3-9　フタ物工程大規模設備導入・フード組付作業改善後

作業者の手前まで持ってくるという案が組長から出て，工場技術員らはそれを実現するために運搬ロボットがパズルのように並んで部品を運ぶ「スライドパズル方式」を考案した（図3-9）。

しかし，これが実現されると，運搬ロボットのバッテリー交換という新たな作業を現場がおこなわなければならなくなるため反発が出た。そこで工場

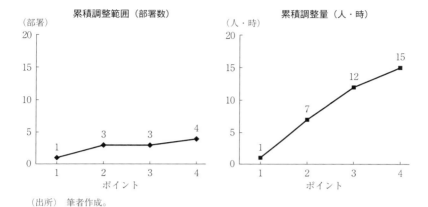

図 3-10 事例 6 における調整範囲・調整量の変化

表 3-7 事例 6 サブ・クエスチョン回答

事例	Q1	Q2	Q3	Q4
6	調整量 15 人・時 2000 万円の投資 年間約 2000 万円のコスト削減	4 部署 (トヨタ自動車内と AGV 製造業者)	作業者 工場技術員 AGV 製造業者	事例 7 に影響

(出所) 筆者作成。

技術員がロボット製造業者に対して技術的なアドバイスを与え,自動で充電できる運搬ロボットが開発・導入された(3人・時)。費用は2000万円で,この改善の結果,2007年には1ライン2車種の生産が限界だったものを,最大8車種まで生産可能(このときは6車種)にし,同時に年当たり2000万円程度の原価改善効果が見込まれた。

この改善案では,調整範囲は1ボデー課,技術員室,田原工場,AGV製造業者という4部署であり,調整量は15人・時であった(図3-10,表3-7)。この改善案は成功し,以後さらに「変種変量ライン化」を推進することになった(事例7)。

4.8 事例7 サイドメンバ工程大規模設備導入・自動化

サイドメンバは,車の側面の部品であり,全部品中最大規模の大きさを誇

96　第 3 章　問題解決の連鎖としての改善活動

る。従来は，作業者が機械によって表示される部品番号を見て，人手で回
転式の部品置き場からサイドメンバを取り出し，機械まで運んでいた（図
3-11）。

　作業者はこれを何とかもっと楽な方法で運ぶ方法はないか改善案を考えて
いたが，それと同時に，ある工場技術員は，高岡工場変種変量ライン化のボ
トルネックは最大の部品が円状の部品置き場に置いてあるこの作業場である
と考えていた（2013 年 9 月 4 日）。この部品置き場は，円形という最もスペ
ースを取る形状である上に，部品が大きいことでその半径も大きくなってい
たからである。この工場技術員は，ハイブリッド・ハリアー立ち上げのメン
バーからハリアー用のスペースの確保を依頼されたこともあり，早速ハイブ
リッド・ハリアー立ち上げの予算を生産技術部の技術者から獲得し，ロボッ
ト製造業者との調整を経て，必要なロボットを入手した。一連の交渉には
10 人・時を費やした。ロボットには大きな力があるために 100 キロ近い重
量のある部品であっても持ち上げることができるようになり，円形の部品置
き場を回転させる必要がなくなった。そこで，工場技術員は四角いスペース
に部品を詰めて置く部品置き場を考案した。

　これにより作業者が部品を運ぶ距離は短くなったが，作業者は部品のセッ
トの際に部品を持ち上げるのには腕力が必要で大変だとして，梃子のような
ものを使用できないか提案した（1 人・時）。そこで工場技術員は，安価なク
レーンを天井から垂らすことで，人力を助けて楽に部品を持ち上げられるよ
うにする案を出した。すると今度は，品質物流課のほうで運搬のタイミング
が分からなくなるという問題が出たため，調整がおこなわれ（6 人・時），品
質物流課のための新たな作業指示盤の製作が，工場技術員から設備業者に依
頼される結果となった（図 3-12）。

　一連の改善によって，年間 2000 万円の原価改善効果，およびフレキシビ
リティ確保と，中間在庫の圧縮効果（生産リードタイム短縮）が，同時に見
込まれた。この事例においては，5200 万円の投資がおこなわれ，調整範囲
は 6 部署（1 ボデー課，技術員室，品質物流課，生産技術部，2 設備業者），調整
量は 17 人・時であった。改善活動の始点は工場技術員とかかわりを持って

4 7つの多様な改善活動　97

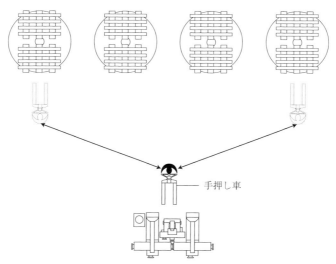

（出所）　筆者作成。

図 3-11　サイドメンバ工程大規模設備導入・自動化前

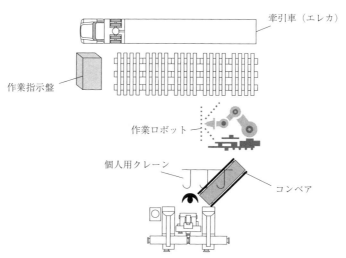

（出所）　筆者作成。

図 3-12　サイドメンバ工程大規模設備導入・自動化後

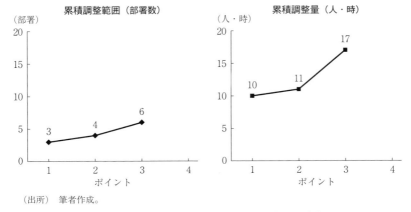

図 3-13 事例 7 における調整範囲・調整量の変化

表 3-8 事例 7 サブ・クエスチョン回答

事例	Q1	Q2	Q3	Q4
7	調整量 17 人・時 5200 万円の投資 年間約 2000 万円のコスト削減	6 部署 （トヨタ自動車内と設備業者）	作業者 工場技術員 生産技術部 設備業者	―

（出所）　筆者作成。

いた直接作業者であったが，具体的な改善案は工場技術員によって考えられ，彼らによって生産技術部や設備業者との調整がおこなわれ，新しい設備が導入された（図 3-13，表 3-8）。

5 問題解決の連鎖対応のための「ライン内スタッフ組織」

5.1 改善活動の規範論からの逸脱

　本章の目的は，改善活動をより詳細に観察することで，改善活動の総体を構成する個々の改善プロジェクト間に規模のバラツキが生じる原因を探ることにあった。これによって，既存研究が主に扱ってきた小規模な改善活動だけでなく，小規模から大規模まで一貫して扱うことのできる改善活動観を提

5　問題解決の連鎖対応のための「ライン内スタッフ組織」　99

表 3-9　改善活動サブ・クエスチョン回答結果まとめ

事例	Q1	Q2	Q3	Q4
1	調整量 1.5 人・時 0 円の投資 14 万円のコスト削減	1 部署 （高岡工場内）	直接作業者 組　長	事例 2 に影響
2	調整量 2.5 人・時 3 万円の投資 29 万円のコスト削減	2 部署 （高岡工場内）	作業者 工場技術員	事例 3 に影響
3	調整量 5.5 人・時 30 万円の投資 216 万円のコスト削減	3 部署 （高岡工場と 設備業者）	作業者 工場技術員 設備業者	事例 6 に影響
4	調整量 7 人・時 0 円の投資 330 万円のコスト削減	4 部署 （トヨタ自動車内） **設計部での設計変更含む**	作業者 工場技術員 設計部技術者 調達部門	――
5	調整量 14 人・時 0 円の投資 156 万円のコスト削減	6 部署 （高岡工場内と マーカー製造業者）	作業者 工場技術員 マーカー製造業者	――
6	調整量 15 人・時 2000 万円の投資 年間約 2000 万円のコスト削減	4 部署 （トヨタ自動車内と AGV 製造業者）	作業者 工場技術員 AGV 製造業者	事例 7 に影響
7	調整量 17 人・時 5200 万円の投資 年間約 2000 万円のコスト削減	6 部署 （トヨタ自動車内と 設備業者）	作業者 工場技術員 生産技術部 設備業者	――

（出所）　筆者作成。

示することを目指してきた。

　各事例について，本章の冒頭で述べたサブ・クエスチョンへの回答をまとめた表 3-9 をみてみると，イノベーションの規模も，その変化の仕方も，一定ではない。こうした事例は，最終的に生産現場の作業者たちの承認によって実現されることが多いものの，改善活動の始点から終点までの関係者の推移の仕方もまた，一定・一様ではない。

　表 3-9 からは，上記以外の面でも，イノベーションとしての改善活動の実態についての既存研究の想定が，常に正しいのかを考え直すことができよう。たとえば，Q2 をみてみると，事例 4 では製品の小設計変更がおこなわれて

100　第3章　問題解決の連鎖としての改善活動

おり，設計活動という他の組織活動に影響を与えている。すなわち，一部工程イノベーションのみにとどまらない実態があるのである。また，Q2とQ3とをみていくと，改善活動には実に多様な参加者が存在しており，現場の作業者・作業集団で全ての改善活動が終了するわけではない。さらに，Q4にみるように，改善活動という名前で捉えられる（なお，7事例のうち，事例1,2,3,6,7は，TPS推進者協議会改善活動発表会と呼ばれるイベントで発表されており，トヨタ自動車自体からも改善活動として認識されているといえる）ものを構成する，個々の改善プロジェクトの間にも，影響関係が見て取れる。たとえば，個別の改善活動の内部だけではなく，個別改善活動同士でも，事例1から事例7までの時系列的な経路を持つ「変種変量ライン化」という巨大プロジェクトが存在したのである。

　このような改善活動において，主導した組織がどういったものであったかをみてみると，当該事例の各項で詳しく述べたように，既存研究が想定したような分権的な作業者のチームワークによるものもある一方で（事例1,2），工場技術員がリーダーシップを取っていると考えられるものや（事例3〜6），本社の生産技術部がかかわったものもあった（事例7）。そして，こうした改善活動のうち，あるものは「変種変量ライン化」という工場全体レベルの方針の策定へとつながり，それによって次の改善が方向づけられることもある。すなわち，個別の改善プロジェクトは常に独立とも限らない。

　そして，改善が積み重なるうちに，変種変量ラインのような新たな生産方針・生産手法が生まれ，これがトヨタ生産方式に組み込まれ，ある種のラディカル・イノベーション的な側面を持つようになる可能性もあるのである。実際，トヨタ自動車において「変種変量ライン化」は他の工場の模範となりつつあり，今後大きな（一種のラディカル・イノベーション的な側面も持つ）トレンドとなる可能性もあるという（2016年6月24日インタビュー調査）。

　ここでみてきたように，改善活動をめぐる問題解決は，他部門に問題解決のヒントがある場合もあれば（事例5,6），ひとつの改善活動が設計部門のように生産現場と物理的・組織的に離れた場所での問題解決を必要とする場合もあり（事例4），また，改善活動による問題解決の結果が経営層から評価さ

5 問題解決の連鎖対応のための「ライン内スタッフ組織」　**101**

表 3-10　比較事例結果の要約

事例	累積調整範囲 （部署）	累積調整量 （人・時）	投資額 （円）	コスト削減効果 （円）
1	1	1.5	0	140,000
2	2	2.5	30,000	290,000
3	3	5.5	300,000	2,160,000
4	4	7	0	3,300,000
5	6	14	0	1,560,000
6	4	15	20,000,000	20,000,000
7	6	17	52,000,000	20,000,000

（出所）　筆者作成。

れ，より付加価値の高い活動になるべく広範な意味づけをなされて，さらなる問題解決を必要とするようになる場合もある。

　こうしたことから，改善活動がどのような影響を生み出すかは，物理的な設備設置状況などの偶然と，経営層が特定の改善活動にどのような意味づけをおこなうかという偶然に，左右される。そのため，個々の改善プロジェクトの事情次第で，規模にもバラツキが生じる。たとえば，投資額やコスト削減効果といった指標には，0円（ただし，調整に時間がかかっており，その分の調整時間は賃率×時間であるから，企業としてはコスト0円ではない）から数千万円台規模までのバラツキがある。また，利害関係者の数にも数倍のバラツキがあり，調整量も最大10倍程度のバラツキが存在している（表 3-10）。ここでみられる改善活動のうちいくつかは，投資額とコスト削減効果という面で，既存研究が主に扱ってきた規模感とは相違するものである（投資額・効果ともに年次）。

　なお，事例の数（＝サンプル・サイズ）が少ないため，参考情報として，スピアマンの順位相関係数を用いて調査データを分析してみたところ（表3-11），5％水準で統計的に有意なのは，累積調整量に対しての累積調整範囲と，コスト削減効果に対しての調整量という2つのみであった。順位変数は多くの情報を捨象してしまっているとはいえ，ここでの結果は，利害関係者の数と調整量という指標がイノベーションの有効性を決定するという考えに（Van de Ven, 1986；武石ほか, 2012），少なくとも矛盾はしていない。

102　第**3**章　問題解決の連鎖としての改善活動

表 3-11　7 事例のスピアマンの順位相関係数

	累積調整範囲	累積調整量	投資額	コスト削減効果
累積調整範囲	1			
累積調整量	0.909*	1		
投資額	0.283	0.593	1	
コスト削減効果	0.679	0.883*	0.692	1

（注）　$N=7$，$*p<.05$。
（出所）　筆者作成。

5.2　ライン内スタッフという新発見

　以上のような改善活動をめぐる調整・問題解決にあたっては，工場技術員という組織成員が，現場の改善活動の相談役・調整役・リーダー役という 3 つの役割を演じながらかかわっていたことが分かる。工場技術員とは，原価改善から新車種立ち上げまで工場内での仕事の変化を支援する大学院修了者中心の技術スタッフ集団であり，品質・コスト・生産リードタイム（中間・完成在庫量）・フレキシビリティ（QCDF）など広義の改善に責任を持つことは，すでに述べた。以下，事例から，改善活動の支援のパターンを抽出する。

　まず，事例 1 のような，変化の影響がひとつの作業にしか及ばず，技術的にも高度でない小規模の改善は，現場に作業の変更の権限が委譲された形で進められる。こうした場合は技術的に高度な知識が要求されないため，現場はこのタイプの変化がどこに影響するか（たとえば作業の安全性）について予測がつき，必要な調整ができる。

　しかし，事例 2 と事例 3 にみるような，設備を変化させるタイプの改善になると，現場は技術スタッフである工場技術員に専門家としての意見を求めてくる。結果，工場技術員に改善活動の情報が集まり，工場技術員は技術的知識を動員して改善案を修正していく。工場技術員には，このように，改善を支援する専門家としての側面がある一方で（事例 2,3），改善の影響が組織内・組織外の広範囲に及ぶと判断した場合には（事例 4～7），影響が生じるステークホルダーとの調整者へと姿を変える。工場技術員は，改善の専門家という側面と，改善をめぐる調整者という側面を，状況に応じて使い分けて

いるのである。

　このように工場技術員が改善の専門家と調整者という2側面を使い分けつつ改善を支援しているとするならば，つぎには，なぜそれが可能になるのかという新たな疑問が生じるであろう。その答えは，工場技術員をめぐる組織形態に求めることができそうである。工場技術員は，組織図上ひとつの工場内のライン部門である部（車体部，成形部，塗装部，組立部など）内に位置している上に，日々の業務は工場現場に物理的に近い場所でおこなっている。そのため，通常のライン・アンド・スタッフ的な組織とは別種の，ライン「内」スタッフと表現することとした。つまり，ライン内スタッフという組織形態は，①組織図上でも物理的にも現場（ライン組織）の近くに，②技術的知識を持つスタッフを設置した，組織形態・組織構造である。このとき，この2つの要因が，改善という組織変化・イノベーションをめぐる調整を可能にし，同時にボトムアップ型・トップダウン型の変化にともなう組織内のコンフリクトを引き起こさせない効果を持つ可能性があるのである。

　（組織形態・組織構造上の）ライン内スタッフは，組織的にも物理的にも現場に近いスタッフであるため，当然，現場との接触が増え，頻繁なコミュニケーションがおこなわれる。現場は，改善にあたって専門知識が必要になると，それらを有するライン内スタッフに相談をする。彼らが技術的な知識を持つがゆえに，ライン内スタッフにはイノベーションの種がどこでどのように生まれているかについての情報が自然に集まってくる。そして，技術的な知識を持つ専門家は，その知識が必要となるような高度な意思決定ができるため（Simon, 1947; 1997），専門家であるライン内スタッフもまた，集まった情報をもとにして他（多）部門・他（多）部署との調整が必要な変化を見つけ出すことができる。

　ライン内スタッフは，影響範囲が大きな改善においては，「変種変量ライン化」といったような全体レベルの組織目標と照らし合わせながら調整者として調整をおこなうが，そこで調整相手となるのは同じくライン内・外の技術者である。技術的な専門用語には専門家同士のコミュニケーションを円滑化させる効果があることを踏まえると（March & Simon, 1958; 1993），技術者

同士だからこそ必要な調整が一定の時間内で終了する。そうして，他部門との調整を終えた修正済みの改善案は，再びそれぞれの現場のライン内スタッフによって，それぞれの現場職制（ライン）に伝えられる。

　こうした場合，改善活動というボトムアップ型の変化と考えられていたものに，トップダウン型の変化の要素が入り込んでいることになるが，現場は調整済みの改善案をコンフリクトなく受け入れる。なぜならば，現場としては，あくまでボトムアップ型の改善に，専門家による修正が入っただけで，これを変化の強制とは捉えないからである。すなわち，ライン内スタッフが改善に関する技術的な専門家として現場から一種の権威を与えられているため，コンフリクトを意識せずに意思決定前提が変化させられるのである（Barnard, 1938）。技術や専門知識を有することは，当該分野に関して他者の意思決定前提を変化させる力を持ちうるのである（Simon, 1947; 1997）。

　このように，技術や知識は，

- 情報を集まりやすくする機能を持ち
- 影響範囲についての技術的な判断を可能にし
- 技術者同士の円滑なコミュニケーションを担保し
- 権威受容によってコンフリクトを起こさせずに現場の意思決定前提を変更できる

という機能を同時に持ちうる。そして，そのような技術的知識を持ったスタッフが現場の近くにいるがゆえに，これまで述べてきたような調整が実際にも効果的におこなわれるのである。

　本章では，トヨタ自動車を例にとって，改善活動の実態が先行研究の想定と常に一致するのかについて調査した。その結果，イノベーションとしての改善活動は，既存研究が想定したような小さな領域にとどまるものではなく，一部にはそこからの逸脱がみられた。また，そうした逸脱は，改善活動のステークホルダーの数を増大させるがゆえに調整問題を生じさせることも分かった。さらに，そうした調整問題が「なぜ」「いかにして」解かれるかという疑問に対しては，ライン内スタッフという組織形態の存在によって，工場技術員が改善の専門家と調整者という側面を使い分けながらそれを解決して

いるからであるという解答を導き出した。

こうした一連の議論は，本書第1章および第2章における理論的考察と整合的な結果であったといえよう。少なくともトヨタ自動車の改善活動には，現場の作業者のアイデア等も参考にしつつ，規模も大きなものから小さなものまで，また時には，その規模自体も変化し，あるいは関係する組織成員の所属が現場から本社まで満遍なく広がるといった特徴があった。そして，そうした広がりを調整するのがライン内スタッフであった。

6　トヨタのライン内スタッフは唯一解か：小括と次なる疑問

本章でみてきたように，個々の改善プロジェクトにおいて，作業や工程のどの部分に着目されるかは，比較的偶発的に決まる。そして，作業や工程が変更される物理的な環境がどのようなものかによって，設備・製品・他部門での作業など，生産システム全体のどの部分に影響が生じるかは変化する。こうした偶発性ゆえに，改善活動は潜在的に問題解決の連鎖としての特徴を持ちうる。しかし，ひとつの改善プロジェクトにどこまでの資源動員と調整範囲が必要となるかは状況依存的であり，個々の特性にバラツキが生じていた。

改善プロジェクト内で，さらに改善プロジェクト間で問題解決の連鎖が重なっていくと，改善活動は複利計算的に一般的なイノベーションのイメージに近づいていく。たとえば，本章でみた「変種変量ライン化」のように，経済的効果が大きく，かつ生産活動の意味を問い直し，世の中に新たな価値を生み出すような，ラディカル・イノベーションに近い工程イノベーションが起きる場合もあるのである。

既存研究は，改善活動を，小規模で独立した工程のインクリメンタル・イノベーションであり，作業者・作業集団がその主役であるとして理論化してきた。こうした視点は，第1章でも述べたように，大規模なイノベーション活動に対して改善活動やインクリメンタル・イノベーションもまた重要であると主張するという研究史上の位置取りから，半ば必然的に生まれてきたも

のといえる。しかし，観察期間を長期にとってトヨタ自動車における改善活動の実態を調査した結果，改善活動は必ずしも先行研究の想定と合致するとは限らず，時には小さな製品イノベーションとして製品設計変更を要する場合すらあることが判明した。その影響として，改善活動には，ステークホルダーの数が状況に合わせて増減するという性質があることが再発見された。

　改善活動のこのような性質ゆえに，トヨタ自動車においては，改善活動の始端が生じると，それをどこまでのステークホルダーが関与する規模にするのか，また規模を決定した後には，いかにそれを調整するのかという問題が生じていた。イノベーションとしての改善活動にも，調整問題というマネジメントの視点が必要となっていたのである。こうした調整問題を解決するためのひとつの方法として，本章では，ライン内スタッフという組織形態・組織構造の概念を提示した。具体的には，ライン組織の中にスタッフが存在することで，ライン組織がスタッフの専門知識に頼る結果としてライン内スタッフに情報が集中し，彼らは専門知識を用いて意思決定をおこなう。意思決定の結果，問題が組織内外の広範囲に及ぶと考えられた場合には，彼らは専門家から調整者へと姿を変える。調整は他部門の技術者と（同じく技術者として）技術的な言葉を用いておこなわれるため円滑に進められる。こうした調整が済んだ後のライン内スタッフの意見は，彼らがライン組織（生産現場）から専門家として権威受容されているために，コンフリクトなく受け入れられていた。

　このように，リーンな生産をおこなうには，ライン内スタッフという一見ファットな組織が，調整問題解決という観点から必要となっていた。そこでは下記のメカニズムによって調整が促進されていた。すなわち，知識を持った技術者が現場を歩きまわることで，①知識のある人間に問題が集まる，②知識を用いて問題解決できる，③本社技術者などと共通の知識で会話ができる。これにより，イノベーションとしての改善活動をめぐる調整問題が解決される場合があった。

　ここまで，改善活動がランダムに決まる範囲の問題解決を生じさせる論理と，これを扱うライン内スタッフ組織という組織構造の機能について述べた。

とはいえ，改善活動をめぐる問題解決の連鎖への対応は，トヨタ自動車のマネジメント（具体的には，連鎖のどこまで扱うか個別に判断すること）が，論理的に唯一存在しうる解というわけではないだろう。

　たとえば，始めから改善活動をめぐる問題解決はどこまでかという区切りを決めておくといったマネジメントもありうる。こうした点について，次章以降で確認していく必要がある。

Appendix　トヨタ自動車に残る諸問題

　本章で展開した論理からは，トヨタ自動車の製造現場の問題点もまた指摘できる。ただし，こうした指摘は本書の論点からは若干逸脱する。そのため，Appendix として，以下で議論するにとどめた。

　第一に，トヨタ自動車における改善活動が関係者との調整活動という側面を持っているとして，これが投資予算確保のために財務的な用語へ変換された際には，在庫削減や安全性向上といった視点は金銭評価をおこなうには工夫が必要であるため後回しになりがちであるという問題点が指摘できる。こうした点は，個々のライン内スタッフ（技術員室）の技量と経営トップ層からの要請等によって優先順位を変化させることで担われている部分が大きいのが現状である。しかし，たとえば中間在庫1個を削減した場合のコスト削減効果や資産圧縮効果は比較的簡易に測定できる上，安全性評価についてもリコール等を避けた場合の期待値などで測定可能であるため，何らかの金銭評価の基準が作られる必要があるのかもしれない。

　第二に，能率管理と内製効率の問題についてである。

　現在，生産現場は能率管理という手法で管理されている。能率管理とは，自動車を生産するのに必要な基準時間が工務部査業課によって設定され，それを実働時間で割ることでラインの成績を計算することをいう。ラインの課長は，基本的にはこの数値の良否によって評価される。そのため，課長がライン能率を最大にするには，直接作業者に改善活動などの余計な時間を使わせずに，作業が終わったら帰すというのが最適の行動となってしまう。そうすれば短期的には能率が最大となるが，改善ができないか，他の能率計算に関係のない人員が改善を行う結果，現場の実情に沿わない改善となり，長期的には競争力を失ってしまう可能性もある。そうだとすれば，たとえば長期に現場にコミットする叩き上げの副課長は改善推進派となり，2年ほどで生産技術部など人事上の本籍地に戻ってしまう大卒正課長は改善否定派が多いといった形で，コンフリクトが引き起こされる可能性もある。

とはいえ，能率管理は人事評価とも一体化しており，簡単には変化させるのが難しいかもしれない。そのため，たとえば能率計算に含められる人員の労働時間を，実働時間と改善時間に分け，基準時間÷実働時間の生産能率と，改善効果÷改善時間の改善能率を分けて算出するといった方法なども考えられる。こうした制度の中で，ラインの課長を生産能率で評価しつつライン内スタッフの評価は改善能率で評価するわけである。このとき，直接作業者が従事した時間が改善時間であったか実働時間であったかは組長の判断を基準としつつ，最終的にはライン内スタッフが判断する。仮にライン内スタッフが改善時間を不当に少なく見積もると，ラインの課長が作業者の残業を許さなくなり結局どちらも損をする。反対に，課長が見かけの生産能率を上げるために改善時間を不当に多く見積もっても，ライン内スタッフに拒否されるため，次第に最適な均衡点へと達するかもしれない。

つぎに，内製効率とは，設備変更の際，現場の余剰人員に内製を依頼した場合であっても，疑似的に費用が発生するという管理方式である。内部振替価格に近い考え方であるといえよう。このとき，本書の論理から，設備変更にあたって外部の設備業者と調整するより同じ現場の組織成員と調整するほうが，比較的効率がよいことが予測される。しかし，内製効率にあたって定める費用によっては，外部委託と比較したときの相対費用が実態を反映したものにならず，設備変更にあたってむやみに調整量を増加させる，ないし余っている人員の活用ができない，という状況が生じる可能性もある。内製効率という制度は会計的には正しいと考えられるが，金銭のやり取りをおこなわずに内製にかかった時間を先に述べた改善時間に充塡するといった方法も，また一案として考えられる。

第 **4** 章

改善活動の 3 類型という発見

日本の自動車 4 社の完成車工場比較

　私が，日本の自動車生産工場の改善活動実態の全数調査を目指して研究を進めていたときのことである。そのときの調査対象の工場長いわく，当該工場でおこなわれるほとんどの改善活動がいわゆる小さく地道なものだという。それを聞いて，ついトヨタ自動車と比較した質問をいくつか投げかけてしまった私に，インタビュー対象者が重々しく口を開いた。

　「うちはお金も使えないし，実験的にいろいろやるより，着実に儲けないといけませんからね」

　「すると，御社での改善活動は，全てそうした着実な改善なのですか？」

　しばらく沈黙があった。

　「いや，うちっていうのは会社じゃなくてこの工場ですね。どちらかといえば，工場ごとに戦略というか位置づけが決まっているから」

　———ある日のインタビュー調査での会話

1 トヨタ的バランス型戦略以外の可能性：
4 社比較がなぜ必要か

1.1 改善活動をめぐる全社的意思決定の余地

　改善活動は，研究者によって「小規模な」「工程の」「個々独立した」「同質な」「作業者・作業集団による」インクリメンタル・イノベーションであると考えられることが多かった。しかし，前章において，

- 改善活動は常に規模の小さなものに限られているのか
- 改善活動は常に工程イノベーションにのみ貢献しているのか
- 改善活動は他の改善活動や組織活動に影響を受けたり与えたりしないのか
- 改善活動の主要な貢献者は常に作業者・作業集団なのか

という疑問には，全て「No」といえる場合があるとの結果が得られた。また，実務家は，改善活動が，その遂行にあたって多数のステークホルダーを巻き込む大規模なプロジェクトと化したこともあったと回想していた。

　ただし，改善活動を，潜在的な問題解決の連鎖という特性を持つイノベーションとして捉え直したとき，この特性への対応がトヨタ自動車流の「ライン内スタッフを用いた個別判断」だけに限られるわけではない。たとえば，小さな改善活動のみに取り組めば十分という意思決定も可能であるし，その反対の意思決定も論理的には可能であろう。どのような組織を用いるのかという点にも選択の余地があり，たとえば小規模な改善活動に特化するならば，既存研究において述べられている分権的な小集団的組織を用いるのが，やはりよいのかもしれない。

　実務家の回想でも，現実の改善活動の規模は比較的大から小まで分布する（存在する）とされていることから（松島・尾高, 2008；原田, 2013），仮に改善

＊　本章の比較事例は岩尾（2018）と同様のものである。ただし，事例の記述以外の大部分は書き下ろしである。

1 トヨタ的バランス型戦略以外の可能性

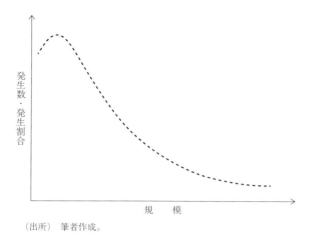

(出所) 筆者作成。

図 4-1 潜在的な改善活動の発生可能性

活動が規模別に何らかの確率分布に従って発生し，それが一定の確率で巨大化する可能性を有しているとするならば，少数の比較的大規模な改善と多数の比較的小規模な改善をともなうような分布に従うとするのが自然であろう。こうした分布のひとつとして対数正規分布があり，実際，これによって製造業における投資規模の分布の形状を説明する理論的根拠が存在している[1]。そこで，ここでは，潜在的な改善機会の分布は，対数正規分布あるいはそれに近い形の分布に従うものと仮定する（図4-1）。

なお，図の縦軸は発生数または発生割合を示すが，現段階ではどちらとしても扱うことができるため，理論考察と実証分析とで適宜適切なものを用いる。また点線は，実際に創出された改善活動ではなく，あくまで可能性（改善活動の機会・余地の分布）であることを示している。改善活動の中には，工程設計や製品設計に影響するなどして，問題解決の連鎖を必要とするものも可能性として存在する。こうした問題解決の連鎖のどこまでを扱うかは企業

---

[1] すなわち，企業における通常の投資活動と同じように，一定の収益率（をそれぞれ何乗するか）が正規分布に従い，そうした収益率を乗じた結果としての収益が対数正規分布に従うというモデルである。一例として，製造業の企業規模は，こうした論理によって対数正規分布に従うとされる（Cabral & Mata, 2003）。

114 第**4**章 改善活動の3類型という発見

に選択の余地があり，どのような組織構造を採用するかに依存するという可能性については，第2章の先行研究レビューにおいて述べた通りである。この議論は，組立産業・プロセス産業あるいは軽工業・重工業など，ある産業の技術体系によって，そこで生じやすいイノベーションの性質が左右されるという，「イノベーションの技術決定論」的な視点に対し，「イノベーションの組織決定論」，すなわち，たとえ技術体系が同一の産業に属する企業であっても，各企業が用いる組織構造によって，そこで生じやすいイノベーションの性質は影響されうるとする視点を，提供するものであるといえる。

1.2 組織構造というフィルター

つまり，第2章の議論を踏まえると，イノベーションとしての改善活動は，必ずしも産業ごとに全ての企業で同一とは限らず，一度組織構造というフィルターを通して創出されると考えられよう（図4-2）。図4-2のグラフの実線は，組織構造というフィルターを介して最終的に実現する改善の規模別分布を示しているが，この分布の3つの形状については，次節で詳しく述べる。[2]

それでは，さまざまに存在しうる改善活動のうち，各企業においてどのような規模の改善活動が多くみられ，また，各企業はそれぞれどのような組織構造を用いて改善活動に取り組んでいるのだろうか。実際の企業活動の実態においても，この2点に企業ごとの独自性がみられるのだろうか。こうした問いに答えるため，本書では，大きくは①改善活動の規模と②改善活動をおこなう組織のあり方という2点について，さまざまな企業の実態を調査していく。

改めてまとめると，改善活動にあたって各企業がどのような組織設計をするかによって，また，改善活動に存在する潜在的な問題解決の連鎖のどこまでを扱うかによって，最終的に当該組織から創出される改善活動の平均規模（規模別発生割合）に変化が生じる可能性を繰り返し論じてきた。すなわち，

---

2) 図4-2では，破線部分との比較のため，発生数を用いている。ここで発生割合を用いると，破線と実線が一致する場合がありうる（次節に詳述）。

1 トヨタ的バランス型戦略以外の可能性 115

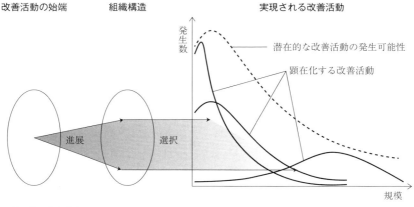

(出所) 筆者作成。

図 4-2 分析枠組み概念図

改善活動が既存研究の想定よりは広い活動でありうるとしても，その中で（規模や主導する組織という点で）どのような性質のものに集中するのかは，企業ごとに選択の余地があるわけである。ただし，ここまでの議論は，あくまで可能性を論じたにとどまっており，以後の議論は実際の企業を観察しながら進めていく必要がある。そこで本章では，本書で確認された改善活動の広がりに対して，各企業がどのようなアプローチで，どのような規模のものにどのような組織構造・調整形態で取り組んでいるのか，という疑問に対して実態調査をおこなう。

調査対象として日本の自動車産業を選択し，一定の基準で選択された 4 社に対して，①改善活動を主導するのがどのような組織階層のメンバーか，②どのような規模の改善活動が多いか，を確認していった。これらに加え，③年次投資予算のような改善活動に必要な資源は誰が保持しているのか，についても，半構造化インタビュー調査と調査票調査をおこなった。これらの項目は，組織内調整のあり方を左右する要因であることが既存研究等によって指摘されており，本書の問題意識に合致していると考えられる。

ここで示される分析枠組みは，企業内で生み出される改善活動が，一度組織構造というフィルターを通して方向づけられながら，最終的に実現にまで

116　第4章　改善活動の3類型という発見

至る（そのため結果もまた組織構造に影響される）というものである。したがって，各企業が採用する組織構造はどのようなものかという疑問に加え，各企業において総体として創出されている改善活動の性質（ここでは平均的規模・規模別発生割合）はどのようなものかという疑問に答える必要があるだろう。

　本章での分析結果を先取りしておくと，改善活動には，「大規模中心で本社技術者中心」「小規模中心で作業者・作業集団中心」「バランス型でライン内スタッフを設置」という，大まかには3種類がみられることが，インタビュー調査と質問票調査によって確かめられることになる。

2　改善活動分類図という考え方：分析枠組み

2.1　イノベーションとしての改善活動の類型化

　改善活動が，既存研究の想定から逸脱して，製品の設計変更をともなったり，他の組織活動に影響したり，投資額等の規模が大きかったりといった特徴を持つ場合，いずれにしても資源の獲得・動員に関係するため，関係者・ステークホルダーの数が増え，調整のために費やす時間も増えると考えられる（Van de Ven, 1986；武石ほか, 2012）。したがって，前節で述べた改善活動の規模のバラツキは，調整の範囲と調整努力に費やした時間を用いれば，ある程度測定することができるだろう。また，改善活動をおこなう際の組織については，改善活動を推進する上で関係する組織成員をピックアップし，その中でどの組織成員がどのように影響しているのかを調査する必要があろう。

　このようにして調査された企業の事例は，改善活動の規模別発生割合と当該企業において改善活動を推進する組織のあり方とを並列的に記述していくことで分類される。こうした分類により，各事例間での比較が可能になると考える。

　まず，ここでの改善活動の規模という概念は，改善プロジェクトにおける投資額と経済効果といった指標を軸としながら，個々の改善活動プロジェクトにおけるステークホルダーの数やその間での調整の努力量といったものに

2 改善活動分類図という考え方　117

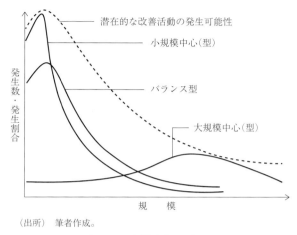

図 4-3　改善活動の分類図

も注意を払ったものである。そして図 4-3 が，図 4-1 に，実際に各企業で発生している改善活動の規模別発生数を実線で記入したものである。

　図 4-3 において，小規模中心型・大規模中心型・バランス型の 3 者は，分布の形状が異なっている。この 3 者を規模別発生数（実数値）で表現すると，企業ごとの資源および組織能力の制約によって，それぞれの積分値（≒改善活動に投じた資源の総和）に差異が生じるかもしれないが，3 者を発生割合で表現すれば，3 つの曲線を積分した値は全て 1 になる。というのも，ここまでの議論では，全体としての規模や資源使用量を同一と仮定している。つまり，大規模な改善活動に資源をより使用すると，小規模な改善活動は少なくなる。もし使用できる資源が無限にあれば，小規模から大規模まで全ての改善活動を実現できることになるが，そのような仮定は現実的ではないため，ひとまず図 4-3 では，横軸に一定の領域を設定し，3 者の積分値（面積）も一定と想定した。また，図 4-1 と同様に，潜在的に発生する可能性がある改善活動は破線で表現されている。このとき，上述した組織構造による方向づけにより，改善活動の分布形が異なってくると考えられる。具体的には，横軸の全ての点における y を一定の数値で乗じるのか（バランス型），原点に近いほど 1 に近い値を遠ざかるほどに 0 に近い値を乗じるのか（小規模中心），

あるいはその反対に，原点に近いほど小さな値を乗じるのか（大規模中心）などさまざまな形状がありうる。なお，以後の議論では，ここでの曲線の形状を大まかに模写したものを分類図として使用する。

　ここで，横軸が規模に関するものであることは，すでに述べた通りである。ここで「規模」として扱っているのは，具体的には，投資金額・投資効果といった指標，およびステークホルダーの数と，その間での調整の努力量である。ステークホルダーの数が増えて，調整・説得に時間がかかればかかるほど，調整に従事する従業員の賃金は，投資として増加していく。こうした調整を外製する，すなわち外部の設備業者に全て任せるという場合には，これらのコストは設備投資額に反映されるであろう。このとき，それによって得られる経済効果をあらかじめ見積もった上で投資がおこなわれると考えると，投資と経済効果には一定の相関がみられるかもしれない。したがって，これら３つの指標は互いに強く相関していると考えられるため，大まかに規模としてまとめることができる。なお，測定指標の正確さについては，本章第4節で実証研究を基礎に詳しく議論する。

　一方，縦軸は発生数・発生割合を表し，その時々で適切なほうを用いるということも，既述した通りである。経済的なインパクトを重視するため，割合の算出には，発生数に金額を掛けた総投資額を用いる場合もありうる。すなわち，（主に発生割合の）具体的な計算方法は，全体の経済的インパクト（投資とそのリターンのいずれか測定できたものを適宜用いることとする）のうち，横軸に対応する規模のものがどの程度占めているかをみていくというものである。

2.2　小規模中心，大規模中心，バランス型

　前項で用意した分類図によって，たとえば小規模な改善活動が中心的であるという既存研究の多くにみられる状況を示すと，図4-4のようになる。

　これに対して，たとえば本社の技術者がおこなう大規模な設備開発に近いものが時折発生し，また作業者が中心となる小規模な改善活動もおこなわれていて（小池ほか，2001），これら双方を改善活動として捉えている状況は，

2 改善活動分類図という考え方 119

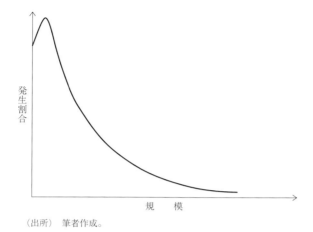

（出所）　筆者作成。

図 4-4　小規模中心・作業者主導の改善活動

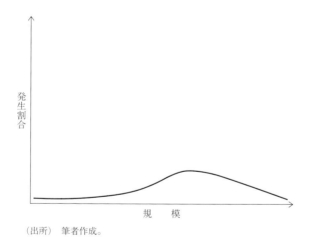

（出所）　筆者作成。

図 4-5　作業者中心型小規模改善活動と本社技術者中心型大規模改善活動の共存

とりわけ金額的な割合をみると図4-5のように示される。ただしこの場合，たとえその企業が大規模な設備開発を改善活動という名のもとでおこなっていたとしても，それは「改善活動」という言葉の誤用であるという反論もありうる。一企業の中に小規模で作業者中心の改善活動と本社技術者中心で大規模な改善活動とが互いに独立して存在している場合，独立した別個の活動

にそれぞれ別の名称を付すことも可能なため，議論の余地が存在する。

しかし，次のような場合であれば，既存企業の想定からの逸脱を改善活動の定義論で片づけるだけでは済まされず，改善活動の実態に即してステレオタイプ的な見方を見直す必要性に迫られるだろう。すなわち，作業者・作業集団の提案が改善活動の始端となることに関しては上と同様であっても，時間経過とともに改善活動の一部が大規模なものになってしまうような状況である。投資額が少なくて済むような改善活動から（Imai, 1986），設備の変更・設計・開発等を含む改善活動（新郷, 1977）までを，（発生割合は小さいとしても）作業者・作業集団が中心となっておこない，作業者の代表として班長・組長が設備業者や本社の技術部に意見するというような場合である（Adler *et al.*, 1997）。こうした場合，ある時点では小さくみえた改善活動が，本社等の参加の結果として次第に大規模なものへと変貌していくため，言葉の定義論を展開すると，「どの時点から改善活動と呼ばないようにするのか」という厄介な問題をはらむことになる。ここでは，はじめは（研究者・実務家など）誰の目からも「（小規模で作業者が着手する）改善活動」であったものが，時間経過とともに論者によっては改善活動と認めない性質のものへと変化している。したがって，短期・一時点では区別のつく大小さまざまな工程変化も，実は長期・ダイナミックな視点からは区別がつかないことになるのである。

同じような状況は，中心となる組織が本社技術者であっても起こりうる。たとえば，改善活動に取り組み始めたばかりの企業において，はじめは本社技術者がおこなって徐々に作業者・作業集団にも参加してもらおうと考えているが，現状では本社から派遣された技術者が小規模なものから大規模なものまで一手に引き受けている，といった場合である（田中, 2005）。このような場合，改善活動の着手段階では，技術者たちにも個々の活動の規模が最終的にどうなるか判断がつかないかもしれない。

これらの状況では，同じように始まった改善活動でも，あるものは必要に応じて大規模になり，またあるものは小規模なまま実現に至るといったことがあるため，規模に差が出ていたとしても活動としての区別は難しい。この

2 改善活動分類図という考え方 121

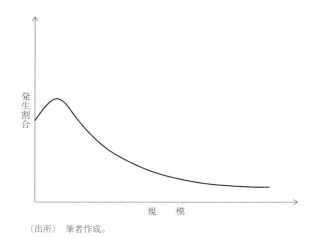

（出所）筆者作成。
図4-6　小規模から大規模まで渾然一体となったバランス型の改善活動

ように，観察期間の長短など観察者側の要因によって観察対象が歪められてしまう可能性を考えると，工場等の現場において改善活動と呼ばれている活動を事前に区別することなく長期に観察する必要があることが分かる。

　以上のような小規模中心・大規模中心の中間として，バランス型を考えることもできる。ここでは，規模の小さい改善活動から，規模の大きい改善活動までが，満遍なくおこなわれていると想定される。したがって，潜在的な改善活動の可能性（改善の機会）の分布と近い形である，「より正規分布に近い対数正規分布」となることが予想される（図4-6）。

2.3　組織構造の観察と測定

　前項までは規模を中心的に議論してきた。しかし，第2章および本章の冒頭でも確認したように，改善活動の規模は組織構造というフィルターを通して決定されるものである可能性があるため，組織構造へも着目する必要がある。すなわち，改善活動の始端が生じると，問題解決の連鎖をどこまで扱うかによって組織内外での調整範囲が変化するという関係にあり，さらに，そうして特定の組織構造によって扱われた改善活動は結果的に特定の規模の改善活動を生み出す。こうした関係から，特定の企業が採用している組織構造

が，当該企業が創出する改善活動の規模に対して，何らかの傾向性をもたらす可能性があるのである。

先行研究レビューを踏まえると，改善活動を主に担う組織成員には，分権的なコミュニケーションに基づく作業者・作業集団（小集団活動）[3]といった企業内の現場の集団から，本社の技術者が積極的に改善活動にコミットする可能性まで考慮される。この両者をつなぐ中間的な組織もありうる。先行研究においては，また，小集団でおこなわれる改善活動では，資源や権限がどこに配置されているのかが重要な点であったことを踏まえ（Hackman & Wageman, 1995），改善活動を推進するにあたって必要な資源・権限が，現場作業者，本社技術者，その他中間的組織としてのライン内スタッフ組織の，どこにあるのかについても調査する。もちろん，調査の中でこれら以外の組織構造が発見される可能性も否定しない。

すなわち，企業ごとに改善活動の主役（と経営トップから認識され，かつ資源配分されている者）となる組織成員が誰で，どのような組織構造を採用しているかについて調査する必要がある。改善活動を推進するのが現場の作業者・作業集団であれば，先行研究レビューでもみた通り，分権的な組織構造と調整の形態を採用しているとみる。一方，改善活動を主導する（主役となっている）のが本社技術者であれば，本社が中心となった比較的集権的な組織を用いているとするが，これについては若干議論の余地がある。本社の技術部門が中心となっているという場合，本社の経営トップが率先して本社の技術者を現場に派遣して改善活動をおこなっている場合もあれば，単に「本社の技術者たちに権限を委譲している」という，ある意味で本社内での分権

3）　工長・組長（foreman, supervisor）も，作業集団の長として作業者・作業集団に含めている。とはいえ，彼らは管理者的な仕事もおこなうため，作業集団とすることには議論の余地があるだろう。ここでは，以下の点を考慮して上記の扱いとした。第一に，工長・組長は労働組合員であり作業者側に立つことを期待されている。第二に，彼らの仕事の多くは生産現場で完結する。第三に，正規従業員として採用されると，組長までの昇進はほぼ確実に見込めるため，組長には仕事の経験が長い（熟練度によって作業者のリーダーと認識される）作業者としての側面がある。

制をとっている場合もあるためである。ただし，いずれにせよ現場の作業者からすれば，本社は現場のトップである工場のさらに上位階層であるから，「比較的」集権的といえるかもしれない。このような事情から，本社技術者・技術部門が主導する場合には，以後は集権的という表現よりも技術者主導型という表現を用いる。[4]

また，実務家の回想の中で，改善の中には他工程・他部署などの多様なステークホルダー間での調整が必要なものがあるとされ，これをおこなっていたのは「製造の技術員は現場の横糸になれ」との使命を大野耐一氏から与えられた技術員室（ライン内スタッフ）という組織だったとされていることから（原田, 2013），製造現場の技術者であって調整役でもあるという，ライン内スタッフの存在もここでは考えている。

あるいは，改善活動の途中で技術的な問題が発生し，ある時点で本社の技術者にバトンタッチするといった状況もありうるだろう。当初は簡単な作業改善であると考えられていたために作業者が中心的に取り組んでいたものが，実はエルゴノミクス（人間工学）[5]の視点からの考慮を要するために設備の複雑な配置や配線等を変化させる必要が生じ，さらにそのために新しい設備が要求され，本社の技術者が中心的に活躍した，というような場合である（Dul & Ceylan, 2011）。このように，ひとつの改善活動の始端から完結までに，さまざまなタイプの組織成員がかかわり，状況に応じてその中でリーダーシップを発揮する組織成員が変化するという場合も考えられる。その場合，単純な分類よりも詳細な記述が必要であろう。

こうしたことを踏まえ，改善活動のために用いられる組織構造は，作業者

4）　作業者・作業集団中心の組織を分権的な組織として扱うことに問題はないと考えられるが，本社技術者主導という用語の対比として整合性をとるため，以後は，作業者・作業集団中心型という用語を優先して用い，必要に応じて分権的・分権制と表現する。

5）　作業のしやすさを考慮する活動のことである。近年は，広く，従業員の健康や幸福といったものと経営目標とを同時達成させる活動と定義されるようになってきている（Dul & Ceylan, 2011）。

124   第**4**章　改善活動の３類型という発見

表 4-1　改善活動の分類表

	改善活動の規模	改善活動を担う組織
A 社	——	——
B 社	——	——
C 社	——	——
⋮	⋮	⋮

（出所）　筆者作成。

中心型・技術者中心型・ライン内スタッフ型の３分類を基礎としつつも，各企業の状況に応じて詳しい描写を追加していくこととする。こうした目的から，改善活動の規模と組織を同時に比較する分類表は，表 4-1 のようなものとした。

　この分類表に，各企業の（改善プロジェクトが積み重なった）総体としての改善活動をプロットしていくと，それらの間での比較が可能となる。加えて，ある企業の分類が変化するのには何が必要かも考察できるようになる可能性がある。

3　比較事例分析と質問票調査の概要

　本章は，企業における実際の改善活動の実態について明らかにすることも，目的のひとつとしている。第２章でも述べたように，事例研究による詳細な企業実態の解明が実証・理論構築の両者に寄与すると再評価されていることを踏まえて（Barratt *et al.*, 2011；Eisenhardt *et al.*, 2016），ここでは中心的には事例研究を用いる[6]。また，第２章のレビューに照らすと，本章では会社レベルの改善活動の実態がどう異なるかを問題にしているので，企業を対象とする全体事例の複数比較をおこなう必要があるだろう。

---

　6)　各事例について，複数人のインタビュー・ノートを結合することにより，解釈の偏りを正した（Miles & Huberman, 1984）。また，対象企業に対し，インタビュー結果の中間的な分析およびその妥当性について確認した。

3 比較事例分析と質問票調査の概要 125

表 4-2 インタビュー調査概要

調査対象者の職階	A 社 (2 回訪問)	B 社 (1 回訪問)	C 社 (1 回訪問)	D 社 (2 回訪問)
経営層レベル	1 名	1 名	1 名	1 名
部長レベル	1 名	4 名	2 名	1 名
課長レベル	3 名	3 名	2 名	1 名
工長以下,現場レベル	1 名	1 名	0 名	3 名

(注) 訪問日時(以下の順番は,各社の掲出順とは非対応):2014 年 2 月 13 日,同 12
月 5 日,2015 年 7 月 3 日,2016 年 5 月 17 日,同 6 月 24 日,同 11 月 23 日。
(出所) 筆者作成。

　そこで,研究対象として日本の自動車産業を選び,比較事例分析をおこなった。このことで,日本という国家を一種の統制変数としている。対象企業としては,日本国内での売上規模上位 8 社以内の企業のうち許可が得られた 3 社,およびその中の 1 社の関連会社という,4 社を調査した。なお,前 3 社の年間生産台数を合計すると国内でのシェア 60％超となり,後の関連会社を含めた調査対象 4 社の国内シェアは約 65％となる(2014 年 12 月 31 日時点)。そのため,日本の自動車産業に対し,研究対象はある程度の代表性を有するといえよう。調査においては,4 社それぞれの改善活動実施までの過程・規模・組織と予算配分のあり方という 3 点について,約 2 時間ずつ半構造化インタビューをおこなった(表 4-2)。

　こうして得られたインタビュー調査結果から,後に詳しくみるように,各企業が改善活動の規模と組織に関してそれぞれの特徴を持って取り組んでいることが分かった。ただし,これはあくまでインタビューの結果であり,解釈の誤りの可能性は残る。そこで,事例の結果をより確実なものとするため,2016 年 11 月と 2017 年 6 月に,各企業に対し改善活動の規模と組織について確認する質問票を送付した。質問票では,上記の 4 社に対して,①改善活動の規模別発生割合を実数値または百分率で,また②改善活動に現場作業者と本社技術者とが果たす役割の大きさを各々 5 点尺度で,それぞれ回答してもらい,さらに③ D 社にみるような工場が本籍となる調整役の技術者(ライン内スタッフ型の組織)が存在するかについて回答を求めた。なお,質問票は,各企業の本社に送付・依頼し,回答者には,原則として工場長かその

126　第4章　改善活動の3類型という発見

代理人を指名した。[7)]

4　改善をめぐる多様な戦略と多様な組織の発見：
比較事例分析

　以下の4社の事例は，インタビュー調査の結果を，改善活動の規模とそれ
をおこなう組織という2点に着目して要約したものである。ここで，規模と
は，経済的なインパクトであり，改善活動の利益と消費した費用（コスト）
の両者を含めたものである。また，組織については，改善活動をおこなう際
の組織成員のあり方（公式組織の形態を含む）と，経営資源のひとつである
予算を誰が有するかに着目している。この結果，改善活動として一括りにさ
れてきた活動が，実際には各社で異なった特徴を持つものであることが分か
った。特に，事例においてインタビュー対象者の主観的な回答として現れた
各社の特徴が，質問票調査において再確認され，さらに各社の規模別改善活
動発生割合データに対して規模での重みづけ処理を施すことで，明確に区別
がなされて再現される。具体的には，各社が取り組む改善活動の規模には小
規模中心・大規模中心・バランス型という3タイプが存在し，改善活動に取
り組む組織にもまた作業者中心・本社技術部門中心・ライン内スタッフとい
う3タイプが存在することが分かった。中でも，規模別発生割合と組織の両
方で特徴的な存在であったD社には，調整役としての技術者が存在し，彼
らが改善活動の予算を有するという特徴があった。

4.1　A社の事例：小規模中心・分権的・作業者中心型の改善活動
　A社における改善活動は，作業改善や設備レイアウトの変更，ちょっと

---

　7)　ただし，こうした質問票もまた，①回答者の主観が入り込む上，②回答の仕方
　　　（たとえば百分率で答える回答者と概数で答える回答者が存在するなど）によっ
　　　ても影響を受けるという特徴から，結果を単純に4社比較するといったことはで
　　　きないと考えられる。そのため，あくまでも事例を評価するための補助として使
　　　用する。

した「カラクリ」の導入といった，調整範囲が作業現場内でほぼ完結する，予算数万〜数十万円程度の改善が中心であるという。小規模な改善活動のきっかけは，作業者や班長らの「気づき」によることが多いとされる。たとえば，「歩行のムダ」が何秒あるとか，ある種の作業がやりにくいといった具合である。ムダが認識されると，作業者→班長→組長→工長という経路で伝達され，組長・工長は改善の予算を握っているため，予算内で十分な効果が期待できるかについて彼らが検討していく。そして，予算内で十分な効果が出るようであれば，改善が実施される。

　設計変更をともなう改善は，調査当時ほとんどおこなわれていない。これは「できない」というより「する必要がなくなった」というほうが正しいという。数年前まで，設計がよくないために作業がしにくかったり，改善が進まなかったりといったことが多かったため，近年はモデルチェンジにともなう設計の段階で，必ず設計部と現場の組長・工長がチームで仕事をし，エルゴノミクス等について意見を吸い上げている。なお，1件当たり数千万円の予算が必要となる大規模な改善については，事業部の計画に合わせて改善効果を生産技術部が計算しながら，生産技術部が持つ予算を使用しておこなわれるが，頻繁ではないという。改善活動においてこうした技術的な問題を解決・調整するための組織として，工場技術員・技術員室というものが存在していたが，2000年代初頭から徐々にその有効性について異議が唱えられるようになり，2010年前後に廃止され，2017年に再度復活している。ただし，工場技術員の数は工場全体で25名程度，このうち大卒以上の者は5名程度である。

　A社自動車工場は，当時，生産準備・工場設備拡張のために総額1000億円超規模の投資をおこなっており，これはA社全体の設備投資額の大部分を占めていた。とはいえ，こうした投資は異例であり，基本的には古い設備を大切に使うという考えである。このとき，それぞれの工場は，「この工場は先端技術を最初に立ち上げるパイロットラインである」「この工場は見学通路などに設備投資をふんだんにおこなってお客様にみせるためにある」などといったように，異なる位置づけを与えられる。

128　第4章　改善活動の3類型という発見

　A社自動車工場では,「着実に儲かるライン」を目指して,小規模な改善活動が中心的におこなわれている。こうしたことから,A社自動車工場の改善活動は「地に足がついた改善」を方針とする。生産技術部門も,大規模な設備開発ができる能力は保持しつつも,比較的お金がかからない「地に足がついた生技」の開発を主軸にすることが多い。これには,A社自動車工場が主に比較的安価な2車種の生産を担ってきたために,よいものを安く作る工場であり続けないと生き残っていけないという事情がある。A社自動車工場はまた,歴史的に生産変動を吸収する役割も担ってきた。

　なお,工場では,製造部長という副工場長級の役職が,1人で数千人の部下をみることになる。プレスから組立までを部長級がみることになり,他社・他工場と比べても職階が1段階フラットになっているため,どうやったら全体最適になるかといったテーマにトップダウンで取り組みやすいというメリットもある。たとえば,プレス課とボデー課をみてみると,プレス課は大量にプレスして運搬したいと考えるのに対し,ボデー課はできれば1個ずつ引っ張り生産をしたいと思っている。2つの課が対等な力を持っていると話がまとまらないので,製造部長権限で両課を合併し車体課とすることで,より全体の生産効率を考えた改善活動がおこなえるようになったという例がある。

　A社自動車工場の特徴として,狭い工場敷地面積にラインが敷き詰められていることがあげられる。狭い場所で何とか生産を成り立たせるために,500ほどの工程をそれぞれ1分超のタクトタイムでこなしており,生産リードタイムがおよそ9時間,面積1平米当たり毎年約1台の自動車を生産できている。面積効率という指標で捉えると,A社自動車工場は世界的にみてもかなり高い可能性があるという。面積が小さく工程数が少ない工場に,能力増強の圧力が何度も去来したため,ことあるごとに改善活動をおこない,2工程を1工程にするなどの努力と知恵の詰まったラインであるという。

　A社自動車工場における改善活動は,「プロジェクトを立ち上げるといった性格のものではなく,日常の一部といえる」(O氏)という。たとえば,YK活動(Y:作業がやりづらい,K:気づかい)によって作業者がやりにくい

と考えている作業を洗い出す取り組みは毎日おこなわれており，これが課長・組長・工長といった職制に伝達される。その際，作業者が大まかな改善案を提案することも多い。なお，2017年4月のYK洗い出しシート提案の実績値は，5000件であった。こうした提案には喫緊の課題から順にA〜Cの評価がなされ，工長などの職制が責任を持って取り組み，他部署とのやり取りもおこなう。この際，改善に用いる設備は，生産技術部門や設備業者に頼るよりも，製造部で作ってしまうことが多い。YK活動以外にも，全工程の作業順序をビデオで撮影しており，組長がこれを確認するということもおこなわれている。この際，作業者によって作業順序が違う工程があると判明すると，どちらの順序が作りやすいのか作業者間で議論してもらい，改善活動につなげる。

　地に足がついた改善活動のひとつとして，プレス機に4工程あるうち，後工程を待つ時間を段取り替えに使用することで，段取り替えを90秒で可能にしたというものがある。このとき，作業者がプレス機に近づくと上方の画面に1カウントが表示され，カウントが1以上の場合には自動段替えは始まらないという安全装置も同時に開発された。こうしたことによって，稼働中の約20〜500トンのプレス機に作業者が近づく作業を極力削減し，生産性の向上と危険性の抑制を両立できているという。

　プレス工程での改善活動はこれだけにとどまらず，ボデー課まで一貫して運搬の無人化を実現したという例もある。これまで，無人化のためには人手による検査の存在がネックになっていたが，改善活動によって品質が向上してきたことにより，検査が不要となった。一部のプレス機では，積み込みが自動でなされ，運搬もAGVがおこなう。プレス課とボデー課が分かれていたころには，どちらが運搬のムダを負担するのかについて押し問答がおこなわれていたが，課の統合によってこうしたことはあまり起こらなくなった。

　こうした作業の無人化は，「作業の標準化ができているからこそ安価に達成できるものである」と，A社自動車工場元製造部長（O氏）は振り返る。高度なセンサ等がなくとも無人で作業ができるには，作業順序やワーク（部品）の位置などが一定であるという前提が必要である。そのため，まずは人

130 第4章 改善活動の3類型という発見

間が作業して誰もが同じ時間で同じように作業できるまで改善してから（前提が実現できてから），自動化をおこなうという。お金がかかる設備を作らないといけないとなると，生産技術部門等も反対することがあるが，まず改善から始めて安価な設備で自動化できるとなると，そういった部門も賛同しやすい。

　なお，現場の改善活動等による意見は生産技術部門に伝えられることがあり，これらを参考に生産技術部門が独自に設備開発をすることもある。たとえば，従前の溶接作業において前工程の溶接箇所を人が確認する必要があったが，こうした検査を可能にするカメラを生産技術部門が開発したということがあった。このカメラにみるように，「省人化できる技術」であれば，A社全体で開発しようという文化が存在している。省人化が進むとともに属人的な工程が削減され，生産変動に対して作業者の増減によって対応できる「少人化」実現の段階では，工程がなるべく少なくなり作業者が工程間の掛け持ちをできるようになることが必要となる。たとえば，先述のプレス工程から5個ずつワークが自動運搬される仕組みも，ドア工程の部品置き場のスペースの必要性を減少させる効果を持ち，工程が詰まることで少人化につながった。ドアを作る工程はどうしても他の工程から独立した「島工程」になってしまうため，こうした改善活動が必要となってきたという。

　工程数の削減に関しては，2006年から2017年まで現状および今年取り組む課題などについて年度の計画が設定され，2006年時から一貫して，ボデー製造における「工程3島，物流3島」という大目標の実現に向けて日々改善がおこなわれている。大目標を設定し，その後は小さい改善の積み重ねによって「あるべき姿」に近づくということである。ドア工程では，パレットを使わないために定位置への部品運搬が可能となり，同じ位置に部品がくるため自動化ができるという関係にある。今ではドアのプレス加工から組付まで一度も作業者の手を介する必要がなくなった。こうしたことは，最初から計画していたわけではなく，大目標のもと改善をおこなっていたら，他の部分にも使えるということになり，さらに追加の改善活動をおこなっていたら結果として今のような姿になったという。こうした改善活動の投資額の概数

をみると，ほとんどが30万円以下の規模であり，大雑把に見積もって年間約3000回前後の改善活動のうち，30万円以上が必要で稟議にかけるほどの規模の投資は10件あるかないかであるという。

　この事例では，小規模な改善活動が現場主導で分権的におこなわれているといい，大規模な改善活動は頻繁ではない。なお，改善活動に使用できる予算は現場の組長・工長レベルに配分されている。また，設計部との調整はモデルチェンジごとにおこなわれるが，本社生産技術部との調整は頻繁ではない。

　インタビュー調査に合わせて，A社に対して追加でおこなった質問票調査の結果は，以下のようであった。まず，1年間になされる改善活動の数は，工場所属の従業員1人当たり約1件である。こうして引き起こされる改善活動をヒストグラムで表現してみると，1年間で発生するほとんどの改善活動が小規模なものに集中していることが分かる（小数点以下3桁で四捨五入）。すなわち，ここでは投資額が100万円以内のものにほぼ全てが収まるが，10万円から100万円規模でも30万円以下のものが大多数である（図4-7）。

　また，改善活動に貢献する組織成員を5点尺度で評価すると，作業者が最も高いと回答されており，さらに，改善活動を進めるために必要な資金等は，30万円以下であれば現場の作業集団が自由に使用できるという。そこで，普段の改善活動を主に支えているとされる組織成員の種類と数についてみると，次のようになる。まず，現場側のリーダーとされるのは班長・組長・工長の3者であり，これは工場全体の15.72％を占める。本社の技術者は0％となっているが，これをもってA社では本社の技術者は改善活動に関与しないと解釈するのは間違いであるという。これは，オフィスの場所や人事制度上は工場に本社の技術者は存在していないが，そもそも本社が工場と物理的に近いため，特段の組織を設けずとも本社技術者が，頻繁に生産現場を訪問する体制ができているためである。こうした点に留意が必要ではあるが，現場と工場技術員（工場技術者）そして本社技術者がそれぞれ工場全体に対してどれくらい存在するかを図示すると，図4-8のようになる。

　ただし，A社の鋳造部品工場における改善活動は，これとは異なる。鋳

132　第4章　改善活動の3類型という発見

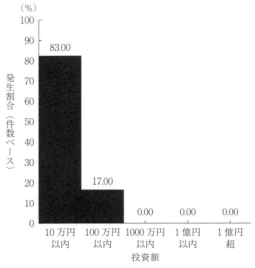

図4-7　A社自動車工場での改善活動の実態

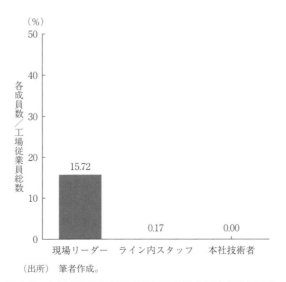

図4-8　A社自動車工場の改善活動を担う組織成員の概況

4 改善をめぐる多様な戦略と多様な組織の発見　133

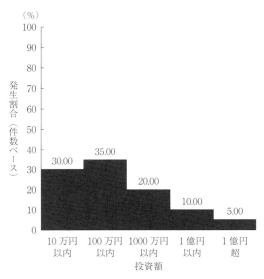

図 4-9　A 社鋳造部品工場での改善活動の実態

造部品は同じような作りの部品を数千万個という規模で生産しているが，この種の製品では製品当たり 1 円のコスト削減が数千万〜数億円の利益貢献になりやすいという。そのため，そうした一見（製品当たりでみると）小さな改善活動のために，多額の投資をおこなうこともいとわないというのである。図 4-9 が，A 社鋳造工場における改善活動の実態である。

　ここから見て取れるように，A 社の鋳造部品工場での改善活動は，比較的大規模なものが多い。このように，同一企業であっても製造する製品の特性によって改善活動の平均規模が変化する可能性があるということである。一方，A 社の事例だけでは，「同一品目を生産する複数企業の工場での改善活動の性質は同様なのか」という点については分からない。

　そこで次項以降で，自動車製造工場を対象として B 社・C 社・D 社の事例を比較していく。

4.2　B・C社の事例：大規模中心・集権的・技術者中心型の改善活動

　B社における改善活動は，大規模な設備開発をともなう工場の改革と呼べるものが主役であるという。とはいえ，QCサークルや改善提案といった制度も用意してあり，作業者が改善効果に応じて報奨金をもらえる。まずは作業者からアイデアが出るように努めており，中には効果の高い改善提案もあるので，このシステムは現在も継続しているという。改善活動に関しての予算は基本的に本社の生産技術部が握っているが，年度の予算を計上するときに製造部門と互いの意見を集約して改善予算を決め，双方の意見や希望が取り入れられるようにしている。現場作業者からの改善は，書式化したものを担当者→作業長→係長→課長というように決裁していき，提案内容によっては予算を獲得できずにあるレベルまでで止まる。なお，製造部門にも技術的な組織を設けるということで，技術者の一部を移籍させようとしたことがあったが，これには種々の困難がともない実現されなかった。そのため，調査当時，従来の生産技術と製造は完全に分かれた状態になっていた。

　C社における改善活動も，大規模な設備開発をともなうものが多い。無論，B社同様，QCサークルや改善提案にも力を入れている。改善活動に使用する予算は，工程開発を担当する生産技術部門が基本的に握っているが，時期によって設備中心に投資をするか作業改善などの小規模な改善活動を中心とするかといったように変化がみられる。B社・C社ともに，技術者が工場を訪れることはあるが，生産立ち上げ時など毎日のように常駐している時期もあれば，数カ月まったく訪問しない時期もある。いずれにせよ，技術者の人事上の本籍は本社である。

　この2事例では，改善活動がおこなわれてはいるものの，現場の作業者がおこなうものと本社の技術者がおこなうものが分離しており，技術者による大規模な改善活動の貢献度が大きい。年度の予算を申請するときや，改善案が職制を通じて組織の上位まで上がってきたときには，調整がおこなわれる。したがって，調整がおこなわれてはいるものの，頻繁とはいいがたいという。

　ここで，質問票への回答があったC社の結果をみてみると，以下のようになる[8]。まず，C社自動車製造工場における改善活動の頻度は従業員1人当

4　改善をめぐる多様な戦略と多様な組織の発見　135

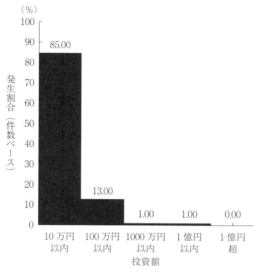

（出所）　筆者作成。

図 4-10　C 社自動車工場での改善活動の実態

たり年間約 0.31 回であり，A 社自動車工場の 3 分の 1 以下である。1 年間で発生する個々の改善活動の規模は，全体からみて小規模なものが多いものの，10 万円以上 100 万円以内のものも全体の 13 ％程度存在し，A 社自動車工場においてはみられなかった 100 万円を超え 1000 万円以内の規模になる改善活動も 1 ％，さらに 1000 万円を超えて 1 億円以内の改善活動も 1 ％存在している。図 4-10 が，金額ベースでみた改善活動の規模別発生割合を表すヒストグラムである。

　なお，投資額でなく調整時間でみた場合，数週間で終了する改善活動は存在せず，1 カ月程度かかるものが 49 ％，3 カ月程度かかるものも 49 ％，それ以上の期間がかかるものが 2 ％となっており，既存研究の考える改善プロ

---

8)　C 社の売上高は B 社の数倍あり，本書の研究全体への影響という意味では，ここでは C 社のデータが取れていればある程度比較事例研究の意味があるといえるかもしれない。なお，B 社についてはさまざまな理由からデータの入手に制限がかかったが，C 社とおおむね同様であるとのインタビュー結果を得ている。

136　第4章　改善活動の3類型という発見

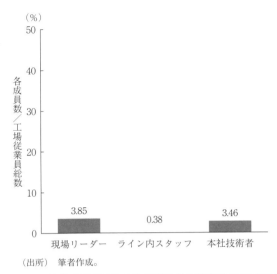

図4-11　C社自動車工場の改善活動を担う組織成員の概況

ジェクトの期間を大きく超過していることも特徴的である。これは、C社が改善活動に必要な設備を内製する志向が強いことも関係している。こうした調整時間もまた（労務費を必要とするため）広義には投資の一部であると解釈すれば、C社の改善活動は比較的大規模なものが多くなっているといえるかもしれない（この点は、本節後半に示すように、原データに重みづけ処理を施すと、より明確になる）。改善活動への貢献度は、工場技術者（9割は本社所属の派遣者。残り1割は作業者のうち改善活動に長けた者を名称変更している）、本社の技術者、作業者の順で評価されており、本社技術者に対して予算が配分される（比較的集権的な資源配分である）。C社において改善活動を担う組織は、図4-11のようになる。

4.3　D社の事例：バランス型・中間的・ライン内スタッフ型の改善活動

　前項まで、小規模な改善活動が比較的多いA社と、A社に比べると大規模な改善活動もみられるB社とC社の事例をみてきた。本項では、多数の小規模な改善活動をおこないながら、比較的大規模な改善活動も同時並行し

ておこなっている，D社の事例を取り上げる。

D社における改善活動は，小規模な改善活動から，大規模な設備開発までが，渾然一体として同時におこなわれているという。改善活動に使用する予算は，技術員室という，工場の作業現場内にプレハブのオフィスを持つ技術者が部分的に握っている。予算額は各工場で年間数千万〜数億円の規模である。これ以上の規模となると，生産技術部が予算を握っているため，生産技術部と技術的な議論をして，設備の必要性を説いて予算を獲得することになる。改善活動は，現場の作業者や作業集団のアイデアから始動することも多いが，技術的な問題が起きたり，予算が必要だったりということになると，技術員室に所属するスタッフに相談がなされる。技術員室は車体・成形・塗装・組立といった工場内の各部門の下に位置しており，技術員が作業現場を日々巡回しているため，現場の作業者等もこうした相談が気軽にできるという。なお，技術員室のスタッフは理系大学院修了者が多数を占め，人事上の本籍は基本的に1工場から移転しない。作業者等によって出されたアイデアは，このスタッフたちへ情報が集積され，改善効果やその時々の経営方針，技術的な視点等を考慮して実現されていく。このような状況について，D社の工場技術員であったM氏は，「実務家の印象では，少なくともD社において改善とほかの設備投資案件や他の収益向上活動とに明確な区別とか分かれ目はない。設備導入時に小さな作業改善をともなうことも，作業改善から設備導入にまで発展することもある」と表現している。

こうした状況は，質問票調査においても確認された。まず，改善活動の発生件数は，アイデア・ベースであれば従業員1人当たり年間約24.1件となり，A社よりも24倍以上（C社と比較すると，さらにその3倍以上）多いことになる。内訳としては，従業員が毎月2回ノルマとして提出する改善提案がほとんどを占めている。しかも，ここでの提案は原則として実施済みのものであるので，これだけの数が毎年実施されているということもできる。ただし，数名から十数名が同じ改善提案を書いてくる場合もあれば，実際にはほとんど実行されていないものや，整理整頓レベルの意義に乏しいものが多数紛れ込んでいるといい，実際に利益につながっているのはこのうち20〜30

138　第4章　改善活動の3類型という発見

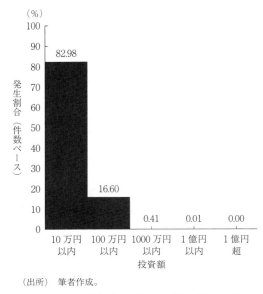

（出所）　筆者作成。

図4-12　D社自動車工場での改善活動の実態

分の1程度ではないかと，回答者は見積もっている。

　D社自動車工場における改善活動の規模別発生割合は，10万円以下のものが約83％，100万円以下のものが約16.5％，1000万円以下のものが約0.4％，1億円以内のものが約0.01％，1億円超のものは基本的には存在しないが数年に一度のモデルチェンジと何らかのプロジェクトが重なった場合には1件程度発生する場合もある，という状況である（図4-12）。A社に比べると，大規模な改善活動にも手を広げているが，B・C社に比べると，100万円以下の改善活動がほとんど100％で1000万円を超えるものは存在するが極端に少ない点を考慮すると，A社とB・C社との中間に位置するバランス型であるといえる。

　インタビュー結果でもみてきたように，D社自動車工場においては，小規模な改善から大規模な改善活動までが渾然一体となって発生している。なお，改善活動の予算は基本的に現場の技術者である工場技術員という組織成員が持ち，現場作業者にはあまり予算が配分されていない。ただし，こうし

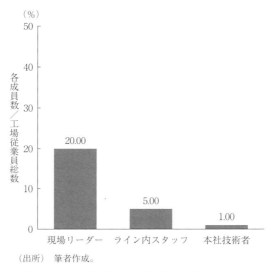

図 4-13　D 社自動車工場の改善活動を担う組織成員の概況
（出所）筆者作成。

た技術者は基本的に人事上キャリアを通じて工場に所属することが期待され，工場のために働いているという意識が強い。現場の作業集団の中で改善活動に積極的にかかわるのは班長レベルであり，彼らが工場全体の 20 ％を占めるのに対し，前述の工場の技術者である技術員室のメンバー（工場技術員）が全体の 5 ％，本社から派遣されてきた技術者が 1 ％となっている（図 4-13）。なお，5 点尺度で改善活動への寄与度を評価すると，数を稼ぐという意味では作業者が 5，工場技術員が 2，本社技術者が 1 と評価され，金額を稼ぐという意味では本社技術者 5，工場技術員 4，作業者が 1 と評価されている。

4.4　データによる改善活動 3 類型比較

このように，A 社・B 社・C 社・D 社という日本の自動車産業各社における自動車製造工場の改善活動には，それぞれ特徴的な性質がある。A 社にみたように，同一企業内でも異なる品目を製造する工場において改善活動の規模別発生割合に差が存在することは，既存研究においても部分的に示唆さ

140　第4章　改善活動の3類型という発見

れてきた通りであるが，こうした差異が同一産業の異なる企業間でも見て取れたということである。これに加え，企業内で日々改善活動を推進する組織についてもまた，全体に占める組織成員の比率という点で，企業ごとに特徴があった。ここで，前項までに登場したA社・B社・C社・D社という4社3類型を確認するため，各項に掲載した図に一部修正を加えながら比較していく。[9]

　前項までの議論では，各社の規模別改善活動の発生数を，そのままヒストグラムにしていた。しかし，改善活動の投資額と経済効果にはある程度の相関があると考えられるため，改善活動の経済的なインパクトは，改善活動の発生数に対して規模で重みづけされるべきであろう。すなわち，1万円の改善活動を10回おこなう場合と，10万円の改善活動を1回おこなう場合，数では前者が多いが，経済効果はどちらも同じというような状況を考慮する必要があるということである。そこで，ここまでに登場したデータに対して，10万円以下の改善活動を1として，100万円以下に10を，1000万円以下に100を，1億円以下に1000を乗じることにする。また，これまで組織構造と改善活動の規模別発生割合との関係について論じてきたことから，平均規模を基準に昇順に（左から右へと）並べ，各社の組織構造もこれに対応するように並べ替える。

　こうした結果得られたのが，図4-14である。

　ここで見て取れるのは，A社が小規模な改善活動に終始しているのに対して，C社では大規模改善活動から得る経済効果が大きいということである。もちろん，発生数でみればC社もまた小規模なものが中心になるが，投資額を考慮した金額的な割合（発生割合の一種）でみると，C社は大規模な改善活動が中心になっているのである。D社は両者のバランス型といえ，

　9）　ただし，ここでの回答は，いずれにも，各企業の代表者の主観に左右されている部分が残る。また，特に組織設計については，一見同じような「工場技術者」であっても，その教育レベルや人事制度上の扱いに差異があることは，これまで事例の中で触れてきた通りである。したがって，正確な比較のためには，事例をそのまま用いたほうがよい面もある。

4　改善をめぐる多様な戦略と多様な組織の発見　141

3類型の中では最も正規分布に近い（対数正規分布としても中間的）形状の改善活動発生状況であるといえよう。1年間における従業員1人当たりの改善活動の頻度に関しても，A社とC社を比べるとA社が3倍以上多いことは，個別事例の中でも確認してきた通りである。D社についても，有効な改善活動と，数を稼ぐための改善活動という2つの側面から，前者を採用する場合はA社とC社の中間となること，後者を採用すれば3企業の中でも圧倒的な数となることが，調査票から明らかになっていた。そのため，（有効な）改善活動の頻度もまた，D社はA社とC社の中間にあるということもできる。なお，B社は基本的にC社と変化がないことが，インタビュー結果から確認されている。こうしたことを踏まえると，4社でおこなわれている改善活動の規模と頻度は，比較的小規模中心のA社と，大規模中心のB・C社，そのバランス型のD社というように特徴づけられるといえるだろう。

　図4-14からは，こうした改善活動の規模感の差異に加え，採用している組織のあり方にも差異があることが分かる。A社は，現場の作業集団の中で改善活動のリーダー役を担う組織成員の割合が高い。これに対してC社では，本社の技術者の中から改善活動に参加している割合が高くなっている。またD社では，現場のリーダーと本社の技術者がそれぞれ改善活動に参加しつつ，それらの中間的な存在である工場の技術者が他社よりも高い割合で存在している。もちろん，個別事例のインタビューでも見て取れたように，改善活動は工場の組織全体がかかわるものであるという論理からすれば，特定の組織成員の比率は関係がないという主張も成り立ちうる。しかしながら，個別の事例でもみてきたように，予算配分にもまた，作業者中心，技術者中心，ライン内スタッフ型の3類型があるため，会社として改善活動を「主に」誰に担わせたいと考えているかという点には，各社の独自性があるといえよう。

　以上の点を踏まえると，表4-3のようにまとめることができる。[10]

　10）　ここでは，大規模なイノベーションとしての改善活動を生み出すのがよいのかといった価値判断はおこなっていない。しかも，ここで測定してきたのは主に使

142　第4章　改善活動の3類型という発見

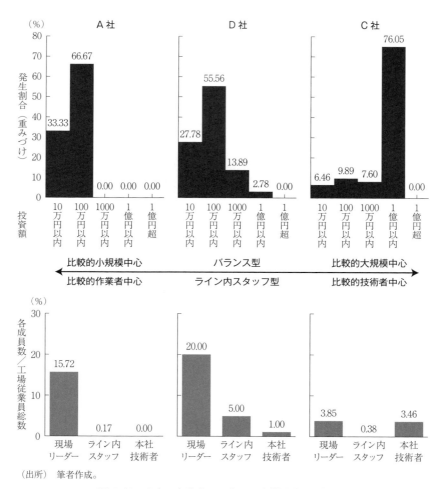

図 4-14　日本の自動車メーカーの改善活動の3類型

用予算額・投資額であるため，実際には「投資の失敗の可能性」も考えなければならない。つまり，小規模な改善活動であればリスクが比較的低いが，大規模な改善活動を目指すとリスクが増大するといったことがありうる。こうした点は，本書第8章で議論する。

表4-3　4社比較事例結果概要

	改善活動の規模	改善活動を担う組織
A社	小規模中心	作業者中心
B社	比較的大規模中心	技術者中心
C社	比較的大規模中心	技術者中心
D社	バランス型	ライン内スタッフ型

（出所）　筆者作成。

5　改善活動をめぐるイノベーション戦略と組織設計という論点

　本章のA社の事例では，同一企業であっても生産品目が異なれば（完成車，鋳造部品），改善活動の性質も異なることが判明した。これは，第2章のレビューでみた技術決定論的な視点を支持するものである。その一方で，A～D社の事例からは，同一産業で同一品目を生産する同一国内の企業であっても，企業ごとに改善活動の性質に差異があることが判明した。そしてそれは，問題解決の連鎖としての改善活動の性質によってもたらされている可能性がある。

　たとえば，A社完成車工場では，ある時点で生み出された改善活動の結果を踏まえて（ドア工程の改善，少人化），次なる問題解決の可能性が考えられた（大島化）[11]のである。そこには，予期しないよい結果をさらに伸ばそうとする方向と，予期しない悪い結果を是正しようという方向の2つが存在するが，いずれにせよ，改善活動の結果として工場という環境が変化することの影響は，問題解決の連鎖という形で表出していた。とはいえ，A社におけるこうした連鎖は，ボトムアップ的に問題解決され資源も分権的に配分されているために，ほとんどが1件30万円以下の現場で扱う「カラクリ」の段階にとどまる。

---

11)　独立した工程である「島」の統合を意味する。

144　第4章　改善活動の3類型という発見

　ここで取り上げた日本の自動車産業4社の自動車完成車工場において，改善活動に用いる資源は作業者に配分されていたり，本社技術者に配分されていたりする。そのため，資源の配分方法によっては，アイデアが作業者の中から生まれてきても，アイデアを実現するのに必要な資源を獲得できないこともあった。潜在的な問題解決の連鎖としての改善活動には，（組織決定論的に）組織構造の如何によって，どこまで扱いうるかに差異が生まれていた可能性がある。

　こうした差異は，作業者が中心となって小規模な改善活動に連続的に取り組んでいる企業，改善活動に取り組みながらも大規模な設備開発等により注力する企業，小規模で不確実性の低い改善活動と設備開発等の大規模な改善活動とが互いに影響し合いながら渾然一体となっている企業，といった特徴を生み出していた。そして，大小さまざまな改善が渾然一体となって生まれる企業には，本社の技術者と工場の作業者との間を橋渡しするライン内スタッフが置かれていた。

　このように，改善活動は多様な組織形態・組織構造（Mintzberg, 1980）によって取り組まれており，どのような規模に集中するかについても，大小さまざまな選択肢があるのである。そして，改善活動という一種のイノベーション活動においても，他のイノベーションと同じように，アイデアの創出と資源の獲得・調整という2段階のマネジメントが必要である可能性がある。事例によれば，どのような規模の改善活動が中心となるかという点と，資源保有・資源配分のあり方の間には，一定の関係が存在するようにみえた。すなわち，資源保有者が本社の技術者である場合には大規模な設備開発等が中心となり，反対に資源保有者が工場・現場の作業者である場合には小規模な作業改善等が中心となる，といった関係性が見て取れるのである。

　すなわち，改善活動が問題解決の連鎖をともなうという点と，各企業における改善活動の平均的な規模には各社で特徴があるという点，および改善活動の平均的な規模と組織構造との間に一定の関係性が存在するという点が，確認された。

6 本章の発見に再現性はあるか：小括と残された課題

イノベーションとしての改善活動には，潜在的にはさまざまな規模がありうるという前章までの議論を踏まえ，本章では改善活動の始端が組織構造というフィルターを経て実現に至るという論理に沿った分析枠組みを提示した。そこでは，改善活動の規模について小規模中心・大規模中心・バランス型の3分類，および改善活動の組織について作業者中心・技術者中心・ライン内スタッフ型の3分類が考えられた。

その上で4社の事例比較をおこなったところ，第2章・第3章で考察された問題解決の連鎖という改善活動の性質を再度見て取ることができた。改善活動に問題解決の連鎖によって，一時点では小規模な改善活動と認識されるようなタイプの変化が，最終的に大規模なものになる可能性もありえた。この可能性は，第3章ですでに述べられていたものではあるが，本章のA社の事例において一部再確認されたといえる。

本章では，この問題解決の連鎖がどこまで扱われるかという点に，企業ごとの選択の余地がある可能性が発見された。連鎖の初期段階，すなわち生産現場で扱うことが容易な段階までしか扱わないこともできるし，最初から連鎖の多くを見越して，技術者が中心となった比較的大きな改善活動にばかり取り組むこともできる。それらの結果として，一企業の改善活動全体における規模感は多様になりうるのである。

実際，インタビュー調査および質問票調査から，改善活動の規模感が各社によって大きく異なることが見て取れた。具体的には，小規模中心・大規模中心・バランス型という3つのタイプが発見された[12]。

そして，そこに影響するのは資源とアイデアをめぐる調整のあり方であり，

---

12) ただし，こうした結果が本当に戦略によってもたらされたのか，あるいは組織設計の結果としてそうならざるをえなかったのかについては明らかではない。戦略の結果として組織設計がなされた可能性，組織設計によって戦略が方向づけられた可能性の，いずれもがありうる。

調整システムとしての組織構造・組織形態であった。そのため，改善活動の中でどのような性質のものを選択するのかは，企業ごとに決定の余地があり，その選択に適した組織構造が存在する可能性がある。実際の調査においては，日本の自動車企業4社に，小規模・作業者中心，大規模・技術者中心，バランス型・工場技術員設置という，大まかに3つのタイプがみられた。すなわち，改善活動のうちどのような規模のものに集中するかについては選択の余地があるし，調整をどのような組織構造のもとでおこなうのかについても，選択の余地があるかもしれないのである。たとえば，改善活動のうち小規模なものに集中すると決めてしまえば，（既存研究のいうように）分権的な作業者・作業集団の意思決定と問題解決・調整活動に頼るというのも，改善活動に関する生産戦略のひとつとしてはありうる選択だろう。

　だが，ここで「可能性」「かもしれない」という留意を置いたように，本章で議論してきた内容は，

- 改善活動をイノベーション論から再考し，潜在的な問題解決の連鎖の存在を仮定すれば，小規模な作業変更から大規模工程イノベーションまでを同時に扱いうるようになる
- 問題解決の連鎖のどこまでを扱うかという点に意思決定の余地があるとすれば，企業ごとの多様性もまた説明できる
- 潜在的な問題解決の連鎖への対応には，調整問題を通じて組織構造が影響するため，企業ごとに適合的な組織構造の選択・設計が求められる

ということが，観察結果に対するありうる説明として，あるいは本書の提案する新たな理論として，提示されたに過ぎない。そのため，反証もされてはいないものの，帰無仮説を設定した検証をおこなったわけでもないという意味で，いまだ根拠が脆弱な「シンプル・セオリー」であるにとどまっている。

　したがって，これらの発見について，以後さらに検証を続けていく必要がある。とはいえ，ここでの調査設計は当初は全数調査を目指したもので，すでに日本の自動車産業に属する企業の多くを調査してしまっているため，今後同じ統制変数のもとでサンプルを収集することには一定の限界がある。ま

た，ここまでの研究は基本的には詳細な改善活動のプロセスを追うことによって可能となっており，詳細な定性調査と一般化のための定量的調査を同時に追求することは難しい。

　ところが，こうした問題点は，仮想世界での実験によってある程度乗り越えることができると考えられるようになってきた。そこで次章では，本章での発見をもとに，仮想世界を用いた実験を実施することで，さらに議論を積み重ねていく。

148　第**4**章　改善活動の3類型という発見

Appendix　質問票原文

　この Appendix に，参考資料として，本章の調査に用いた質問票の原文を掲載する。データ収集の実態を開示することにより，質問票回答の解釈に客観性を担保することを目的とするものである。なお，実際の質問票には，以下のようなお願いの書面と問い合わせ先を分けて封入した。

　「謹啓
　　時下ますますご清祥の段，お慶び申し上げます。
　　また，平素より大変お世話になっております。
　　大変唐突で申し訳ございませんが，このたび工場での改善活動等の実態につきまして下記の通り調査を行いたく，お伺いのお手紙を差し上げております次第です。企業の皆さまにもお役に立てるような研究成果を目指して参ります所存でありますので，何卒ご一考頂けましたら幸甚にございます。
　　お忙しい中，誠に恐縮でございますが，何卒ご高配を賜れますよう，よろしくお願い申し上げます。
　　　　　　　　　　　　　　　　　　　　　　　　　　　　　謹白」

　今回の質問票には，下記のような疑問が呈される状況も想定されうるため，以下で，この質問票の目的と各質問項目の妥当性について若干の補足をおこないたい。
　まず，上掲のお願いの書面で「改善活動等の実態」と述べてはいるものの，質問票自体は題名を「工場収益向上活動についての質問票」としており，「工場の改善活動についての質問票」とはなっていないことに注意が必要である。これは，「改善活動」といった場合に，同じ企業であっても作業改善をイメージする方から設備設計までイメージされる方まで，回答者によって解釈に隔たりが生じる可能性があったためである。こうした解釈の隔たりが

生じる可能性は，パイロット・スタディにご協力いただいたトヨタ自動車株式会社高岡工場車体部 M 氏よりご指摘を受けたものである（ただし，今回の匿名調査にトヨタ自動車株式会社が含まれているとは限らない）。その後，改善活動を収益向上活動と呼ぶのが工場では近年一般的であるとの声を受け，こうした名称を使用することとなった。

　ここで，収益向上活動として質問票の中で解説している内容は，QCDF を向上させるためにおこなう活動，すなわち，作業改善・工程改善，カラクリの作成，設備の内製，設備購入，工場のレイアウト変更，設計・部品変更を，全て「収益向上活動」として一括したものである。これは改善活動についての QC サークル本部（2012）の定義や藤本（1997）の見解と一致したものとなっているため，実務的にも研究上もこれを改善活動として扱う一定の意味はあろう。

　しかしながら，結局のところ，こうした質問票においては，さまざまな規模の収益向上活動が「改善活動」として捉えられるというバイアスが生じる可能性がある。上述の活動を全て一括した上での回答を求めているため，回答者が上述の活動を本来それぞれ別々と考えている場合であっても，別々と考えていないかのような回答になるということも考えうる。また，回答者は基本的に工場長レベルとし，会社の見解を示していただくことを目的としたが，回答者が誰かによっても回答にはバラツキが生じる。

　こうした限界もあるが，それでも，本章の議論に即した上で事例研究を補足するという役割は，依然として果たすことができると考えた。

　次ページより質問票を掲載する。

150　第4章　改善活動の3類型という発見

工場収益向上活動についての質問票

貴工場名　＿＿＿＿＿＿＿＿＿＿＿＿＿＿＿＿＿＿＿＿＿＿

　以下の設問では，作業改善・工程改善，カラクリの作成，設備の内製，設備購入，工場のレイアウト変更，設計・部品変更（いわゆるバリューアナリシス・バリューエンジニアリング，VA/VE）などによって原価低減・品質向上・生産期間や納期の短縮・（品種・生産量の）フレキシビリティ向上等を求める活動を全て「収益向上活動」として一括してお尋ねいたします。

Q1：この設問では，貴工場（車体・成形・塗装・組立で構成）で行われている収益向上活動の規模別発生数・従業員の貢献度につきまして1年間における概数をお教えください。

　1-1　貴工場において1年間で行われる収益向上活動の数（改善提案数，プロジェクト案件数）は，投資額別でみた場合どのような割合になりますか（概数で結構です）。なお，1プロジェクトで10台の機械を導入した場合も「1プロジェクト」として考えて頂けましたら幸いです。

0〜10万円	10万〜100万円	100万〜1000万円	1000万〜1億円	1億円以上
％	％	％	％	％

　1-2　貴工場において1年間で行われる全ての収益向上活動のプロジェクト数を，実現までに必要な調整努力（打ち合わせやミーティングに必要な時間の総計，予算獲得や他部門との交渉のために必要な時間）によって分類した場合，それぞれどのような割合になりますか。

1日〜数日以内	1週間程度	1か月程度	3か月程度	3か月以上
％	％	％	％	％

　1-3　貴工場において行われる収益向上活動に従事する従業員につきまして，工場の作業者（技能員），本社の生産技術部門（技術員），工場に常駐するエン

ジニア(技術員)の3者がそれぞれどの程度貢献しているか(貢献度の大きさ)についてお教えください。

	あまりない				非常に大きい
作業者	1	2	3	4	5
本社技術員	1	2	3	4	5
工場技術員	1	2	3	4	5

また,工場に常駐するエンジニア(技術員)は人事上の本籍は工場と本社のどちらに所属していますか。　　　工場　□　　　　本社　□

工場に常駐するエンジニア(技術員)は1工場全体で何名程度ですか。
　　　　　＿＿＿＿名程度

Q2:次のうち,貴工場での収益向上活動の規模別発生数を図示したもののうち,一番近いと思われる図を○でお囲みください。

□ 図1

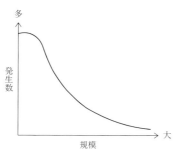

図1の説明:大規模なものも存在するが,作業改善などの小規模なものが非常に多い。

152　第4章　改善活動の3類型という発見

☐ 図2

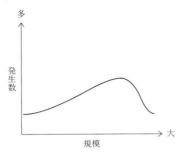

　図2の説明：小規模なものも存在するが，設備・生産技術開発などの大規模なプロジェクト（生産革新）の利益向上に果たす役割が比較的大きい。

☐ 図3

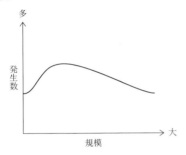

　図3の説明：小規模な改善活動と大規模な生産革新とが渾然一体となっている。

　Q2の図に関して，規模を投資額で測った場合と，調整期間で測った場合とで（別々に測った場合）は異なった図を選択することになりますか。
　　　　　　　　　　　　　異なる　☐　　　　異ならない　☐

Q3：ひとつ前の設問でお答えいただいた貴社での収益向上活動の発生数は鋳造，鍛造，機械加工，プレス，成形，組立などの各工程で差異がありますか。（例：

Appendix　質問票原文　153

鋳造・プレスでは大規模な機械開発が中心だが組立では作業改善が中心など)

　　　基本的には変わらない　　　　　　　　　　　　まったく異なる

　　　　　　1　　　　2　　　　3　　　　4　　　　5

　4または5を選択された場合，どんな変化がありますか。

_____となる。

Q4：貴工場において収益向上活動おこなうにあたり必要となる資金等の配分に
ついてお教えください（全て1年間当たりでお答えください）。

　4-1　現場のうち1つの組内（一般作業者，班長，チームリーダー，組長，グ
　ループリーダー）で収益向上活動のために自由に使える金額（課長以上の決済
　が基本的に必要でない金額）をお教えください（1案件あたり）。（全て組長→
　工長→課長と職制を通じて予算を獲得しなければならない場合は0円とお答え
　ください）

0円	10万円まで可能	100万円まで可能	1000万円まで可能
☐	☐	☐	☐

どれにも当てはまらない　　☐　理由：_____

　4-2　一つの工場（工場長以下）当たりで収益向上活動のために自由に使える
　金額（本社との交渉が基本的に必要でない金額）をお教えください（1案件あ
　たり）。

0円	1000万円程度	数千万円程度	1億円以上
☐	☐	☐	☐

どれにも当てはまらない　　☐　理由：_____

154   第**4**章　改善活動の3類型という発見

4-3　本社（生産技術部等）が収益向上活動のために使える金額をお教えください。

工場に任せているため0円	数千万円程度	数億円程度	10億円以上
☐	☐	☐	☐

どれにも当てはまらない　　☐　理由：_____

アンケートはこれで終了です。ご協力頂き，誠にありがとうございました。

第 **5** 章

改善活動をめぐる技術戦略と組織設計

シミュレーションによる検証

　　自動車工場の改善活動の実態調査がようやく一段落つくかどうか
というとき，指導教授の藤本隆宏先生に呼び出された。研究成果に
ついてのディスカッションが一通り終わってホッとしていると，ふ
いに先生が口を開かれた。
　　「……これ，コンピュータ・シミュレーションをやってみない
か？　日本語で論じて，英語で論じて，図にしてみて，数式にして
みて，シミュレーションして，それでも同じことがいえたら，はじ
めて妥当性があると思うんだよ」

————ある日の研究相談風景

156　第5章　改善活動をめぐる技術戦略と組織設計

1　本書で得られたシンプル・セオリーの理論化に向けて

　第3章で，長期にわたる観察によって，改善活動には「物理的に，工場の設備等にどのような影響を及ぼすか」や「経営的・組織的にどのような意味づけをなされるか」という部分に偶発性があり，それゆえに潜在的には問題解決の連鎖が起こる余地を有することを指摘した。そうした中で，トヨタ自動車は，ひとつひとつの個別改善活動の特性をみながら，どこまでの問題解決の連鎖を扱うかを逐次判断していた。この結果，各改善プロジェクト間で調整範囲や規模に大きなバラツキが生じていたことを発見した。さらに，改善活動において生じるこうした偶発性をマネジメントするには，改善活動の情報を集め，必要な規模について意思決定するためのライン内スタッフ制という組織構造が必要となる可能性も論じた。

　ただし，こうした偶発性や規模に関する改善活動の潜在性は，企業ごとの事情に合わせて，無視するといった形でのマネジメントの仕方もありうると述べた。たとえば，小規模な改善活動から逸れるものはあまり扱わない，最初から大規模な改善活動につなげることを前提にする，などである。そのため，イノベーション戦略として，どのような性質のイノベーションをどのようなペースで引き起こすべく取り組むかという目標と，そのために（組織構造の設計を含む）どのような手段を用いるのかについては，意思決定の余地がある可能性があったのである。

　こうした問題設定を受けて，前章の比較事例分析をおこなったところ，自動車工場ごとに戦略的位置づけおよび目標と採用している組織が異なっており，改善活動の規模とその実現までの調整・資源獲得プロセスには各社に独特の傾向のあることが分かった。すなわち，改善活動に必要な資源が作業者に配分されている組織においては規模の小さな改善活動が多く，資源が本社の技術部門に集中している組織においては比較的規模の大きな改善活動が多い。したがって，改善活動の組織と規模に一定の関係性が存在する可能性が論じられた。改善活動をめぐる問題解決の連鎖は，時に生産ラインの小集団

1 本書で得られたシンプル・セオリーの理論化に向けて 157

を超えた利害関係を生じさせるため，こうした多数の関係者間の調整問題を
いかに解くか（そのためにどのような組織構造を採用するか）によって，対応
できる連鎖の範囲とその結果としての改善活動の規模に影響を与える可能性
があるのである。

このように本書では，改善活動が一度組織構造というフィルターを通して
創出されるという組織決定論的な分析枠組みを提案してきたが，これまでの
発見は「若干の経験的・論理的基礎を持つが未発達な知見であるシンプル・
セオリー」（Davis *et al.*, 2007）にとどまっている。つまり，ある種の組織構
造とそこから創出される改善活動の平均的な規模との間には因果関係がある
のか，どのような規模の改善活動に集中するかの戦略的な決定と組織設計は
関係しうるのか，については，いまだ十分には明らかになっていない。

本書のここまでの議論から得られたシンプル・セオリーは，「組織構造と
技術変化（としての改善活動）の平均規模には関係がありそうである」とい
うものである。こうしたとき，シンプル・セオリーの理論化には，以下の理
由からシミュレーションが有効であるとされる。まず，シミュレーションの
実施にあたって論理的に単純化されたモデルを構築することで論点を整理で
き，さらに，仮想世界での実験が可能なことから「とりあえずやってみる」
探索的な理論構築・理論修正をすることができる。しかも，仮説に多様な要
素が絡み合う場合には，詳細な観察を長期間おこなうような研究の代替案と
して採用することもできる（Davis *et al.*, 2007；Eisenhardt *et al.*, 2016）。実際，
詳細かつ長期の観察が必要な，組織ルーティンの変化に関する研究（ルーテ
ィン・ダイナミクス）においても，近年は，マルチエージェント・シミュレ
ーションが有効とされている（Miller *et al.*, 2012）。なお，マルチエージェン
ト・シミュレーションとは，コンピュータ上に人工知能を多数作成し，それ
らを相互作用させることで「仮想の社会」を作ってみる，人工社会構築技法
のことを指す（Epstein & Axtell, 1996；山影, 2010）。

そこで，改善活動の規模と組織構造に関し，上述の関係（シンプル・セオ
リー）に因果関係が見出せるのかを明らかにすることを目的に，本章では事
例で対象となった工場の規模を参考にした人工社会を構築し，マルチエージ

ェント・シミュレーションによって，仮想世界での実験をおこなった。具体的には，作業者・技術者・ライン内スタッフという3種類の組織成員を模した人工知能（エージェント）を，それぞれ工場の実態に合わせて2000体・100体・100体というように作成し，さまざまな組織設計のもとで彼らが改善活動に取り組むコンピュータ・シミュレーションを実行して，組織設計の影響をみた。[1]

ここでの目的は，比較的単純なモデルによって複雑な事例をある程度再現できるか検証し，現象の背景にある因果関係を理解することにある。すなわち，第3章と第4章での発見をもとにコンピュータ・シミュレーションをおこない，事例から観察される現象が抽象化された仮想世界でも再現されるのかを確認するのである。これは，事例によって得られた仮説の論理的妥当性を検証するためであり（Eisenhardt *et al.*, 2016），こうした目的に照らすと，社会現象を単純な要素同士の相互作用として再構築することを可能にし，それらの間の因果関係解明の一助となるとされているコンピュータ・シミュレーションは（鳥海・山本, 2014），リサーチ戦略として適切であると考えられた。

2　改善活動現場を分散人工知能で再現する：
シミュレーションの方法

2.1　シミュレーションにおける改善活動プロセスの単純化

ここでおこなうシミュレーションのモデルは，以下のようなものである。まず，作業者は0から1の間のいずれかの値で示される大きさで，アイデ

---

1)　本章のコンピュータ・シミュレーションの大枠は岩尾（2018）と同様であるが，その後の研究の進展によってプログラムの一部を書き換え，より簡素なものに変更している。なお，モデルの構築には構造計画研究所「artisoc4.2」を使用している。最新のプログラムは，https://researchmap.jp/iwaoshumpei/（QRコードを右に掲載）の「資料公開」から入手可能である（password：kaizeninnovation）。

アを思いつく。このとき，どの大きさのアイデアを思いつくかの確率は仮に一定（一様乱数）とする。なお，技術者とライン内スタッフも同様にアイデアを思いつくが，技術者という特性から，その大きさは作業者の 10 倍（0〜10）に設定されている。そして，アイデアは資源と結びついて，はじめて実際の改善として実現されるが，アイデア同様に資源もまたランダムに配置される。ただし，後述するように，資源は，作業者のみ，技術者のみ，技術者とライン内スタッフのみの，3 パターンで配分されることになる。これらはそれぞれ，分権的な作業者中心の組織，集権的な本社技術者中心の組織，ライン内スタッフ制を模写したものである。

　資源とアイデアとが出会わなければ実現に至らないため，各エージェントはアイデアの潜在的な大きさに合わせて組織の中から必要な資源を動員する必要がある。そのため各エージェントは，周囲に自分より大きなアイデアを持ったエージェントをみつけた場合，周囲のエージェントに資源・アイデアを委託する（図5-1）。その上で，自己にアイデアを実現できるだけの資源がなお残っていた場合，アイデアを「イノベーション」に変換する。これは，作業者が組長・工長あるいは技術者に相談する状況を単純化したもので，現実の問題解決の連鎖を，資源とアイデアの連鎖的な交換と最終的なマッチングの問題に置き換えている。

　こうした一連の改善活動は，作業現場の問題の特定・発見（アイデアのランダムな発生），解決案の提案（アイデアと資源量の比較・周囲への相談），資源の動員・改善活動実行（資源とアイデアを改善活動というトークンに置換）という PDCA サイクルを簡略化したものになっており，現実の改善活動および組織ルーティン変化のプロセスを参考にした（Shook, 2009；Miller *et al.*, 2012）。また，アイデアの発生→問題解決→実行（資源の消費）というプロセスは，Myers & Marquis（1969）のイノベーション活動のモデルとも合致したものである。

　なお，岩尾（2018）でもすでに改善活動を人工社会で再現した研究をおこなっているが，本書のシミュレーションは，岩尾（2018）の行動プログラムをより単純化し，さらに分析を追加したものである。

160　第5章　改善活動をめぐる技術戦略と組織設計

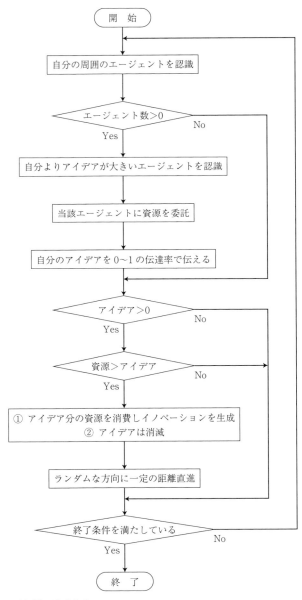

（出所）　筆者作成。

図 5-1　エージェントの行動原理

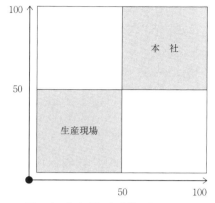

図 5-2　生産現場と本社の初期配置

2.2　シミュレーションの空間（仮想空間）

　ここでの人工社会におけるマルチエージェント・シミュレーションは，ある空間の中で，上述したような単純化された改善活動をおこなう人工知能が相互作用するというシミュレーションである。そのため，相互作用の場としての仮想空間が存在する。具体的には，コンピュータ上に縦横が任意の大きさの2次元空間を用意した。

　図5-2に示すように，ここで用いるのは100×100の正方形の空間であり（シミュレーション上は，エージェントは大きさを持たない位置であり，空間の大きさは，主にエージェントが一度に進める距離＝フットワークとの関連で意味がある。そのため，センチやキロといった単位もなく，将棋・囲碁・チェスなどの碁盤目に近い概念である），当初は網掛けの領域にエージェントがランダム配置されている。後で，これらの初期配置を変更し，その影響を分析する。なお，シミュレーション上の距離は，平面空間での距離ではあるものの，物理的な距離とも，精神的距離や権限的・組織的距離とも解釈できる。

2.3　シミュレーションにおける作業者・技術者・ライン内スタッフ

　3種類のエージェントは，全て基本的に図5-1のフローチャートに従うが，周囲のエージェントの認識とフットワーク，初期配置の物理的位置に差があ

る。

　まず，作業者は，自分の周囲1の作業者・技術者を認識し，ライン内スタッフに対してのみ周囲10の広さで認識する。これは，ライン内スタッフは普段から生産現場を巡回しているため作業者からよく知られている，という状況を再現している。

　つぎに，本社技術者とライン内スタッフは，互いを周囲10の広さで認識するが，作業者に対しては周囲1の範囲でしか認識できない。これは，本社技術者とライン内スタッフはいずれも理系大卒以上のエンジニアであって互いをつなぐネットワークがある上に，技術用語を使用して議論しやすいという状況を再現した設定である。その一方で，作業者の世界は，どちらかといえばムラ社会に近いといえる。[2]

　また，図5-1のフローチャートの最後に位置する距離直進はフットワークの軽さ（一度に進む歩幅）を表し，作業者を1として技術者・ライン内スタッフは自由に設定できるが，作業者と技術者およびライン内スタッフとの人数差である10倍をひとまずの基準として，作業者1に対して技術者およびライン内スタッフは10とした。このフットワークの軽さは，本章の後半で技術者とライン内スタッフの設定を作業者に近づけたり反対に大きく差をつけたりして，その影響を分析する。

　なお，初期配置では作業者が多い生産現場と技術者が多い本社を物理的に離し，シミュレーションの中で距離を近づけたり遠ざけたりした。ライン内スタッフは，その特性から初期配置が生産現場と本社の間になっている。

　さらに，第4章でみた3種の組織構造を再現するため，以下のように工夫した。まず，作業者中心型では，作業者が資源を保有し，技術者中心型では，技術者が資源を保有している。この資源は抽象的なものであるため，予算ともリーダーシップとも解釈でき，権限の分配（distribution of authority）が改善活動に影響を与えるとした先行研究（Hackman & Wageman, 1995）も踏ま

　2）　これは，シミュレーションにおける単純化とモデル化のための一種の仮定であって，実際の作業現場が閉鎖的なムラ社会ということではない。

えたものとなっている。

つぎに，ライン内スタッフ型では，技術者100体（人）を削減しライン内スタッフへと振り分ける。ライン内スタッフの行動原理も視野の設定も技術者と同一であるが，むしろ作業者からの「認知」に差異がある点と，それによって作業者とのネットワークをランダムかつ広く保持している点に，特徴がある。

なお，第4章のC社の事例でみられた，時期による資源配分の変動という状況は，作業者中心型と技術者変動型を交互に繰り返せばよいので，単純化のためここでは省略している。

全体としてのアイデアと資源の期待値は全てのモデルで同一（1000）とし，全ての資源を使い果たすか，2200エージェント×100回の試行がおこなわれた時点で，シミュレーションを終了することとした。そのため，このモデルではイノベーションの合計規模が各試行で常に一致する。ここでは，プログラミング上も3つのパターンで全て同様のコードが用いられている。すなわち，このシミュレーションでは，同一のコードにおいて下記のように条件を変化させるということである。

- 条件1（分権型）：作業者2000人と技術者200人が存在し，資源は全て作業者が持つ
- 条件2（集権型）：作業者2000人と技術者200人が存在し，資源は全て技術者が持つ
- 条件3（ライン内スタッフ型）：作業者2000人と技術者100人，ライン内スタッフ100人が存在し，資源は技術者とライン内スタッフがそれぞれ持つ

3　イノベーションの規模は組織設計に従う：
シミュレーションの結果

シミュレーションにおいては，乱数を多数発生させることになるが，乱数を生むための初期値（乱数シード値）を一定とすれば結果が一定となるため

に，条件変化による影響の比較が容易になる。そこで，以下では，乱数シード値をひとまず一定（1）に設定し，結果をヒストグラムで表現する[3]。

3.1 分権的・作業者中心型組織での小規模イノベーション中心傾向

条件1の分権型・作業者中心型では，1未満の規模の改善活動が約66.53％発生しているのに対して，規模が大きくなると急速に発生割合は減少していき，規模が5以上となると1％以下しか創出されない（図5-3）。分権的に作業者のみに資源を配分する条件下では，比較的小規模な技術変化（イノベーションとしての改善）が中心となる。これは，第4章の比較事例分析と同様の結果であるといえよう。

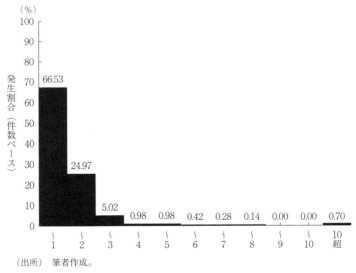

(出所) 筆者作成。

図5-3　条件1：作業者中心型のシミュレーション百分率結果

---

3) 前掲の公開ファイルに，乱数シード値をこのように設定することで，誰でも同じ結果が得られる。

3 イノベーションの規模は組織設計に従う 165

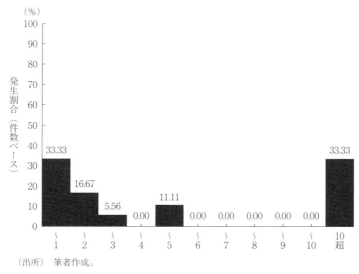

図 5-4 条件 2：技術者主導型のシミュレーション百分率結果

3.2 集権的・本社技術者中心型での大規模イノベーション中心傾向

つぎに，条件 2 の本社の技術者が資源を独占しているという集権的な技術者中心型のシミュレーションでは，1 以下の小規模な改善も約 33 ％発生しているが，同様に 10 超の大規模な改善活動も 33.33 ％あり，大規模な改善活動の割合が大きいという B 社・C 社の状況を再現できているといえよう（図 5-4）。

ここまで，同一のエージェント数での同一アルゴリズムにおいて，各エージェントの資源配分を変更するのみで，事例と近似した状況が現れている。しかも，資源を作業者または技術者のどちらか一方が独占するという極端な仮定を置いているのにもかかわらず，資源をめぐって各エージェントが調整をおこなうというモデルのもとでは，いずれについても小規模な改善と大規模な改善の両方が生じている。

3.3 ライン内スタッフ型による相転移

このように対比的な分権型と集権型に対して，ライン内スタッフ型では，

イノベーションの規模1以下が約54.07%，1超2以下が14.07%，2超3以下が11.11%，そして10超の大規模なものも12.59%と，規模別に満遍なく技術変化が発生している（図5-5）。このモデルでは，ライン内スタッフと技術者が資源を持つが，ライン内スタッフは広く作業者とのネットワークを有しているため，より広い範囲からアイデアを拾い上げることができている。ライン内スタッフ型では，小規模から大規模まで渾然一体とした改善活動がおこなわれていると表現される，トヨタ自動車およびD社の状況が再現されたといえよう。

ライン内スタッフ的な組織構造を採用すると，資源配分が基本的に本社技術者中心で集権的なものであったとしても，大規模イノベーション中心の傾向を一気に変化させることができる。いわば，全体のうちの数%のネットワーク形状が変化したことによって，結果としてのイノベーションには「相転移」が引き起こされているといえるのである。

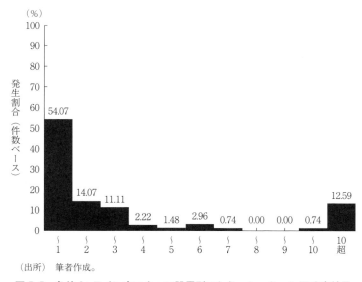

（出所）筆者作成。

図 5-5 条件3：ライン内スタッフ設置型のシミュレーション百分率結果

3.4　シミュレーションの3条件の比較

　こうして，組織内の資源配分と組織成員間のネットワーク形態とが変化することによって，改善活動の規模別発生割合や規模別発生数に相違が生まれるということが，シミュレーションによって再確認された。なお，発生した改善活動の規模をその総数で割った「平均規模」は，分権型・作業者中心型の場合には1.202，集権型・本社技術者中心型の場合には33.159，ライン内スタッフ型の場合は6.649であった（図5-6）。この平均規模を比較しても，分権型では小規模改善活動が中心的であり，集権型の場合には大規模改善活動中心，ライン内スタッフ型はその中間のバランス型である様子が再確認できる（表5-1）。

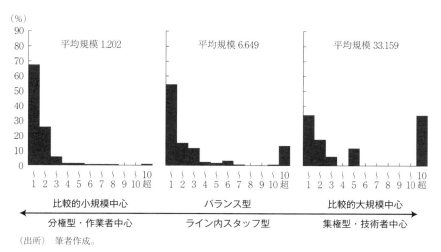

図5-6　シミュレーション結果の比較

表5-1　シミュレーション結果の概要

	改善活動の規模	改善活動を担う組織
条件1	小規模中心	作業者中心
条件2	大規模中心	技術者中心
条件3	バランス型	ライン内スタッフ型

（出所）　筆者作成。

4 仮想世界で判明するライン内スタッフの効果：
モデルへの追加的な考察

4.1 本社と現場の距離の影響

　前節まで，本書での調査結果がシミュレーション・モデルによっても再現できることを論じてきた。それらのシミュレーションでは，現実を単純化した極端な仮定であっても，自動車工場の実態調査結果と同様に，組織構造と改善活動の平均規模との間に一定の関係がみられた。入力を原因，出力を結果と考えうるため，少なくとも仮想世界上では，これを因果関係と捉えることができる。ただし，こうしたシミュレーションは，前提条件に現実との整合性を求めた結果，過度に理想化された（よい結果が出やすい）状況になっている可能性もある。そこで本節で，シミュレーションのさまざまな条件を変化させていく。とはいえ，基本となるコードはこれまでと同様のものである。

　ここまでのシミュレーションにおいて，生産現場と本社の距離や，作業者のフットワーク，本社技術者・ライン内スタッフのフットワークといった要素に，大まかな仮定を置いていた。しかし，ここには恣意性の入り込む余地がある。そこで，本項ではまず，生産現場と本社の距離（物理的な距離とも組織的・心理的な距離とも解釈できる）を変化させてみることにする。条件1〜3では，100×100のマスを4象限に区切ったうち，第1象限に本社，第3象限に生産現場を配置していたが，この距離を徐々に近づけていくわけである（図5-7）。具体的には，作業者は，縦横いずれについても0から50の間のどこかの値をランダムに得て，その地点に配置される。また本社技術者は，その値に生産現場と本社との距離を表すさまざまな数値を加えた場所に配置される。

　前節の条件1〜3のように，この数値が50であれば，本社技術者は縦横とも50〜100の間の値を取るどこかに配置されることになる。一方，この数値が0であれば，本社と生産現場は完全に重なり合う。このように，生産現場

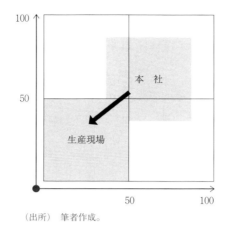

(出所)　筆者作成。

図 5-7　生産現場と本社の距離の変化と初期配置

と本社の距離を0から50のどこかに定めることで，本社技術者の初期配置は生産現場に近づいていく。

　生産現場と本社との距離を50から0まで10ずつ段階的に近づけていった場合の影響は，図5-8に示す通りである。条件1の分権型の資源配置の場合，生産現場と本社との距離を近づけても，影響はほとんどみられない。改善活動の平均規模は，1.202から1.002（距離10）の間の値を取っていた。一方，条件2の集権型の場合，距離を縮めることで一気に分権型に近づいていき，平均規模は当初の33.159から，距離40で9.994，距離30では1.302となる。そして，条件3のライン内スタッフ型において生産現場と本社との距離を変更した影響は，条件2の集権型と比べて限定的であり，平均規模は6.649から2.756までの間に保たれた。

　すなわち，分権型・作業者中心型の場合は距離の影響はあまりなく，基本的に小規模な改善活動が中心となる。これに対し，集権型・本社技術者中心型の資源配分の場合には，当初は大規模中心の改善活動だったものが，本社と現場との距離が近づくにつれて一気に，分権型・作業者中心型と同じような小規模中心の改善活動へと変化していく。これらに比べて，ライン内スタッフ型は，大規模中心になりすぎることも小規模中心になりすぎることも

170　第 5 章　改善活動をめぐる技術戦略と組織設計

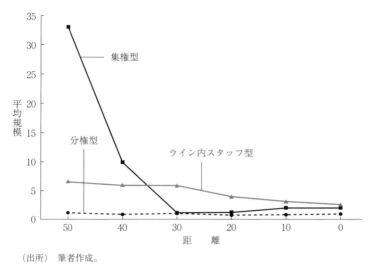

（出所）　筆者作成。

図 5-8　生産現場と本社との距離の変化の影響

なく，常に 3 者の中ではバランス型の改善活動を実現している。

　シミュレーション結果を過度に一般化する危険はともなうが，以上からは，本社と現場との距離感の変化によって，いわゆる町工場のように本社と現場が近ければ小規模中心の改善活動が展開され，反対に多国籍大企業のように本社と現場の距離が遠ければ大規模中心の改善活動になるということになり，現実との整合性という点からも想像がつきやすい結果といえる。そして，こうした中で，ライン内スタッフ型の組織設計はやはり，本社と現場との距離の影響を中和することができるといえるのである。

4.2　フットワークの軽さ・重さの影響

　つぎに，本社と工場・生産現場との距離を当初の設定に戻して（両者を離して），技術者・ライン内スタッフのフットワークを変化させた場合の影響をみていく。

　まず，分権型の場合には，フットワークが重くなればなるほど，改善活動が発生しづらくなった。加えて，集権型においては，技術者のフットワーク

を作業者の10倍から8倍にまで減らすと，改善活動の平均規模は33.159から1.443にまで大幅に減少した。さらに，フットワークを作業者の4倍以下にすると，改善活動は一切生まれなくなってしまった。ただし，これは試行100回の間に効率的に資源が消費されなかっただけであり，試行回数を1000回にすると，同様の設定でも平均規模は28以上になり，影響は少なくなる。また，ライン内スタッフ型においては前項同様，フットワークを作業者の10倍から1倍にまで減少させても，5.964から2.282の間の値を取り，最頻値は4以上であった。なお，この場合も，試行を1000回にすると最頻値は5以上となり，やはり影響が小さくなる。

すなわち，技術者やライン内スタッフのフットワークが重くなることの影響は，平均規模の増減に対してよりも，「改善活動を生まれにくくすること」に及ぶといえるだろう。そのため，少なくとも今回のシミュレーション・モデルにおいては，フットワークの軽さ・重さの効果は，本書の論旨に大きな影響は与えないと考えられる。

4.3 分権的資源配分とライン内スタッフ

図5-8から，ライン内スタッフ型では，本社と現場の距離を変えても改善活動の平均規模が中間で保たれることが分かった。それでは，ライン内スタッフ型の場合に，資源を全て作業者に配分したら，どうなるであろうか。これまでは，実際の調査結果に合わせて，ライン内スタッフ型の組織構造を採用する場合には，作業者は資源を保持しないとしていた。これに対して，本項での試行は，作業者中心型の組織を採用した上でライン内スタッフを追加するということになる。ただし，総資源量を他の試行と同様にするため，作業者2000人に資源を配分し，技術者100人およびライン内スタッフ100人には資源を配分しない。結果，改善活動の平均規模は4.255となった。条件3での6.649よりも小規模中心寄りではあるが，やはり分権型・小規模中心の1.202と，集権型・大規模中心の33.159との中間の値をとっており，バランス型であるということがいえる。

これらを考え合わせると，数ある組織構造の中でも，ライン内スタッフと

172 第5章 改善活動をめぐる技術戦略と組織設計

いう組織成員間の特殊なネットワーク形態を採用した場合には，発生する改善活動の規模に変化が生じる可能性が高いといえるだろう。すなわち，組織の中で資源がどのように配分されていようと，ライン内スタッフ制度を採用することによって，分権型と集権型の結果の間の値を取る，バランス型の結果を得ることができる。前述の本社と現場との距離の影響と合わせても，やはり，ライン内スタッフ制度は，組織が生み出すイノベーションを小規模なものと大規模なものが混合した形へ相転移させる効果を持つといえるのである。

5 イノベーションを生む改善への橋渡し：
分権制，集権制，ライン内スタッフ

　従来，改善活動が「小規模で多数の技術変化であってそれを遂行する組織には一定の型が存在する」ものとして考えられてきたことは，本書でも繰り返し確認してきた通りである。その上で，第3章において，実際には小規模な技術変化の中にも規模にバラツキがあることが発見され，さらに第4章において，こうしたバラツキのある中でどのような規模のものに注力するかについては企業に選択の余地があり，また改善活動を遂行する組織構造についても必ずしも全ての企業が同様のものを採用するとは限らないのではないかという疑問を提示した。

　そこで本章では，潜在的な問題解決の連鎖としての改善活動をモデル化した場合に，上述の関係性がシミュレーションでも再現されるのかが確認された。その結果，作業者・技術者・ライン内スタッフが同様に改善活動のためのアイデアを生み出すという条件のもとであっても，資源配置と組織形態とによって，最終的に組織から発生する改善活動の平均規模には変化が生じることが分かった。本社技術者が資源を保有していれば規模の大きな改善活動が中心になるというのは，なかば当然の結果のようにみえるかもしれない。しかしながら，本章ではバランス型と表現した，小規模・大規模な改善活動が極端に偏ることなく起こるという企業の様子が，シミュレーションによっ

て再現できた点には，注目すべきところがある。

　バランス型の改善活動を生み出す組織には，工場の現場と本社との間を橋渡しするライン内スタッフが，組織成員全体の5％にも満たない割合（2200人中100人，約4.5％）で存在すると設定している。このとき，ライン内スタッフ型と技術者主導型との間で技術者一人当たりの資源保有量や行動様式に差はなく，作業者からの（被）認知度によって作業者との「つながりやすさ」すなわちネットワークに差異があるのみである。ところが，こうした5％以下の組織成員のネットワーク形態の違いという，一見小さな違いから，発生する改善活動の規模に大きな差が生じたのである。これを，応用数学の一分野であるグラフ理論的に理解するならば，作業者や技術者といったエージェントが整然とネットワークにつながれているうち，5％ほどがランダム・グラフへと変化することによって，組織成員のネットワーク全体がスモールワールド・グラフ（Watts & Strogatz, 1998）となり，組織から生み出されるイノベーションの平均規模が大きく変化することが確認された，ということになる（前掲図5-6）。

　これを踏まえると，ライン内スタッフは，トヨタ自動車に「ランダム性」をもたらして同社全体をスモールワールド・グラフへと変化させた結果，地道な改善活動をイノベーションに育てる効果を発揮したという可能性を考えることができる。

　なお，こうした変化は，シミュレーションのさまざまな変数が偶然生み出した結果ではなく，無限回のシミュレーションを仮定した場合にもみられるものである（岩尾, 2018）。このように，インクリメンタル・イノベーションとしての改善活動には，「さまざまな規模のものがあり，そのうちどこに集中するかについては選択の余地がある」という既存研究が見落してきた性質がある。したがって，大小さまざまなアイデアを実現するには，資源の獲得をめぐるマネジメント（武石ほか, 2012）と，そのための調整機構が必要となる。そして，資源の保有者は誰か，組織形態がどのようなものであるかにより，最終的に実現される改善活動の平均規模は変化する。つまり，問題解決の連鎖という性質から改善活動の規模には大小の幅が生まれうるという仮定

174　第5章　改善活動をめぐる技術戦略と組織設計

を置くと，それを実現するための資源の獲得や，配分のためにどのような組織を設計するのかという点が，マネジメント上の課題として浮上してくるのである。

　改善活動というイノベーションには，問題解決の連鎖の中で次第に大規模化するものを含むという潜在的可能性があり，その潜在性からどのようなものが実現されるかは組織構造というフィルターに影響を受ける。こうした特徴があるために，会社全体としてどのような組織を用いてこれに取り組むかという全社的なマネジメントを必要とする可能性もまた，考えうるのである。

6　仮想世界は現実を語れるか：小括と残された議論

　ここまでの議論で明らかになってきたように，改善活動は既存研究が考えているイノベーションの性質から逸脱することがあり，それゆえに組織内外での調整を必要とする場合があり，そうした調整活動のために特殊な組織構造が採用されることもある。とはいえ，全ての企業における改善活動が，第3章でみたトヨタ自動車の事例のように，小規模なものから大規模なものまでが渾然一体となって取り組まれているとは限らない。第4章でみたように，改善活動に関して，作業者中心の組織構造を用いて小規模なものに集中することもありうるし，技術者中心の組織構造を用いて比較的大規模なものに注力することもありうるし，ライン内スタッフ組織を採用してバランス型を目指すということもありうる。

　こうした関係性に因果関係があるのかを考察するため，本章では追加的にコンピュータ・シミュレーションをおこなった。そして，イノベーションとしての改善活動にかかわる組織成員の種類は多様になりうるし，どのような組織成員が調整の主役となるかによって，発生するイノベーションの平均規模も変化しうることを発見した。また，ライン内スタッフ組織という組織構造によって組織成員のネットワーク形態が変化すると，最終的に実現される改善活動の規模が大きく変化することも分かった。ここから，インクリメンタル・イノベーションの中でもどのような特徴のものに集中するかには，経

営上の意思決定の余地が残されている、ということがいえる。その余地ゆえに、インクリメンタル・イノベーションとしての改善活動には、「どのような組織を採用して改善活動に取り組むか」という全社的なマネジメントの必要性が生じるだろう。

はたして、第3章と第4章で言及された、改善活動のマネジメントのためには組織設計が必要であるという命題は、本章においても確かめられた。では、どのような組織設計をおこなうかということについては、唯一最善の解があるとは限らず、改善活動のうちどのようなものに集中するかという選択に依存している可能性（コンティンジェンシー関係にある可能性）がある。本章のコンピュータ・シミュレーションでも、そうした関係性が再現され、組織内の資源配分（抽象的な数値であるため資源をリーダーシップと読み換えることも可能）と組織構造を変化させたところ、結果としての改善活動の規模に影響がみられた。

ただし、現実の複雑な企業経営の実務の世界においては、ここでのシミュレーションのようにスイッチひとつで資源配分・調整形態・組織構造を変化させられるわけではない。組織はコンフリクト解決のひとつの手段であって、その変化にもまたコンフリクトが生じる可能性があるからである（Simon, 1947; 1997；March & Simon, 1958; 1993；Weick & Quinn, 1999）。そこで、続く第6章・第7章では、こうした点を議論していく。これらの章で、組織設計変更にともなうであろうコンフリクトの一部分を、それぞれ取り上げる。第6章は、改善活動への取り組み方が技術者主導型から作業者主導型へと変化した事例である。第7章は、ここまでの議論で特異な存在であることが示されたライン内スタッフ組織が、いかにして生まれ、また、ある企業では廃止されてしまったのかに関する、関係者のオーラル・ヒストリーである。

第 **6** 章

分権的改善活動の定着には何が必要か

IMVP 調査と事例研究

　　ある研究会にて，本書のシミュレーション部分の基礎となった研
究成果を発表した後のことだ。参加者の一人が発言する。
　　「そうはいっても，実際の経営の現場では，スイッチひとつで資
源の入れ替えをするなんていうことは不可能だと思うのですが」
　　私はとっさに次のように答えた。
　　「それはその通りです。……おそらく，実際には組織変更がネッ
クになって，簡単に戦略は変えられないでしょうね」
　　しばらく間があって，質問者は，そうか，というようにもう一度
発言した。
　　「……なるほど，そしたら，改善活動の戦略間には移動障壁があ
るのですね」

　　　　　　　　　　　　　　　———ある日の研究発表での質疑応答

1　海外生産拠点での改善における資源配置の分権化

　前章までの議論では，「誰が改善活動をめぐる調整の主役になるか，どのような規模の改善活動に集中するか，といった点に現れる各社独自の改善活動の性質は，資源配置の転換によって変化させうるものなのか」という点が明らかではない。

　そこで本章では，改善活動をエンジニア主導から作業者主導へと変化させることになったE社[1]の海外生産拠点の事例を取り上げる。海外生産拠点へ改善の能力を移転する必要性は何度も述べられてきた（大木，2009；藤本，2012）。海外生産拠点は，当初はマザー工場からの指導を受けつつも，いずれ自らの力で改善活動を遂行できるようになっていく。そうすると，労働生産性と賃率に基づいて国内と海外の生産拠点が競い合う，「国際的な能力構築競争」の時代に入るとされている[2]。海外生産拠点において改善活動を遂行する能力である改善能力（藤本，1997）が構築されるには，はじめは本国の本社から改善活動についての指導がなされたとしても，海外生産拠点の現場で改善活動が活発化していかなければならない（坂爪，2015）。すなわち，本国派遣技術者中心の改善活動から，現地作業者中心の改善活動へと，改善活動の性質が変化する必要がある（藤本ほか，2010）。

　このため，海外生産拠点での改善活動への取り組みを長期にわたって観察

　＊　本章は，岩尾（2016）を大幅に修正し，本書のテーマに沿うよう統合し直したものである。そのため，事例は岩尾（2016）がもとになっているが，海外生産に関して数理的考察をおこなった部分などは割愛した。

1)　ここでE社という名称を用いたのは，匿名化のためである。Eは当該企業の頭文字等ではなく，前章までにD社まで登場しているためEとした。なお，EとA〜Dとに重複があるかどうかも，ここでは明らかにしない。

2)　ここでいう国際的な能力構築競争の時代とは，国内・国外の生産拠点が純粋に生産性や製品品質の高さといった指標で（再）評価され，各国の生産拠点が上記の指標を向上させるために改善に取り組み，生産能力を競い合う時代を意味する（藤本，2012）。

すれば，前章の後半で議論したような改善活動の規模変化のうち，集権的な本社技術者中心から分権的な作業者中心の改善活動への変化のための経営努力およびマネジメント方法が，観察される可能性が高いと考えられよう。とはいえ，海外生産拠点において改善活動の性質変化が生じるまでの，数年から十数年といった長期間にわたって観察をおこなうのは困難である。そこで本章では，海外生産拠点における改善活動が定着したと考えられる工場とそうでない工場とを定量的なデータから明らかにし，海外生産子会社社長として全社が見渡せる立場からそうした定着に携わった人物へのインタビュー調査をおこなった。

　調査によって判明したのは，少なくとも今回調査された企業において改善活動は，本国拠点中心から現地作業者中心へと変化しているのではなく，むしろ「現地の技術者中心から現地の作業者中心へ」と変化すべく努力されており，日本の本国からの派遣者は現場作業者と技術部とをつなぐ中間的な組織として，現地の技術者・マネジャー層と現地の作業者とを調整する役割を担っていたということである。すなわち，マザー工場からの派遣者は，技術や知識の指導も含め，現場と技術者との考え方の相違を調整することで，改善活動を促進させていた。そして，海外工場においては，こうした調整の必要性を削減するため，作業者と技術者・本社との考え方のすり合わせを目的とした全社的なマネジメントが必要となっていたことが判明する。

　なお，本章の研究は，国際自動車プロジェクト（International Motor Vehicle Program：IMVP）第4回データを用いた記述統計分析と，追加の事例分析によるものである。IMVP は，マサチューセッツ工科大学やハーバード大学，東京大学などによる自動車産業の生産性に関する国際的共同研究プロジェクトであり，「リーン生産」などの用語を生み出してきた。こうした大規模プロジェクトではあるが，IMVP のサンプル・サイズ自体は $N=30$ と限られたものであり，かつ，本章はこのうち 8 のデータを使用するにとどまるため，ここでの仮説を検証することは困難である。そこで，記述統計分析はインタビュー対象を選定するための予備的な分析と位置づけ，その結果を踏まえて X・Y・Z という国内外の 3 工場の比較事例分析を実施することで，

180　第6章　分権的改善活動の定着には何が必要か

新たな仮説を提示する。

2　海外生産拠点になぜ改善活動が必要なのか

2.1　水平的海外生産と垂直的海外生産

　企業が海外生産をおこなう理由について，これまでさまざまな観点から説明がなされてきたが，ひとつの有力な説明は，海外生産が生産費用の節減をもたらすというものである。これは，労働市場が国際的に断絶している（労働力が国境を越えて容易に移動しない）と仮定した場合に，国ごとの平均的な労務費に差異が存在するならば，相対的に労務費が高い傾向にある国に根差す企業が，相対的に労務費が低い傾向にある国に生産を移転することで，生産にかかわる労務費を節約できるという観点である（Hanson *et al.*, 2001; 2005；Yeaple, 2003b）。企業が，生産・開発・マーケティングといった企業活動に必要な拠点の最適立地を目指すとき（藤本ほか, 2007），仮に生産活動が単純労働であるとすれば，相対的に安価な労働市場が存在する国に生産拠点が集中するのは自然である（Porter, 1986）。この傾向は，単純・非熟練労働力を多く必要とする産業の場合に顕著となる（Yeaple, 2003b）。こうした，生産工程の一部（非熟練工で十分遂行することが可能な生産工程）を，海外の安価な労働力に委託するタイプの海外生産のあり方は，垂直的海外生産と呼ばれる（Yeaple, 2003a）。

　これに対して，関税や非関税障壁等の貿易コスト削減のために，国内と同様の生産工程・工場を海外に移転するタイプの生産は，水平的海外生産という（Yeaple, 2003a）。日本企業については，家電産業が垂直的海外生産を比較的多くおこない，自動車産業は水平的海外生産を比較的多くおこなうという傾向がみられるものの，それぞれの企業が進出先の国ごとの実情を考慮して垂直的・水平的海外生産を組み合わせるのが主流といえる（桜・岩崎, 2012）。

　貿易コストに加え，為替の存在も，海外生産を促進する要因となる場合がある。すなわち，①為替によって国際的な労務費の差が間接的に拡大・縮小

する可能性があることに加え，②為替の変動自体が企業業績変動の要因（＝リスク）となるため，これを制御するための調整機構として海外生産拠点を保持する，ということも考えられる。①は，たとえば円高が進んだ場合，日本企業が円高進行以前よりも国際的な購買力を増加させるため，労働力をより安価に調達できるといった状況である。②は，為替が変動することによって為替の影響を考慮した最終的な生産コストが最適となる立地は常に変化するため，本国から生産委託ができる海外拠点を抱えておくことが，経営の安定性につながるといった状況を指す。すなわち，①は為替の影響で労務費の差が拡大される場合があるという論理であって，基本的な論理構造は前述の国際的な労務費の差異についての議論と同型であるが，②の為替の変動への対応という観点は，変動相場制を考慮した場合に固有の問題である（Sung & Lapan, 2000）。そして，これらの理論は実証結果とも整合的である（Hanson *et al.*, 2001; 2005；Yeaple, 2003b など）。

2.2 海外生産費用上昇と改善活動

前項で概観したように，海外生産には，①最終的な生産費の節減，②貿易コストの削減，③為替変動による企業業績変動の安定化，という３つの利点があると考えられ，このことは実証研究でも確かめられてきた。とはいえ，これらの分析は一時点かつ企業単位の生産性を分析したものであり，人件費高騰や為替相場の影響によって最終的な生産コストの面で海外生産拠点の利点が失われていくとき，当該の海外生産拠点がどう対応するのかという点は，あまり議論されてこなかった（藤本, 2012）。

こうした状況下で，たとえば日本企業の海外生産拠点は，改善活動を根づかせようと努力することにより対応を図っているとされる。典型的には，本章の冒頭でも取り上げた藤本（2012）が，国際的な能力構築競争の時代と表現した状況が，これにあたる。近年，①最終的な生産費節減手段としての海外生産の意義は薄れつつあるが，海外生産は依然として，②種々の貿易コストの削減，および③為替変動への対応という利点は失っていないという。したがって，②③の利点を活用しつつ，①の利点が失われた分を何らかの方法

182　第6章　分権的改善活動の定着には何が必要か

で補填することが必要となる。しかし，①でいうところの最終的な生産費は，純粋な生産性に労務費を乗じ，為替を考慮したものなので，純粋な生産性を向上させれば，①の利点は失われることがない（藤本, 2012）。だからこそ，純粋な生産性を向上させるための能力を海外に移転して，海外生産拠点が当該能力を構築することが必要となるのである。実際に，海外生産拠点，とりわけアジアの生産拠点では改善活動への意欲が高く（大鹿, 2014），日本企業の海外生産拠点が現地で改善活動に取り組む様子は広く観察されている。

　こうした状況に至るには，本国生産拠点から知識・能力が移転される必要がある（大木, 2009；藤本, 2012）。ただし，成文的な知識の移転とは異なり，ノウハウのような手続き的記憶に関する知識の移転は困難とされる。KogutとZanderは，組織内での知識の移転には知識の成文化（形式知化）が必要であるが，成文化した知識を移転しても知識を創造する能力の移転までは容易には進まないことを，日本の工場の知識移転を例に用いて説明している（Kogut & Zander, 1992）。実際，すでに安定的な生産がおこなわれている日本企業の海外生産拠点であっても（＝業務能力は移転されている），依然として本国拠点との生産性の格差は存在している（改善能力の移転・構築が不十分である。Pil & MacDuffie, 1999；Pil & Holweg, 2004）。また，日本国内では生産拠点ごとの生産性の差異はさほどみられないにもかかわらず，同一企業内における本国・海外生産拠点間の平均的生産性の差はいまだに解消されていないとの指摘もある（大鹿, 2014）。これらを踏まえると，海外生産拠点は改善活動への意欲を持ち（大鹿, 2014），確実に生産性を向上させてはいるが，同じく生産性を向上させ続けている日本の本国生産拠点には追いついていない状況にあるといえる（大鹿・藤本, 2011）。

　ここで，日本の生産拠点からの支援を受けて海外生産拠点が改善活動を活発化させていく場合，本書の分析枠組みを用いると，表6-1のような変化が考えられよう。

　すなわち，最初は本国生産拠点からの派遣者が中心となって改善活動をおこないつつ，改善成果を現地の作業者に理解してもらい，同時に改善活動のノウハウを学んでもらう。そして次第に，派遣者の手助けがいらなくなり，

表 6-1　海外生産拠点への改善活動の定着

	改善活動の規模	改善活動を担う組織
能力構築前	——	本国からの派遣者中心
能力構築後	小規模中心	現地作業者中心

（出所）　筆者作成。

現地の作業者の改善活動が成果につながるようになっていく（坂爪, 2015）。ただし，これはあくまで既存研究を考慮した上でのひとつの可能性であり，実際の調査結果はこれとは異なる可能性もある。いずれにせよ，①改善活動の性質変化を観察し，②それが容易かどうかを分析し，③改善活動の性質変化のためのマネジメント例を捉えること，が本章の目的である。

3　記述統計分析と比較事例分析の利用法：
本章の研究アプローチ

　前章までの議論が自動車産業を対象にしていたことを受け，変数を一定にするために，本章では大鹿・藤本（2011）および大鹿（2014）の調査の基礎となった国際自動車プロジェクト（IMVP）のデータを分析し，その後に追加的にインタビュー調査をおこなうことにする。自動車産業では，改善能力の有無が国際競争力の決定力になっていた上（Fujimoto, 2014），IMVP のような大規模な工場調査が持続的におこなわれてきたことで，比較可能性の観点から研究対象として最適であると考えられる。なお，本章の IMVP 調査は 2006 年におこなわれ，この分析に基づいて事例を収集する調査が，2014年 3 月 21 日に海外生産拠点 Y 工場，同 11 月 21 日に国内生産子会社 X 工場，2015 年 4 月 18 日および 2016 年 1 月 9 日に海外 Z 工場において，それぞれ約 2 時間（Z 工場には 2 時間×2 回）の非構造化インタビューの手法によっておこなわれた。

　先述の通り，IMVP によって収集された工場のサンプル・サイズは推測統計を行いうるレベルにはなく（$N=30$），また本章では，このうち E 社に属する 8 拠点のデータのみを使用している（$N=8$）。そのため，ここではまず，

184 第6章 分権的改善活動の定着には何が必要か

単純集計による記述統計分析をおこなった。

この記述統計分析において，海外生産拠点は品質・コスト・生産リードタイム・フレキシビリティの各指標で平均的にはいまだ日本拠点に追いつけない状況が確認されたが，同時に日本拠点に追いつきつつある例外的な海外生産拠点も発見された。そこで，記述統計において外れ値として認められた Z 工場について，外れ値にない 2 工場との 3 者比較事例分析をおこなった。インタビュー調査は，国内 X 工場，海外 Y 工場，同 Z 工場が，全て E 社の生産子会社であることや，生産規模・工程数などの変数によっても，ある程度コントロールがおこなわれている。インタビュー対象者は，生産子会社の社長（H 氏）および生産管理部の課長級 4 名（A 氏および匿名 3 名）の合計 5 名であり，職階に偏りがある点は，本調査の限界としてあげられよう。[3]

4 改善活動が定着しない海外拠点と「例外」：
記述統計分析の結果

本節では，改善活動の定着がみられる海外生産拠点とそうではない海外生産拠点とを区別・特定し，以後の事例研究の対象を決定することが目的となる。そのため，製造パフォーマンスにおいて突出し，かつ改善活動の活発な海外製造拠点を探すことになる。

E 社は，日本国内に本社を置きながら海外生産も活発におこなっている，自動車製造多国籍企業である。E 社の生産方式はリーンな生産方式のひとつとして海外にも知られ，その生産方式を海外に移転する上で，海外における改善活動を活発化させてもいる。2006 年におこなわれた IMVP の調査において，E 社は，国内工場 2 拠点と海外工場 6 拠点が調査されており，海外拠点の製造パフォーマンス点数を平均すると，図 6-1 のように要約できる。算

---

3) インタビューは，個人の解釈の偏りをなくし信頼性を確保するため，研究者 3 名が同行した調査をもとにし，中間報告の妥当性について追加的に電子メールで企業に確認を取った。

4 改善活動が定着しない海外拠点と「例外」 185

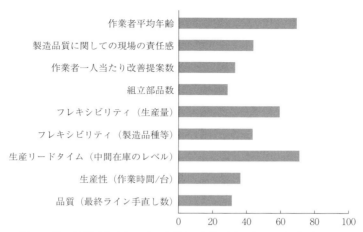

(注) E社の本国生産拠点を100とした場合の点数であり，高いほど経営上好ましい。
(出所) 岩尾（2016）を一部修正．

図6-1　E社海外生産拠点の製造パフォーマンス点数

出にあたり，品質および生産性には，一般的な指標を用いた．ただし，生産性については，賃金格差を考慮せず，単純に1台の自動車製造に必要な作業時間を採用している．生産リードタイムについては，中間在庫数が生産のリードタイムを決定するというE社生産方式に類似したトヨタ生産方式の考え方を採用した（田中, 2005）．また，フレキシビリティについては，年間生産総量が増減した場合に生産性が左右される度合いを示すフレキシビリティ（生産量）と，製造品種が増減した場合に生産性が影響を受ける度合いを示すフレキシビリティ（製造品種等）の，2指標を測定した．なお，機密性保持のため，いずれのデータも点数データに変換してある．このデータは，本国生産拠点を100とし，それに対して海外生産拠点がどの程度のレベルにあるかを百分率で表すことで得られる．ただし，最終ライン手直し数（品質）などのように，低ければ低いほどよい指標と，フレキシビリティのように，高ければ高いほどよい指標が混在しているため，基準となる本国生産拠点の指標の分母・分子を入れ替えることで，全ての指標が「高ければ高いほどよい」となるようにした．[4]

186 第6章 分権的改善活動の定着には何が必要か

図6-1から，E社の国内生産拠点の品質（Q）・生産性（C）・生産リード
タイム（T）・フレキシビリティ（F）を100とした場合，同社の海外生産拠
点はおおむね30から70程度の成績であることが分かる。なお，これらの点
数は調査時点における生産拠点の能力を表し，各指標の向上率をとれば，動
的な改善能力をみることができると考えられる。今回より前におこなわれた
3回のIMVP調査はWomack *et al.*（1990），Pil & MacDuffie（1999），Pil &
Holweg（2004）などにまとめられているが，それらでも確認されていた日
本の生産拠点の優位性は，今回の第4回調査でもやはり確認された。また，
海外生産拠点間では，QCTFの各指標について本国・海外生産拠点間ほど
の差がみられない。海外6工場の中から仮に1工場を除外してみても，平均
値への影響は10％を超えないのである（後述する外れ値Z工場以外[5]）。ただ
し，これらの設立時期には20〜42年の開きがある[6]。

　海外生産拠点における作業者一人当たりの改善提案数に注目すると，日本
国内の生産拠点と比較して海外生産拠点のそれは30％超にとどまることが
見て取れる。ここで，図6-1からQCTFに関連する指標を取り出し，海外

---

4)　たとえば，低ければ低いほどよい指標の場合，基準値÷当該指標で点数が得ら
れる。反対に，高ければ高いほどよい指標については，当該指標÷基準値で点数
が得られる。なお，組立部品数や改善提案数，現場の責任感，平均年齢は，本来
は中立的なデータであるが，高ければ高いほどよいデータとして扱っている。こ
のような変換により，数値の規模にバラツキのあるデータを，一度に比較するこ
とが可能になると考える。

5)　ただし，この調査結果の解釈には注意を要する。そもそも，各工場の戦略的な
位置づけが異なっていた場合には，比較の意味がなくなるからである。たとえば，
ある拠点がマザー工場候補として，他拠点が通常の工場として，位置づけられて
いた場合，以下でみるようなデータのパターンが発生する可能性は当然ある。

6)　ここで，設立時期に20〜42年という幅を持たせているのは，どの段階を設立
時期とすべきかについて議論が分かれるためである。仮に，海外企業との提携・
生産を設立時期とすれば，事例分析で登場するY工場が最古となり，Y工場と
IMVP調査の対象になった中で最新の工場との設立年数の差は42年となる。一
方，子会社化をもって設立時期とするならば，X工場が最古となり（Y工場は
X工場の4年後），X工場と最新の海外工場との設立年数には20年の開きがあ
る。

4 改善活動が定着しない海外拠点と「例外」　187

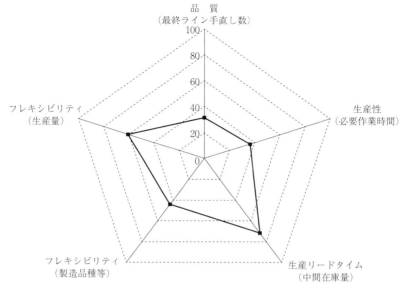

(注)　数値が高いほど好成績となる。
(出所)　岩尾(2016)を一部修正。

図6-2　E社海外生産拠点の製造パフォーマンス指標チャート

　生産拠点の能力を表すチャート図を描くと，図6-2のようになる。なお，もしこの図にE社の国内生産拠点のデータを描き込んだとすると，全指標が100の値をとる正五角形となる（チャートの外縁と一致する）。このチャート図から，E社海外生産拠点は，フレキシビリティと生産リードタイムでは比較的健闘しているものの，とりわけ品質と生産性が不十分であることが分かる。

　つぎに，E社の海外生産拠点にはE社海外Z工場という外れ値が存在することに注目する。E社海外Z工場の設立時期は他の海外生産拠点とほとんど差異がないが，その生産能力の指標は一部E社日本国内生産拠点をも上回るほどである（図6-3）。

　図から見て取れるように，E社の海外Z工場は，生産リードタイムやフレキシビリティ（製造品種等）では，日本国内生産拠点をも凌駕している。

188　第6章　分権的改善活動の定着には何が必要か

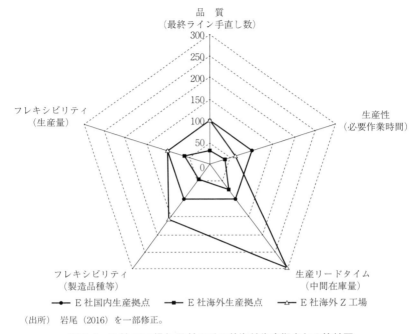

（出所）　岩尾（2016）を一部修正。

図6-3　E社Z工場とE社のその他海外生産拠点との比較図

　ただし，純粋な（賃金差を考慮しない）生産性については，日本の国内生産拠点に追いついていない。表6-2は，E社の国内生産拠点，海外生産拠点，海外生産拠点における外れ値であるZ工場について，QCDFの各指標およびそれらへの影響が考えられる指標を列挙した一覧である。

　表から分かるように，Z工場では，作業者の平均年齢と現場の責任感が日本国内の生産拠点と同程度に高く，作業者一人当たりの改善提案数は国内生産拠点の実に2.2倍にも上る。もちろん，その割りにはいまだに生産性の指標が追いつかないことには疑問が残る（有意義な改善案が出ていないという疑義が生じる）上，Z工場は組立部品数が少ないため，そもそも工数や在庫が[7]

　　7）　この理由として，生産工程の一部しか海外に移管していない可能性が考えられる。すなわち，国内生産拠点でサブ・アッセンブリーをおこなって，その部品を

表 6-2　E 社の 3 生産拠点（国内および海外）の IMVP データ比較表

	国　内	海　外	海外 Z 工場
品質（最終ライン手直し数）	100	31.8	100.0
生産性（作業時間/台）	100	36.8	59.6
生産リードタイム（中間在庫量）	100	71.4	300.0
フレキシビリティ（製造品種等）	100	44.0	160.0
フレキシビリティ（生産量）	100	60.0	100.0
組立部品数	100	29.5	18.1
作業者一人当たり改善提案数	100	34.0	222.0
製造品質に関しての現場の責任感	100	44.7	96.7
作業者平均年齢	100	70.3	94.9

（出所）　岩尾（2016）を一部修正。

少なく済むはずなので，ある程度割り引いて考える必要はあるだろう。しかしながら，Z 工場がそれでもなお外れ値といえることには変わりがない。そこで以降では，Z 工場よりも生産自体の歴史は古い国内 X 工場および海外 Y 工場との比較事例分析を行い，外れ値にある Z 工場において何が起こっていたのかを考察していく。

5　なぜ「例外」拠点では改善活動が定着したか：
E 社生産子会社の国際比較

　E 社の国内生産子会社 X 工場は，E 社の関連会社の国内工場であり，E 社の本社から数十キロ圏内に立地している。また，海外生産拠点 Y 工場・Z 工場は，ともに関連会社で，現地政府との兼ね合いもあって現地の企業との合弁の形態が取られている。これら 3 社は，ともに 2000 人規模の工場である。生産車両数は変動があるものの，おおむね X 工場が他の工場の 5〜10 倍となっている。ただし，インタビュー調査の結果，E 社では生産性の指標が同じ程度になると海外に生産車種を移管するため，現在の生産車両数の差

海外生産拠点向けに輸出しているような場合である。こうした形態の最も顕著なものがノックダウン生産であろう。

190　第6章　分権的改善活動の定着には何が必要か

異そのものが生産の指標に大きく影響はしないことが判明した。

　なお，インタビューの結果，X工場は，1ライン当たりの製造品種の数を除く品質・生産性・生産リードタイム・フレキシビリティそれぞれの指標で，E社の国内生産拠点（E社自体の工場）ほどではないにせよ，おおむねそれに近い成績を誇っていることが分かった。また，海外Y工場は，E社海外生産拠点と同じ程度の指標を記録しているため，Y工場がE社海外生産拠点一般を代表するものとして扱うことができる。以上から，ここではE社の国内生産拠点を代表するものとしてX工場を，一般的な海外生産拠点を代表するものとしてY工場を，国内生産拠点に生産性で追いつきつつある工場（＝外れ値，逸脱事例）としてZ工場を選択し，比較事例分析をおこなうことにした。

5.1　E社国内生産子会社X工場における改善活動

　X工場における改善活動は，作業者からの頻繁な改善提案によって支えられている。改善提案は5〜6名の班単位でなされることが多く，改善に必要な予算は組単位で配分される。そのため，作業者からの提案は，班長・組長といったルートで上司に伝えられ，必要な予算額に応じて，組長からさらに工長・課長へと伝達され，大規模な改善は，生産技術部とプロジェクト・チームを組んで進められることになる。現場は少額を用いた改善を行い，多額の投資が必要な改善については生産管理部が予算を負担するということである。

　作業者は，通常の作業をこなす区分Aと，改善を担う区分B，設備保全を担う区分Cの間でジョブ・ローテーションされ，区分Aの作業者として作業に従事する際は作業標準（作業要領書および標準作業票）という紙面に起こされた作業を守ることが第一に優先される。区分Aの作業者は，作業標準を守る限りは，たとえ品質不良を起こしても責任は作業標準にあるとされ，作業中により楽に作業ができる方法を考えたとしても作業標準を守ることのほうにインセンティブがある。ただし，区分Bの作業者や班長とともに作業改善をおこなう際には，これまで作業してきた中でどのような変化を起こ

せば楽になると気がついたかといった点を伝達する。この際に特徴的なのは，「歩行（運搬）のムダ」「手待ちのムダ」「作業そのもののムダ」「在庫のムダ」といった共通言語によって，部下から上司へと改善箇所が指摘されることである。これらの共通言語は，『E 社生産方式』といった社内教本によって共有されている。この共通言語は，E 社が理想とするジャスト・イン・タイムや自働化による少人化といった最終目的に直結するものであり，E 社の経営層が用意したものである。X 工場では，作業標準通りに作業ができることと，改善活動にいかに貢献したかによって，昇進が左右される。そして，X 工場の作業者の多くは，E 社グループの一員として定年まで働くことを期待しており，またそこでの昇進を求めるため，積極的に改善活動に取り組む。

　この共通言語が存在することで，作業者から伝達される改善案は基本的に却下されることはなく，却下されるような改善案はそもそもこの共通言語で表現できないために作業者が頭の中で思いついた段階までで消滅してしまう。その結果，現場からの改善提案の実施率が高く，生産の指標を向上させている。ただし，1 ライン当たりの製造品種の数のフレキシビリティについては，大規模な設備間の調整が必要であり，現場単位では収束しないため，今後の課題とされている。また，新車の立ち上げに関しても同様の問題があり，E 社の国内生産拠点と比較すると 2 倍程度の準備期間が必要となる場合もある。

　X 工場では，小規模な改善活動が多数であり，それを遂行する組織も作業者が中心である。多額の予算が必要となる改善活動については，生産技術部との協議が必要となっている。したがって，本書の分析枠組みを用いると，第 4 章の A 社に近似しているといえるだろう。

5.2　E 社海外生産子会社 Y 工場における改善活動

　Y 工場における改善活動は，「E 社の日本人出向者も認めるほど力が入っている」（A 氏・2014 年 3 月 21 日[8]）と，Y 工場の生産管理課長は語る。工場には「カイゼンドージョー」（改善道場）というミーティング場所が設けら

---

8)　以降，括弧内の日時は，インタビューが記録された日時を示す。

れ，このドージョーで優れた改善案が工場長から表彰される。昇進についても X 工場同様の処遇がおこなわれ，かつ，「Y 工場が存在する国は大卒エンジニアが工場で働くことに違和感を覚えない文化がある」といい，そのことも相まって「きわめて日本的な工場である」という。そして，Y 工場においても X 工場と同様に作業者から活発に改善提案がなされるが，生産管理課長からみて「納得のいく改善案はなかなか出ない」（以上，A 氏・2014 年 3 月 21 日）そうである。そのため，現時点では大卒エンジニアが中心となって小規模な改善を実施している。Y 工場では地元の大学から「カイゼンエンジニア」という職種で募集をおこなっており，このカイゼンエンジニアが現場での小規模・中規模の改善活動を担っているという。カイゼンエンジニアが提案する改善案は，現場作業者にとってやりづらい作業であることがしばしばあるが，作業者は作業標準を守る限りは品質への責任から免れるため，やりづらい作業であっても作業標準に従う。

　「本来ならば作業者が現場の作業の実情を反映した改善案を提案することが望ましい」と生産管理課長は考えているが，前述の通り作業者に改善案を全て任せると経営上の利益と必ずしも一致しない可能性がある。しかし，Y 工場の生産管理課長は「Y 工場の作業者が優秀でないわけではない」という。実際，離職率も他社と比べれば低いと評価されており，作業者からの改善提案も多いことから意欲も高いと考えられる。しかも，「日本からの出向者が作業者に対して改善箇所を指摘すると，作業者はたちどころに問題解決してしまう」という。つまり，本来，改善の能力も高いのである。生産管理課長は，「意欲も能力もあるのになぜかよい改善案が出ない。日本からの出向者は魔法のように作業者から改善案を引き出す」（以上，A 氏・2014 年 3 月 21 日）と認識していた。

　なお，Y 工場での改善提案が作業者からなされた場合，X 工場と同じく班長・組長……と組織の階層上位へと改善案が伝達されることになるが，Y 工場では，工長以下の現場と課長やエンジニアとの間で，ある種の分断が起きていた。それは，Y 工場での大卒エンジニアは英語と現地語を話し，中卒・高卒作業者は現地語のみを話すという分断である。そして E 社生産方

5　なぜ「例外」拠点では改善活動が定着したか　193

表6-3　E社海外生産子会社Y工場における改善活動

	改善活動の規模	改善活動を担う組織
日本人派遣者不在時	小規模～中規模	現地人技術者中心
日本人派遣者滞在時	小規模中心	日本人派遣者が調整役となり作業者中心

（出所）　筆者作成。

式のテキストは，E社本社から英語に訳されて配布されており，課長やエンジニアがE社生産方式を現地語に訳して口頭で伝えている。現地語のテキストは，存在しないか，存在しても読解不能なものであった。そのため，現場の作業者は「どのような改善案が，上司が求めるものなのか分からない」（A氏・2014年3月21日）という状況にあり，X工場でみられたようにE社生産方式の「共通言語」で改善案が伝達されるということもなかったのである。こうした結果，現場作業者の改善案が取り上げられる機会は少なくなり，現場の意見を組み入れた改善案を考える機会が失われることで大卒エンジニアもまた，現場の理解を促進できずにいた。これに対し，日本からの出向者は，日本での現場体験があることから現場への理解度が高く，またE社生産方式の共通言語を翻訳することに長けていたために，作業者から改善案を引き出すことができていた。

　この事例においては，海外生産拠点（生産子会社）内の子会社の経営トップ層や技術者（カイゼンエンジニア）と作業者との間で意思疎通ができないことによって，作業者による改善活動と技術者による改善活動との間に分断が起きていた。海外生産子会社の技術者がおこなう改善は，作業標準の改定といった作業改善を含む小規模～中規模のものであり，一方，作業者が提案する改善案もまた小規模なものであった。こうした状況を，本書の分析枠組みに照らして表現すると，表6-3のようになるだろう。

　ここでは，日本本国からの派遣者が，作業者と技術者との間を調整する中間的な組織になっている。日本人派遣者は，知識の提供や実際の改善活動もおこなうものの，現地作業者と現地技術者・本社との間の調整役を果たすという役割が大きかった。こうした調整によって，現場作業者の改善提案が成果に結びつくようになったといえる。

5.3 E社海外生産子会社Z工場における改善活動

(1) H社長による改革前

Z工場における改善は，現場の作業者主導で，これを補佐する形で大卒エンジニアが参加するという形態で進められる。X工場に非常に近い形態で改善活動が維持されているといえる。H社長による改革以前には，E社本社人事部系の出向者がZ工場の社長となり，人事制度を整えていった。これによって，X工場やY工場と同じく，作業者がE社グループの一員としてE社のために働くことが，自己の利益にもなる状況が作り出された。つまり，人事制度が基本的にE社の国内工場と同様のものとなったのである。同時に，E社本社（日本国内）では廃れてきていたレクリエーション活動や部活動等を活性化させ，E社グループへアイデンティティを持つようマネジメントの努力がなされた。こうした結果，「現場の末端作業者までもが改善活動に参加するようになっていった」（H氏・2015年4月18日）という。

しかも，「Z工場が位置する国には徴兵制があり，軍隊で基本的な技能・技術を習得するため，作業者の潜在的な技能は高い」という。たとえば，「日本であれば保全工が修理できない（交換で済ませる）モニターの基盤を，はんだごてを用いて修理してしまう場面に，日本からの出向者は驚かされる」そうだ。すなわち，Z工場の作業者には，技能・技術，そして改善活動への意欲があったのである。しかし，H社長が改革に取り組むまでは，Z工場もまた，Y工場と同じく「現場が提案する改善案は有効性に乏しく，エンジニアが提案する改善は実現性に乏しい」（以上，H氏・2015年4月18日）という状況にあった。そのため，日本からの支援者を受け入れていた状況は，Y工場と同様であった。

(2) H社長による改革後

Z工場が1〜3回目のIMVP調査では特段注目された存在ではなかったにもかかわらず，今回の調査において外れ値となった背景には，H社長の改革があった（ただし，H社長自身は「あくまで前任者の仕事の続きをおこなっただけ」と発言している。H氏・2016年1月9日）。その改革の概要は，以下のようなものである。

5 なぜ「例外」拠点では改善活動が定着したか 195

　現地生産子会社の H 社長は，Z 工場の 5 代目の社長として赴任した当時，「経営の現地化」をキーワードとした。前任社長が日本語教育を充実させていたため，はじめに E 社が何を目標としているのかを日本語で十分に説明し，現地人で有望な人材を日本に派遣し，E 社生産方式を理解させるように努めた。後には，そこで育てられた人材により，E 社生産方式を基礎とした「Z 工場生産方式」のテキストを作成させた。「現地の人材に E 社生産方式を理解してもらうのに，実に数年を費やした」（H 氏・2015 年 4 月 18 日）という。

　このように，E 社生産方式の現地語への翻訳が現地人によっておこなわれたことで，現地人の作業者にも理解しやすいテキストが作成された。その結果，Z 工場では，現地の作業者も「……のムダ」といった形の E 社生産方式の共通言語で，改善の必要性を上司に伝達することができるようになった。ただし，「改善が進んでくると，これまで使用してきたライン設備を変更したり，置き場所を変化させたりするなど，技術的な調整が必要な場面が生じて」きた。そのため，「数年ごとに意図的にラインを編成し直す機会を設け，これまでの設備のあり方にとらわれずに改善活動を行いうるよう工夫した」という（以上，H 氏・2016 年 1 月 9 日）。

　こうした取り組みによって Z 工場の一人当たり改善提案（実施）数は急増し，前節の記述統計分析でみられたような突出した状況が生み出された。その結果，H 社長退任後の「Z 工場の後継社長として現地人が指名されるほどに，Z 工場の改善活動は日本のマザー工場に頼らずに遂行できるようになった」。ただし，Z 工場においても，生産性向上については生産技術や設備等の機械に関する技術が必要であり，今後は「現場作業者と他の技術系職場（製造と生産技術の技術員）との協働が課題」であるという（以上，H 氏・2015 年 4 月 18 日）。

　この H 社長の例にみられるように，作業者と海外生産拠点本社の技術者（製造の技術者）との間で，当初は Y 工場のように調整がうまくいっていない場合でも，会社が目指す改善活動についての共通認識ができてくることで，改善活動の成果が期待でき，それによって現場に任せることができるように

196　第6章　分権的改善活動の定着には何が必要か

表6-4　E社海外生産子会社Z工場における改善活動の性質変化

	改善活動の規模	改善活動を担う組織
H社長改革前	小規模～中規模	日本人派遣者が調整役
H社長改革後	小規模～中規模	作業者中心・一部技術者による補助

（出所）　筆者作成。

なる。こうした状況は，表6-4のように表現できる。

6　改善活動定着の鍵としての資源の分権化と調整問題

　E社では，海外生産拠点における改善活動を活性化させるために，まず人事制度を整えて改善意欲を引き出していた。改善活動が活発化するためには，こうした人事施策を実施することで，改善活動によって作業者が報われるようにすることが必要であると考えられる[9]。これは，アメリカ自動車産業に日本と同種の改善活動が根づかない原因として，人事制度の不在をあげた篠原（2014）の研究とも整合的である。とはいえ，人事制度を整えたのみでは，改善能力は移転できないということも確認された。今回の調査では，改善活動を阻害する具体的な要因として，経営層・エンジニアと作業者との間での調整問題が表出し，「やる気も能力もある作業者からの活発な改善提案がなぜか業績につながらない」という状況が明らかにされた。この問題が解決された事例から，E社生産方式が一種の認知フレームであり，組織内でそれが共有されることで（フレーミング）[10]，余分なコンフリクトを制限する効果を持っていたことが分かる（Edmondson, 2012）。しかし，Y工場の事例では，E社生産方式がまず英語に翻訳され，英語から現地語に再翻訳された段階で現地人作業者にとって意味不明のものとなったため，認知フレームが共有されず，調整問題が生じていた。Y工場の作業者は，その意欲・能力ともに高

---

9)　ただし，この点は本章であまり触れられておらず，今後さらなる研究が必要であろう。

10)　組織にとって何が重要か，何をどうみるべきか，何を目指しているのか，といった認知枠組み（フレーム）を作る取り組み。

く評価されていたにもかかわらず，経営層が何を求めているのかについての理解が進んでいなかったのである。

　工場における改善活動の性質変化のためには，単に資源の配置を変えるだけでなく，作業者と経営トップとの間で，改善活動の方向性についての合意が形成されている必要があったのである。これは，以下のように解釈できる。たとえば，改善活動へのやる気はあるが企業にとってよいアイデアかどうか判断できない作業者からなる生産現場において，仮に改善活動のための資源を作業者に分配すると，やはり小規模な改善活動は増加すると考えられる。しかし，こうして生じた多数の改善活動の結果は，企業の目的と合致しないために経済効果が高くなく，いたずらに資源を浪費するのみである。そうした状況になると，資源は再び作業者から取り上げられることになろう。したがって，作業者・作業集団に資源を配分するには，経営側からみて作業者たちが信頼でき，権限委譲しても問題がない状態にある必要がある。

　しかし，経営の上位階層から下位階層へとつながっていく，こうした垂直的な調整問題は，マネジメント不可能なものではない。海外Z工場のようにE社本国拠点に現地人を招き，E社生産方式を理解させた上でテキストを現地語に翻訳させるという経営努力の結果，垂直的な調整問題を克服した事例もある。これまで，この種の調整問題の解決のためには，海外生産拠点Y工場にみたように，本国拠点の派遣者を投入することで解決が図られてきた。しかし，Z工場のように，調整の能力が併せて移転されることで，本国からの派遣者をほとんど必要としなくなった例もある。これは，認知フレームの共有（フレーミング）をイノベーションの前提として指摘した，Edmondson（2012）とも一致する結果である。すなわち，認知フレームの翻訳の巧拙が，改善活動をめぐる調整問題に影響し，改善活動の成果に影響していたのである。

　これまで概観してきたように，改善活動の性質変化のためには，人事制度を確立した上で，調整問題が解決される必要がある。経営側と生産現場との間で，どのような改善活動が望ましいのかについて合意が形成され，生産現場がそれに貢献する意欲を持てるように動機づけられなければ，改善活動は

定着しない。そして，改善活動が現場の作業者・作業集団主導でおこなわれるようになるための条件として，現場に経営側が求める改善活動を理解してもらうには，経営側が積極的に生産現場へ近づいてフレーミングをおこなっていく必要があった。E社Z工場においては，こうした必要性のために，経営トップの介入による（人事制度含む）組織構造の変革がおこなわれていた。

7　権限委譲と全社的組織作り：小括と次なる課題

　本章では，どのような規模の改善活動がどのような組織成員によって中心的に遂行されるのか，という工場内の改善活動の性質変化のためには，コンピュータ・シミュレーションのようにボタンひとつで資源配分を変化させるのでは不十分であることが分かった。資源配分の変化が資源の浪費という結果に至らないようにするためには，組織内で認知フレームが共有される必要があり，こうしたフレーミングには時間とコストがかかる。実際の改善活動の現場においては，作業者・作業集団主導の小規模な改善活動を活発化させるために，人事制度から共通認識の醸成に至るまで，経営努力が重ねられていた。

　たとえ人事制度等が整えられて作業者が改善意欲を持ったとしても，必ずしもそれが最終的な改善活動の活発化につながるとは限らない。生産現場と経営側とで何が望ましい改善活動なのかについての共通認識がなければ，現場を信頼して権限委譲し，資源を与えることはできないためである。したがって，経営側の考えを生産現場に理解してもらうためには，海外生産拠点のトップがまず日本本社の考えを理解し，海外生産拠点のトップから順次，現地生産現場の作業者まで，その考えを伝達していく必要がある。

　このように，作業者・作業集団によるボトムアップ型の改善活動を活性化させるためには，本国の考えを末端の作業者にまで理解してもらうというトップダウン型のコミュニケーションによるフレーミングが必要となっていたのである。

本章では，自動車産業において，改善活動の定着が図られつつある工場として，海外生産拠点に着目してきた。分析からは，技術者中心型から作業者中心型へと改善活動が変化する際のマネジメントが，トップダウン的におこなわれる必要性が明らかになった。しかし，本書において特異な存在であった「ライン内スタッフ」型の組織を導入する際のマネジメント方法については，まだ明らかにできていない。次章ではそれが研究されることとなる。

第 **7** 章

ライン内スタッフ組織の成立条件

関係者の回想

　技術員室の成立要件について，さまざまな関係者にインタビューしていたところ，ふとした雑談として，以下のようなやり取りがあった。
　「うちは，技術員室を何度もやめたり，また復活したりしてるんですよ。一回なんて私が海外赴任している間に復活と廃止を一巡したくらい」
　「……どうしてそんなにも技術員室は定着しないのですか？」
　私の質問に対して，工場長はしばらく思案し，次のように答えられた。
　「そうねえ，工場と本社が近いから技術員室はだぶるというのもあるし。……後はうちの技術員室の場合，昔は上から目線の人も多かったからね」

———ある日のインタビュー調査

1 ライン内スタッフの発生と定着の歴史

　前章までで，改善活動をめぐる調整のあり方や中心規模の変化が，一朝一夕で成し遂げられるものではなく，全社的なマネジメントを必要とすることが分かった。では，改善活動を調整する組織である「ライン内スタッフ」は，どのようにして導入されたのだろうか。そこで，本章では，トヨタ自動車におけるライン内スタッフ成立の歴史を振り返り，また，ライン内スタッフ的な組織が一時期存在したものの廃止されたＡ社（本書第4章にも登場）の事例と比較する。

　技術員室についても詳しい佐武（1998）によれば，本書でその機能からライン内スタッフと名付けた「技術員室・工場技術員」には，トヨタ生産方式の存在が深くかかわっているという。前提として，トヨタ生産方式にはジャスト・イン・タイムと自働化という，ふたつの柱があるが（大野，1978），そのうち自働化には，自動停止装置の開発が，ジャスト・イン・タイムの前提となる平準化生産には，工程能力の把握のための管理技術（標準作業票，工程別能力表）の創造が，それぞれ不可欠である。このとき，技術的な知識を保持してこれらを会社のために開発していく現場のエンジニアが必須となり，これこそが技術員室・工場技術員の役割であったという（佐武，1998）。

　実際に，トヨタ生産方式の立役者としても知られる鈴村喜久男氏などをはじめ（鈴村，2015），トヨタ自動車技監として活躍する林南八氏など，トヨタ生産方式の理念の確立と具体的な手法の変化に影響を与えた人々は，いずれも技術員室の工場技術員出身であるという。佐武（1998）によれば，1950年代に鈴村氏ら数人の工場技術員が現場の組長に任命された時期があり，その時期に現場と技術員室の融合が進んだことが，技術員室制度の定着の第一歩であったという。

　その一方で，近年，Ａ社のように技術員室という組織が最終的に廃止されてしまった（その後また一度復活した）企業も存在する。そこで，トヨタ自動車とＡ社との技術員室制度を詳しく解説し，両者の比較をおこなうこと

によって，ライン内スタッフ組織が定着するためには何が必要であったのかについて考察することにする。もちろん，歴史的な事象は再現性に困難をともなう。とはいえ，反実仮想を用いることで，歴史的事象に対して因果推論をおこなっていくことも不可能ではないだろう（佐藤, 2019）。すなわち，ライン内スタッフ制度の成立・存続にあたって「ある要素がなかったらどうなるか」を問い続けるのである。

　このように本章は，第5章で以後の研究課題とされた「改善活動の性質変化は，資源配分や組織図を変えればすぐに生じるのか」という疑問に答えるものであり，その意味で，前章と同じ問題意識のもとで議論をおこなっているともいえる。ただし，前章が資源配置の分権化に注目したのに対し，本章ではライン内スタッフ制度の導入や定着に注目する。

　以下の結論を先取りすると，ライン内スタッフ制度が定着するためには，組織の内部要件・人的要因と，組織の外部要件・環境要因という，2点が影響していることが分かった。すなわち，ライン内スタッフ一人一人が工場現場から信頼されるよう日々努力することが必要であると同時に，企業の大規模化に際して本社と工場が一対一から一対多関係になったり，生産準備の頻度が増加したりすることによって，経営層にとっての工場の戦略的位置づけや一般従業員からの認知・認識が変化することが必要であると判明したのである。

　なお，ここでの分析には，第3章および第4章のインタビュー調査のうち未使用のものに加え，2014年6月9日におこなわれたX氏（1960年代後半トヨタ自動車入社，複数工場技術員室配属を経て，本社で基幹職を歴任）のオーラル・ヒストリーが用いられている。

2　技術員室と人事区分としての「技術員」

　はじめに，ここでの議論の前提として，技術員室・技術員・工場技術員・ライン内スタッフといった用語の整理をしておこう。こうした用語は，トヨタ自動車をはじめとする，自動車生産の現場において，普段は意識されずに

204   第**7**章　ライン内スタッフ組織の成立条件

使用されているためである。

　まず，技術員室が，大まかにいうと大卒・大学院卒のエンジニアが所属し，工場を本籍にして生産・製造現場に物理的にも組織図的にも近い，ライン内スタッフと呼ぶべき組織である，ということはすでに述べた。技術員室の在籍者は人事区分上「技術員」であるが，中には高卒・高専卒の人もいる。実は「技術員」は，作業者を表す「技能員」と人事的に区別するための名称で，本社の設計技術者も，先端技術開発をおこなう研究所職員も，そして工場技術員も，同様に人事上は技術員である。

　このことからも分かるように，技術員は大卒（以上）とイコールではなく，また技能員も高卒とイコールではない。高卒・高専卒の者が技術員区分で入社試験を受け合格すれば技術員となるし，高卒技能員から昇進を繰り返しているうちに人事区分が技術員となり，技監として役員になる人もいる。逆に，トヨタに入社するために大卒でありながら技能員区分の試験を受け，直接作業に従事する者もおり，近年はそのような人が増えてきているという。

　要するに技術員というのは，国家公務員でいうキャリア組採用のように，入社試験や昇進審査によって区分された存在であるということである。とはいえ，こうした区分は形式的なものに過ぎないということでもない。技術員は，何らかの技術分野において，主導的立場になることを期待され，その期待に応えることを要請されている。たとえば，トヨタ自動車高岡工場には「改善マン育成シート」という社内資料があることからも分かるように，少なくとも工場の技術員については，改善活動を主導していくためのリーダーシップや知識の醸成がなされていることが前提となっている。

　工場専従の技術員は工場技術員と呼ばれることもある。さらに，工場技術員を束ねた組織は，多くの場合「技術員室」と呼ばれ，車体部や組立部（あるいは車体課や組立課）の下に配置されている。例としてトヨタ自動車の一般的な完成車工場の場合，工場長に付随したスタッフ部門として工務部があり，その下の職制（ライン）組織として車体部などの現業部門があるが，その車体部長・成形部長・塗装部長・組立部長へのスタッフ部門として技術員室が設けられている（第3章図3-2も参照）。ここに属する技術員は，工場が

本務・人事上の本籍であって，単なる本社生産技術部門からの派遣エンジニアではないという点も特徴である。

こうした組織の形状はこれまであまり理解されず，トヨタ自動車の組織に関しての詳細な研究である藤本（1997）でさえも，技術員室を工務部直轄部隊として描いてしまっている。それほど研究が進んでいない組織であったともいえる。そこで，技術員室の組織形態と機能に着目して，本書が独自に定義し直した概念が，ライン内スタッフ組織・ライン内スタッフ制であった[1]。

これが，本章で扱う技術員室・ライン内スタッフをめぐる用語の問題，人事的な位置づけの概略である。次節以降で，こうした組織がいかにして定着したか（あるいはしなかったか）をみていくことにする。

3　A社におけるライン内スタッフ廃止理由

3.1　A社の元副社長および現役製造部長の回答

A社では技術員室という組織が2010年まで存在したが，そこは基本的に高卒の技能員出身者のうち改善の能力に優れたものを現場から引き抜いて成り立っていたという。しかし，この組織は，現場から「上から目線でパソコンばかり見ていて役に立たない」との不満が続出して，廃止されてしまった[2]。

そのため，A社の改善活動には技術員室や工場技術員などが観察されない。工場技術員が持っていた役割のいくつかは，組長や工長に吸収され，数十万円規模の設備改善であれば現場で完結してしまう。それを超えて多額の投資が必要となる改善や，必要調整量が大きな改善は，工場自主研というプロジェクト・チームに生産技術部門や設計部門が参加することで，実現される。このように，A社は現段階ではライン内スタッフを必要としていない

---

1)　正確には，ライン内スタッフという用語の初出は，筆者の修士論文『組織における変革とライン内スタッフ組織』である。

2)　これについては，互いにまったく接触のない2名（A社を2011年に定年退職した方と現役の若手生産技術部員）に対し，別々の機会にインタビューした際に雑談として語られたことであったため，一定の信憑性があると考えている。

が，今後生産拠点が増えたり，現在の小型車の販売数が急激に落ち込んだり
すると，技術員室を持たないことのデメリットが強く現れる可能性が考えら
れるという。

これに関し，A社の自動車製造部門のトップを務めた後に同社副社長に
就いたM氏は，技術員室の存続の可否を左右する要因について，2017年4
月8日付筆者宛てEメールにて，下記のように回答している（企業名を特定
しかねない情報のみ匿名化し，それ以外は原文を掲載）。

　　　一般的には，技術員室を持つかどうかは，生産準備の頻度，規模，技
　術レベルと生産技術部のパワーとのバランスをどう考えるかで決まりま
　す。技術員室が出来ると生技は現場を見なくなります。生技は将来を見
　て，現在は現場に任せろという考えがあります。新車の生産準備と生産
　技術開発的な仕事に専念するということです。これだと現場を知らない
　技術者ができてしまいます。トヨタの様に沢山の車種を抱え，次から次
　へと新車生準が続く会社は，技術員室が必要です。［A社自動車工場］
　も生準が立て込んだ時には有効でしょうが，そうでもない時は，生産技
　術と技術員室は同じ様なダブり仕事をするか，本当に現場は製造に任せ
　て，生技開発に専念することになるのでしょうが，事業部の生技ででき
　る開発のネタはそうはありません。結局は技術員室はダブった組織とな
　るのでしょう。［A社自動車工場］も［車種1］のフルモデルチェンジ，
　［建屋］でも［車種1］生産，［車種2］のマイナーチェンジと2010まで
　が大変な年だったのかも知れません。［A社自動車工場］に技術員室を
　作るかどうかは，昔から上記の様な議論があります。最近は「コラボ」
　で対応している様にも見えます。

　M氏の回答は，①技術員自体の質，②生産車種の変更頻度，③工場の数
や本社との距離などの組織的・物理的な条件によって，技術員室（ライン内
スタッフ）の必要性の認識が変化するということを示している。このことは，
特に，「トヨタの様に沢山の車種を抱え，次から次へと新車生準が続く会社

は，技術員室が必要です。[A社自動車工場] も生準が立て込んだ時には有効でしょうが……」という部分に現れているといえる。ただ，M氏は当時海外出張中であったこともあり，真相は現場の責任者に問い合わせたほうがよいとの助言を得た。そこで，当時の責任者（製造部長）であったO氏に，口頭でこの点について問い合わせてみると，下記のような回答が得られた。

> 技術員室という組織が製造部にある時期もあったが，一度解体されて各課の技術係となった。ただし，ボデー課の再編と同じく，必要に応じて課や室を改編したり，再度復活させたりというように組織設計を変更している。保全課なども，他の部署が「これは保全課の仕事だ」と言って設備保全の仕事を任せきりになるような不健全な状態が続くと，部長の判断で保全課を解体して各課の保全係を置き，各課がそれぞれ設備保全の責任を取るようにさせることもあった。

ここから，必要性に応じて解体されたりまた復活したりしていたことが分かった。

3.2　A社でのライン内スタッフ成立条件

前項で示した回答を踏まえて，A社に関する客観的事実から，なぜライン内スタッフが廃止されたり，また設けられたり，やはり廃止されたりといった状況が発生するのかを考察してみよう。すなわち，物理的・組織的な本社と工場の距離感や技術的な位置づけ，生産準備の頻度などについて，反実仮想をおこないながら考察してみるのである。

まず，現在A社の自動車生産工場は1カ所しかなく，しかも，物理的にすぐそば（徒歩1分）に生産技術部と設計部門がある。しかし，今後生産拠点が増えてしまうと，現場と本社技術者との組織的・物理的な距離は広がってしまうため，これまでのようなプロジェクト・チームによる調整は難しくなるだろう。また，現在のように，現場と本社技術者がそれぞれをある程度理解しながらプロジェクト・チームを組むという方法では，本業に割く時間

208　第7章　ライン内スタッフ組織の成立条件

を確保した上で，それぞれがプロジェクト・チームに参加することになるため，プロジェクトの数が増えると対応が難しくなると考えられる。

　ライン内スタッフは調整専従スタッフであるため，調整そのものに習熟していくという特性があったが，プロジェクト・チーム方式では（専従スタッフではないことによって）習熟のスピードは遅くなるだろう。そのため，頻繁なモデルチェンジや，1ラインで何車種も作るようなフレキシビリティの追及が求められる場面になると，対応が難しくなる可能性がある。生産量が大幅に減って，1ラインで4～5車種を生産しないと採算が合わなくなったりした場合には，問題が生じるだろうことが予測される。

　事実，トヨタ自動車高岡工場とA社工場では，新車種立ち上げにおいてCV（性能試作車）完成から量産試作車（号口試作車ともいう）完成，生産開始までの期間に差がある。高岡工場におけるハイブリッド・ハリアーの立ち上げは，CVの完成から生産開始までが3カ月程度で済んでいたが，A社工場では2車種のモデルチェンジの際に，CV完成から生産開始まで6カ月半を費やしている（A社内部資料）。この6カ月半は，現物確認フェーズと呼ばれており，現場で次々と発生する問題をひとつずつ解決していくことになる。

　このフェーズは，従来これより長かったが，A社において構造設計段階から設計部門が現場の意見を取り入れるようにすることで短縮できたという。ただし，短縮できてなお，A社工場とトヨタ自動車高岡工場との間には差が存在し続けている。A社では，事後的に現場の問題を解決するのには時間がかかりすぎるため，事前に問題をなくしておくという方法を取っているが，それに対し高岡工場での新車種の立ち上げは，さまざまな問題をその場その場で片づけながら，A社の約半分の時間でスピーディにおこなわれていた。

　このように，A社においては，そもそも技術員室の構成員が基本的には技能員のうち優秀であると考えられた人物で，トヨタ自動車の場合と若干異なっていること，また，工場が現状1カ所であること，少数の車種を大量生産する工場のため頻繁に車種受け入れがあるわけではないことなど，いくつかの前提条件があった。これらの条件のもとでは，調整の困難度が比較的低

く，技術員室・ライン内スタッフがなくとも改善活動が可能であったため，「上から目線でパソコンばかり見ていて役に立たない」との生産現場からの評価につながり，最終的には廃止されるに至った。したがって，こうした前提条件が変われば，必要となる組織構造が変化する可能性はあるだろう。

ここでの議論をまとめると以下のようになる。

- 生産車種が多く，マイナーチェンジ・メジャーチェンジが頻繁であれば，調整の必要性が増加するためライン内スタッフの必要性が高まる
- 工場の数や本社と工場との距離などの企業の物理的な条件も，ライン内スタッフの必要性を高める場合がある
- ライン内スタッフの構成員の質によっても，当該組織の必要性の認識は変化する
- ライン内スタッフは，作業者または経営層からみた必要性が一定の水準を下回ると，経営トップ層によって廃止されてしまう

4　トヨタ自動車元ライン内スタッフの回想

4.1　オーラル・ヒストリーの概要

それでは，トヨタ自動車における技術員室・ライン内スタッフ組織の定着には，いかなる要因が必要だったのだろうか。これを明らかにするため，1960 年代という比較的早期にトヨタ自動車に入社した X 氏のオーラル・ヒストリーを用いた分析をおこなった。分析のもとになった資料は，2014 年 6 月におこなわれたインタビュー調査時にレコーダーに収録された録音記録の文字起こしに対して，2017 年 11 月 7 日および 11 月 9 日の 2 回，X 氏本人による修正がおこなわれたことで得たものである。[3]

なお，このオーラル・ヒストリー調査全体のうち，技術員室の歴史的な成

---

3)　これは，東京大学ものづくり経営研究センター特任研究員・芦田尚道氏を代表として，二松學舍大学専任講師・加藤木綿美氏，および筆者でおこなった，共同調査の成果の一部でもある。

立条件についての質疑応答の全文は，本章末の Appendix において確認することができる。上述の通り，以下の X 氏の回想は，音声録音を文字に起こした記録を X 氏本人が加筆修正し，X 氏の了承が得られた範囲で筆者が体裁を整えたものである。そのため，筆者の質問に対して，必ずしも直接的な回答が得られていない箇所も含まれている。とはいえ，この記録の資料としての価値を担保し，また質問調査の記録の整理に恣意性が混入してしまうおそれを回避する目的から，質疑応答の全文を Appendix に掲載した。

4.2 X 氏の回想の要点

前項の末尾に記したような目的を保持しつつ，本章の本来の研究目的とのスムーズな接合を目指して，本項に X 氏の回想の要点を示す。なお，X 氏が入社した 1960 年当時は，大野耐一氏が鋳造などの徒弟制度的な職人芸が必要な部署の生産現場の技術を，何とか技術的に体系化して会社のものとしたいと考えていた時期にあたる。こうした技術を吸い上げるために，製造現場採用の大卒者が必要となっていたのである。当時は，「まさに大衆車ブームと共に組織的量産体制が確立されようとしていた時代でもあった」という。すなわち，大衆車が登場し，自動車の購買が盛んになるにつれて，大量生産が必要とされ始めた時代だったのである。そのとき大量生産のネックになったのが，職人頼みの生産のあり方であった。たとえば，下記のような発言がある。

この時代は現場の工長が持っているノウハウに頼り，現場任せになっていた生産管理をサラリーマンの技術職に移し，組織的な生産管理体制の構築をして行く活動期であった。言い換えれば，技術を個人のものから組織のものにしたということだ。八幡製鉄でも，製鉄工の持っているノウハウ（技術）を大卒の技術員が吸い上げて，コンピュータのプログラム化して行き，暗黙知をどんどんどんどん学術的な形式知にしていったときいている。

4　トヨタ自動車元ライン内スタッフの回想　211

　このように，職人の知識を大卒従業員によって形式知化していこうという時代背景に即した仕事が，工場技術員に求められていたのではないかとX氏は考えていた。技術員室（ライン内スタッフ）の存在意義については，X氏が次のようにも答えている。

　　その技術員室をつくるっていう元は，要するに課題をつくっていかないかんということなのだ。それで，部下に対して，いつも緊張感持たせるために，あれをやって見よ，これに挑戦せよと，職場の課題解決に向けて様々なテーマに取り組ませた。特に大きなテーマは段取り替え時間の短縮であった。

　すなわち，課題の提示が大きな存在意義だったという。そのとき念頭には，増産や減産といった生産変動によって課題解決・問題解決を迫られるといった状況があった。たとえば次のような発言がある。

　　トヨタの基本コンセプトは日本の伝統である「日々精進」にある。「一日もムダにしない」「今日は何の日，何やる日？」「今日は，私は何を伸ばすの？」。学校で毎日新しいことを勉強するのと同じように，現場に入っても，今日は何に挑戦するのか，それぞれの場面で挑戦するテーマがあるはず。大増産なら，全員入れて，それでも足りないのをどうやってやるかとか。減産になったら，余剰人員をライン外に出し，かねてからやりたかったいろいろな実験なんかをやらせる。自分の使っている設備の総点検をさせる。まったく新しい作り方に挑戦する。どんなときでも何かに挑戦する。これが基本コンセプト。

　そして，技術員室（ライン内スタッフ）は，こうした問題解決のために，生産現場に赴いて御用聞きのようなことをおこなっていたという。しかも，このとき重要視されていたのは，生産現場のために役に立つということである。たとえば以下のような回答から，そのことを窺うことができる。

技術員室というのは名ばかりで，殆どが現場の御用聞きのような仕事をしておった。床や建物の修繕工事の発注，新しい治工具の開発と発注，現場で発生した設備・品質問題の解析，現場 QC サークル活動の技術的な支援等々，ラインから離れられない現場の職制の使い走り的な仕事が大半だった。

　私が入ったときに，室長の A さんからガーンと言われた言葉が強烈だった。「上司としてお前に，あれをやれとか言う仕事は何も無い。自分が現場に出て，自分で仕事を見つけ，拙いところを直して廻れ」。「ただひとつ心しとけ。銭を稼いでいるのは現場で作業している人たちなのだ。お前，一銭も稼いでいないのだ。現場の稼ぎの上前をはねているヒモと同じなのだ」。「現場では，みんなが汗を流して仕事している。その汗の一滴でも二滴でも減らすことを考えろ」と。「それらの改善を累積していって，お前のもらっている給料の 10 倍から 100 倍稼げ」ということだった。「まあ，とりあえず年間 1 億くらいの改善をしろ」「俺は何も言わんから」と。それで，「工場長になったつもりで現場を見て歩け」と言われた。

しかも，こうした生産現場の御用聞きのような仕事は，成功すれば現場での評判となって返ってくるために報告の必要はなく，逆に失敗した場合にはすぐに上司に報告する必要があったという。

　その後もうちょっと経ってから，「技術員室というところは，良いことの一つや二つ成し遂げたとしても上司に報告する必要はない。良いことをすれば，受益者であるラインのほうから伝わってくる」とも言われた。技術員がいいことしたときは技術員が褒められるんじゃなくて，ラインが良くなってラインが褒められる。それで，「悪いことしたときは，すぐ報告してこい」と。これが，後になって本社から来た上司にその通りにやったら，同僚が逐一報告していたので何もやってないと思われて，

ひどい目に遭うのだけど……。つまり，いいことは報告書を書いてくる必要はないから，現場に書いて来い，ということ。まずいことをやった場合は，すぐに上司が手を打たんといかんから，すぐに報告せよという。これが，ちょっとユニークなことである。

　このような環境の中でX氏が取り組んだ改善活動のひとつが，「セムスボルト」の採用によってサービス残業・サービス労働の削減とコスト削減を同時に狙う，というものだった。これは，作業者が昼休みや残業時間でボルトにワッシャーをひとつひとつはめていたという状況を，ボルトとワッシャー一体型の部品に変えることで一変させたものであり，価格交渉や設計部との交渉などが必要な改善活動でもあった。

　このように，大量生産のために形式知化を進めるという時代背景とともにライン内スタッフは導入された。そして，その存続のためには，ライン内スタッフ一人一人が生産現場の役に立つよう心掛けるという地道な経営努力が必要とされていたのである。

5　ライン内スタッフ制定着のための環境条件と組織条件

　本節で，A社の事例と，トヨタ自動車X氏のオーラル・ヒストリーとを解釈し，ライン内スタッフ組織が機能するには何が必要なのかについて考察する。

　まず，前提として，ライン内スタッフ組織のような組織図を採用できるのは，トヨタ自動車における大野耐一氏のような経営トップ層である。仮に，一工場レベルで新しい形態の組織を採用し，それがうまくいったとしても，それを全社の複数工場に採用する際には全社的な組織設計をおこなう権限がある人物を必要とし，そうした権限は経営トップ層にあると考えられるためである。これに加え，オーラル・ヒストリーの中でも言及されていたように，工場長のような立場で，工場のQCDF（品質，コスト，納期，フレキシビリティ）向上のために必要な調整をおこなっていくには，全社レベルでこうした

214　第7章　ライン内スタッフ組織の成立条件

調整役の権威が受容されている必要がある（Barnard, 1938）。そのためには，全社的にこうした組織が採用されていることが認識されていなければならず，だからこそ経営トップがその重要性を認識し，それを全社に伝える必要があるのである。

　また，工場技術員を「御用聞き」や「ヒモ」などと回想する場面があったように，ライン内スタッフの個々人もまた，現場のために何が必要かについての情報を仕入れ，現場の助けになることをおこなって生産現場から受け入れられなければならない。こうした事情は，A社の事例でみたように，企業の生産拠点の数や生産車種の違いによっても変化し，生産現場が困っていることを解決してくれる存在としてライン内スタッフの重要性が生産現場から認識されづらい状況になると，「上から目線で役に立たない」と評価されることになり，最終的には廃止されてしまうこともある。

　このように，ライン内スタッフは現場から信頼され権威が受容されることによって機能するということは，第3章で述べた通りであるが，このことはオーラル・ヒストリーでも確認された（表7-1）。そして，現場から権威を受容されるためには，セムスボルトの使用の例にみるように，作業者の役に立つことを技術的な知識によって解決し続けていくことが必要であった。経営組織論の伝統的な見方からいっても，権威を受容するのは現場側であるため（Barnard, 1938；野中, 1990），トヨタ自動車元社長渡辺捷昭氏の言葉を借りると，「現場に役立つ知識と知恵をもって，目線は下から」[4]という心掛けでなければ，現場からの信頼を得ることは難しい。こうしたことを徹底するために，オーラル・ヒストリーに登場したX氏の上司も，技術員室・ライン内スタッフを「ヒモ」と表現し，「現場では，みんなが汗を流して仕事している。その汗の一滴でも二滴でも減らすことを考えろ」「それらの改善を累積していって，お前のもらっている給料の10倍から100倍稼げ」「まあ，とりあえず億稼げ。年間1億くらいの改善をしろ」と発言したとも考えられるのである。

――――――――――――

　4）　渡辺捷昭氏に対するインタビュー調査，2014年2月20日。

5 ライン内スタッフ制定着のための環境条件と組織条件　215

表 7-1　ライン内スタッフの定着度と複数要因比較表

	A 社ライン内スタッフの概況	トヨタ自動車ライン内スタッフの概況
定着度	2010 年廃止，2017 年再結成の可能性	定　着
職　歴	現場直接作業者経由	技術者経由・生産技術部等への出向経験あり
教育歴	高卒が大半，稀に高専卒・大卒	大卒・大学院修了が大半
作業現場への態度	「上から目線」との評価あり	「現場に役立つ知識と知恵をもって，目線は下から」「銭を稼いでいるのは現場で作業している人たちなのだ」
	A 社自動車生産工場の概況	トヨタ自動車高岡工場の概況
生産準備の頻度	頻繁ではない	頻繁，1 ラインで 5〜8 車種の生産が可能（変種変量ライン化）
戦略的立ち位置	稼ぐライン，地に足のついた改善	先端的な改善活動を生み出すライン，変種変量ライン

（出所）　本章のほか第 3 章・第 4 章のデータも適宜使用し筆者作成。

　このように，ライン内スタッフ組織は，経営トップによる組織設計によって発生も廃止もなされるものであるが，それが有効に機能し続けるためにはライン内スタッフの一人一人が生産現場の立場に立って，生産現場の役に立つよう知識と知恵を用いて問題を解決するよう日々努力し，その結果として現場と経営トップとの両方からの信頼を継続的に得ることが必要とされている。

　ただし，ライン内スタッフ制度の定着に影響するのは，こうした「ライン内スタッフ一人一人の努力」といった組織内部の要因だけではない。A 社の事例から見て取れたように，技術的な状況，本社と工場の物理的な距離と対応関係，さらに生産準備の頻度などの要因によって，ライン内スタッフの必要性は増減する。本書で得られた知見とも重なるが，さまざまな組織外部の条件や，工場を戦略的にどのように位置づけるかによって，そこで要求される改善活動，ないし改善活動の結果として生まれるイノベーションは変化してくる。そして，そうした要求の変化によってライン内スタッフへの依存度も変化し，この依存度がライン内スタッフ一人一人の努力に対する現場からの評価に媒介される，という関係を考えることができるだろう。

すなわち，ライン内スタッフ制の定着には，環境要因と組織要因の双方が影響し合っている。したがって，工場を戦略的にどのように位置づけるかという点はトップ・マネジメントによって決定できるとしても，他の組織要因に対しては，ライン内スタッフの地道な活動が長い時間の中で評価され続け，そのことによってそうした組織が全社的に受け入れられていくというプロセスが必要になっていた。

6 組織設計の「慣性」という視点：小括

改善活動にはライン内スタッフが重要な役割を果たすことがあり，ライン内スタッフ制の採用によってイノベーションとしての改善活動の平均規模を変化させうることは，第5章のシミュレーションが明らかにした通りである。しかし，現実の経営においては，経営トップによる組織設計のほかにも，ライン内スタッフ組織を構成する組織成員の一人一人が日々現場の立場に立って知識と知恵を出す努力をし，生産現場に接近していく必要がある。そのため，ライン内スタッフ制の採用は，一朝一夕には達成されないものであることが判明したといえよう。

前章と本章で，改善活動をおこなう調整形態を変化させるためのマネジメントについて考察した。そして，改善活動を分権的な組織でおこなうために権限委譲するにせよ，ライン内スタッフ制を採用するにせよ，組織設計の変更には全社的なマネジメントの努力およびライン内スタッフ一人一人の努力が必要であることが分かった。

すなわち，組織設計はそれ自体に一種の「慣性」があり，変化・変更には時間と労力を必要とするのである。

Appendix　トヨタ自動車元ライン内スタッフ X 氏
　　　　質疑応答全文

Q：鋳物の製造のように工長の技術に頼る部分が大きいところにおいて，工場技術員は当時現場の人たちに相手にされていたのか？

A：1960 年代後半では，大衆車カローラ専用に全く新しいエンジンが設計され，そのエンジンのために高度に機械化された専用のシリンダーブロックの鋳造ラインが建設された。立ち上がり当初の 2 年間は，設備故障が多発して可動率は 50〜70 ％しか無かった。

　当時組立工場は定時より数時間前にエンジン欠品の理由で停まったりした。そのためカローラは極度のタマ不足で，ディーラーの親爺さんが土下座してカローラを仕入れたと噂が立つほどだった。もし，エンジン工場の鋳物ラインの故障がなければ，マツダのファミリアや日産サニーは駆逐されていたと思う。

　当時は溶けた鋳鉄を鋳型の中で所定の形に固めることは出来たようだが，注湯時の飛び散る火花の制御が出来ず，コンベアの中に入ってラインを停めてしまった。

　もう一つは，制御の考え方にあった。巨大な自動化ラインを一つの制御系で作ってしまったので，どの工程でチョコ停異常が起きても全ラインが停まる拙さがあった。

　大野耐一専務（当時）が陣頭指揮で大改修をおこなったが，それはラインを多数の島に分けて，それぞれが自律分散の制御系を置くこと。島と島の間には適度なクッション在庫を置き，島で散発するチョコ停がライン全体に影響しないようにしたことである。

　ここから，自律分散の大切さを学び「トヨタ生産方式の基本原理」になっていった。

　この時代は現場の工長が持っているノウハウに頼り，現場任せになってい

218　第7章　ライン内スタッフ組織の成立条件

た生産管理をサラリーマンの技術職に移し，組織的な生産管理体制の構築を
して行く活動期であった。言い換えれば，技術を個人のものから組織のもの
にしたということだ。八幡製鉄でも，製鉄工の持っているノウハウ（技術）
を大卒の技術員が吸い上げて，コンピュータのプログラム化して行き，暗黙
知をどんどんどんどん学術的な形式知にしていったときいている。

　私が実習した頃は，まさに大衆車ブームと共に組織的量産体制が確立され
ようとしていた時代でもあった。

Q：工場技術員が技術を吸収しようとしている最中だったのか？

A：私がいた車両工場では，板金溶接や，車両組立では工長の技能の優位性
は消えていた。残っていたのは，プレス型にまつわる品質問題と，塗装の上
塗り品質で，これらは工長の神通力無しでは解決しなかった。

Q：技術員室はいつから存在したのか？

A：これに関しては，原田武彦氏の，『モノの流れをつくる人[5]』という本が
あるので参考にして欲しい。原田氏とは，私が生産調査部にいたときに一緒
であった。彼は機械回りの技術者で，本当に現場のことを考えていた。

　最初の技術員というのは，現場作業者の中からよくできる人材を抜いてき
た。大野耐一氏は，「現場は人を減らさないと活性化しない」と考えていた
からだ。「10人みんなでナアナアと仲良くやっていると進歩しないから，そ
の中から無理やり1人か2人抜いちゃえ」という事だった。しかも「一番で
きるほうから抜いちゃえ」ということだった。そうすれば現場は困り，困れ
ば改善する意欲が出てくる。その改善しようという意欲が出たところで，抜
き出された人たちが助っ人にまわり改善を進めさせる方法を採った。つまり，
10人いたら2人くらい抜いて，それで残った8人でうまくやる方法を皆で

___

5)　原田（2013）。

考える。皆で考えた改善案を抜いた2人の人が具体化する。「お前，一番できるやつだな」という人を抜くわけだから，抜かれた人材から見れば，手の打ちようが分かる。そのようにした現場から抜擢された作業員を技術員と名付けたという。最初は大卒とかの事務員じゃなくて，現場の技能系の人から構成されていた。

　初期の段階としては，現場の問題点を発見しようとするには，現場を不自由にさせないといけない。だから，無理矢理課題を与えて，できない状況にする。もうちょっと違うことを言うと，ル・シャトリエの法則というのがある。化学反応で，窒素と水素を混ぜてタンクに入れてまぜるとアンモニアになるというものだ。

$$3H_2 + N_2 \Leftrightarrow 2NH_3 \quad 3モル＋1モル \Leftrightarrow 2モル$$

　分かり易く言えば，1気圧で3立米の水素と1立米の窒素が化学変化で2立米のアンモニアになる，という反応なのだが，ところがこの化学反応は特殊で，日和見する分子が多い。直ぐ反応を起こす分子と，外的条件を見ていて反応する分子と，最後まで抵抗する分子がいることが分かっている。つまり外的条件に合わせて化学反応の進み具合が変わってくる。

　圧力が低いと水素同士，窒素同士がくっついているのが心地よく反応が左に進む。圧力が高くなると窮屈になるので，アンモニアになっていく。言い換えれば，4モルのほうが居心地がいいのか，2モルのほうが居心地がいいのかの違いである。居心地のいいほうに，化学物質も分子も動く。だから当然現場も居心地が悪いようにすれば，居心地のいいほうに動く。これを発見した人に因んで　ル・シャトリエの法則という。

　この法則のように，現場に対して100回説明するより現場の環境を変えないとダメだよということ。この外部環境を変えるのが，経営者の役目なのだという事を大野耐一氏は身を以て説いたのだということ。職場で，5人で仕事をやっていて「全然問題なく回っているよ」と言うなら，それで満足していること自体が経営者・管理者として問題である。5人だったら4人にしなさいと，4人でやってどれだけできるかということ。そして，それでできる

ようになれば，この一人の分だけ新しい仕事に回せる。そうして，その分だけ生産性が上がる。そういう課題を持ってやらないといかんよということ。それで，その技術員室をつくるっていう元は，要するに課題をつくっていかないかんということなのだ。それで，部下に対して，いつも緊張感持たせるために，あれをやって見よ，これに挑戦せよと，職場の課題解決に向けて様々なテーマに取り組ませた。特に大きなテーマは段取り替え時間の短縮であった。

　トヨタの基本コンセプトは日本の伝統である「日々精進」にある。「一日もムダにしない」「今日は何の日，何やる日？」「今日は，私は何を伸ばすの？」。学校で毎日新しいことを勉強するのと同じように，現場に入っても，今日は何に挑戦するのか，それぞれの場面で挑戦するテーマがあるはず。大増産なら，全員入れて，それでも足りないのをどうやってやるかとか。減産になったら，余剰人員をライン外に出し，かねてからやりたかったいろいろな実験なんかをやらせる。自分の使っている設備の総点検をさせる。まったく新しい作り方に挑戦する。どんなときでも何かに挑戦する。これが基本コンセプト。

Q：実際に高岡工場で技術員になられたあとのことを時系列で回想するとどうなるか？

A：組織の話をすると，高岡工場は工場長以下，工務部，製造部，検査部と工場管理室があった。工場管理室は工場長直属のスタッフで，地域対策，新工場建設，工場全体運営業務をおこなっていた。特色があったのは「製造部」だった。

　普通の会社は，プレス部，車体部とか塗装部とか総組立部といったように職種別に分かれている。要するに，色気のない鉄板の世界で，板をプレスして曲面にし，それを継ぎ合わせてドンガラつくる世界がまずある。それから，色を塗って車に仕上げる人もいる。これらは文化が違うから，多くの会社では，車体部と総組立部とが普通分かれている。ところが，当時の高岡工場だ

けは全くの縦もちで，プレスから完成車になるまで一人の製造部長が面倒を
みる事になっていた。これが，ものすごく改善に効いている事が後で分かっ
た。具体的には，プレスのバリや溶接ナットの歪みなど，上流工程の日常管
理の甘さから来る不具合で，後工程は大変な迷惑を被っているのが常である
が，この両者が同じ部であることで，フィードバックがスムーズにおこなわ
れ，そういった不具合は激減した等々。

　その製造部には，部長直属のスタッフという位置付けの，技術員室という
組織があった。

　その技術員室の大将がAさんだった。その当時，課長で，何でも屋さん
の，ものすごく頭の切れる課長だった。高岡工場をつくるときの建設委員で，
現場の指揮をしていた。それから，その下にB係長という塗装のオタクが
居た。ときどき，実験室に籠って何やら試験管いじくって，面白いことをや
っていた。

　その下が，車体工場建て屋にあるプレスG（グループ），ボデーG，組立建
て屋にある塗装G，組立Gに分かれていた。私が入社配属になったのは組
立建て屋の組立Gであった。組立Gには，私より2年上でリーダー格の大
卒Cと，同年の大卒D，私は院卒，同年の高卒Eで彼がルノー工場の文献
を参考に高岡の組立工場のレイアウトを描いたという，それと若手の高卒F
とGがいた。塗装Gには，先のB係長の下で，高卒で同年のH（塗装工場
のレイアウトを描いた），私と同期入社の大卒I，年下の高卒JとKといった
顔ぶれだった。

　プレスG，ボデーGも同じような顔ぶれであった。

　技術員室というのは名ばかりで，殆どが現場の御用聞きのような仕事をし
ておった。床や建物の修繕工事の発注，新しい治工具の開発と発注，現場で
発生した設備・品質問題の解析，現場QCサークル活動の技術的な支援等々，
ラインから離れられない現場の職制の使い走り的な仕事が大半だった。

　私が入ったときに，室長のAさんからガーンと言われた言葉が強烈だっ
た。「上司としてお前に，あれをやれとか言う仕事は何も無い。自分が現場
に出て，自分で仕事を見つけ，拙いところを直して廻れ」。「ただひとつ心し

とけ。銭を稼いでいるのは現場で作業している人たちなのだ。お前，一銭も稼いでいないのだ。現場の稼ぎの上前をはねているヒモと同じなのだ」。「現場では，みんなが汗を流して仕事している。その汗の一滴でも二滴でも減らすことを考えろ」と。「それらの改善を累積していって，お前のもらっている給料の10倍から100倍稼げ」ということだった。「まあ，とりあえず年間1億くらいの改善をしろ」「俺は何も言わんから」と。それで，「工場長になったつもりで現場を見て歩け」と言われた。

その後もうちょっと経ってから，「技術員室というところは，良いことの一つや二つ成し遂げたとしても上司に報告する必要はない。良いことをすれば，受益者であるラインのほうから伝わってくる」とも言われた。技術員がいいことしたときは技術員が褒められるんじゃなくて，ラインが良くなってラインが褒められる。それで，「悪いことしたときは，すぐ報告してこい」と。これが，後になって本社から来た上司にその通りにやったら，同僚が逐一報告していたので何もやってないと思われて，ひどい目に遭うのだけど……。つまり，いいことは報告書を書いてくる必要はないから，現場に書いて来い，ということ。まずいことをやった場合は，すぐに上司が手を打たんといかんから，すぐに報告せよという。これが，ちょっとユニークなことである。

それで，とりあえず現場に行くと，やりにくい作業をいっぱいやっている。設計的なことで手を打たんといかんことがいっぱいあった。その中の一つが「ボルト締め付け作業」だった。

バラバラの状態で納入されていたので，現場作業者は，一本一本のボルトに平ワッシャーとスプリング・ワッシャーをはめ込んだ状態にして，そのボルトを使ってボデーに部品を締め付けていたのだった。これが大変な作業だった。平ワッシャーとスプリング・ワッシャーをセットすること自体が手間取る作業で，これを締め付け工具のソケットレンチに入れた（嵌め込んだ）状態は不安定で落下しやすかった。落下すれば手間取り，作業が遅れる。

落下した後それを拾い集めて再びセットして締め直すことは，手間取るのでラインを停めてしまうことになる。現場の作業者はそれが嫌だった。

Appendix トヨタ自動車元ライン内スタッフX氏質疑応答全文 **223**

予めワッシャー類をセットしたボルトをラインサイドに置けば，落下した
ときにそのセットしたボルトを使うことで，ライン停止は免れる。それで現
場の連中は暇さえあれば，昼休み使ってゴム粘土を台の上に板状にして置い
て，そのうえにボルトを立てて，ワッシャー類を嵌め，セットした状態で準
備していた。笑い話みたいだが，それを準備するために，ボルトとワッシャ
ーの入った通い箱を持ち出して，寮へ帰って夜なべ仕事でやろうとした人が，
守衛さんに捕まったこともあった。それ程の問題だったのだ。

大野耐一氏は，ライン巡視の時にその準備したボルトを見て，「仕事熱心
で有り難う」と言うかと思いきや，烈火の如く怒り，その場で捨てさせた。
多くの人は，「何という不人情なことを言う人か」「非情な人」と思った様子
だったが，大野耐一氏の本心は別にあった。怒りは管理監督者に向けられた
ものだったのだ。

本来の組立作業とは，ひとつ一つの作業は，誰でも楽々出来るように工夫
して置いた上で，その仕事を各自に目一杯割り付け，編成効率の高さを競う
改善に進む事を目指していた。この目指す方向とは真逆の，作業の改善をせ
ず，はみ出した部分をサービス残業でやらせておいて自慢げな顔をしている
ラインの管理者を叱っていたのだった。

此処に大野氏の改善哲学を垣間見た気がした。

さてボルトの問題に戻そう。短絡的に考えれば，ボルトとワッシャーをセ
ットする機械を考え，ラインに導入することが今までの技術員室の仕事であ
る。

しかし，組立工場では1ラインあたり数百本のボルトを使っている。その
組立ラインそのものも，当時でも本社には一応2本あって，元町に2本，高
岡に1本。協力会社を入れれば10ラインを越していた。それぞれがボルト
にワッシャーを組み込む装置を作っていたのでは，幾つあっても足りないし，
費用は莫大になってしまう。

それで，そのひとつひとつのラインのところへ行って作業のやり方を考え
るよりも，元のボルトメーカーか，ワッシャーメーカーのところへ持って行
って，その部品そのものをセットして持ってくるようなことを考えないと，

意味ないよな，と考えた。

　たまたまある展示会でセムスボルトという名前でボルトにワッシャーとスプリング・ワッシャーをセットして付けてあるものが売られていることを知った。これだと思った。ところが，そういう新製品というのは高価である。なぜかというと，世の中のものは原価の積み上げでものの値段が決まると思ったら大きな間違いで，値段ってやつは行き掛かりで決まるため。原価を積み上げて値段を決めるほど精緻な原価管理はその頃できていない。

　もっと言うと，役員同士が「お前のとこの年商いくらだ？」「まあ，利益の何円分くらいは出すわ」と言って，それぞれの系列会社が最初に年額を上のほう同士で話し合いしている。何をやるかの前に金額が決まっている。部品の値段なんてあってなきがごとしで，放っておくと去年の値段と比べて今年は５％減らそうなどとなる。だから，古いものっていうのは，全部，毎年毎年５％減らせるから，どんどん安くなっている。そしたら，その落とし前をどこでつけるかって言ったら，新しい製品に乗っけるしかない。つまり，新しいから高いのではなくて，新しいから値段をふっかけているわけだ。

　しかし，実際はフォードが言ったように，量産すれば値段が安くなる。そういうところが頭にあったから，「これは直さないといかん」と思った。それで，話が前後するが，技術部に殴り込みをかけて，新車開発後の次の新車の現場から入っていくのだが，そのときにいちばん先に頼んだのが，ボルトをワッシャー付きのボルト，つまりセムスボルトにしてくれということだった。入社２年目の若造が，工場長に成り代わって「お願いします」と言った。

　翌年から始まったトヨタとしての初めての組立工程のコンカレント・エンジニアリングＧとしての「試作車検討」は，高岡工場の組立て担当の技術員が現場の生産準備班と共に参加しておこなわれたが，そのメインテーマの一つがセムスボルト化だったのだ。結果として1970年４月に立ち上がったカローラ２代目にはセムスボルトが全面採用になった。

　この年以降クラウンやコロナがモデルチェンジしていくが，これ以降モデルチェンジの度にセムスボルトが採用されていった。

第 **8** 章

イノベーションを生む改善

全社組織設計という隠された論理

　　ここまでの発見を，研究者同士の気軽な雰囲気の場でディスカッションしていた際のことである。

　「ライン内スタッフというのは新しい組織の概念でもあるのですか？」

と，質問をぶつけられ，私はとっさに次のように答えた。

　「いえ，昔から存在しているのですが，その機能を分析して，さらに私が新しくそこに名前をつけたということです」

　「……ならば，そうした新しい組織を用いた経営の可能性それ自体が一種の組織マネジメント・イノベーションだという結論が得られそうですね」

———ある日の研究発表での質疑応答

226　第8章　イノベーションを生む改善

　本書ではここまで，改善活動をめぐるリトロダクション（再理論化）の可能性について，ひとつずつ議論を進めてきた。だが，こうした議論はどちらかといえば「守り」を意識したものであった。すなわち，議論をできる限り確実な部分にとどめ，不確実な言明は避けてきた。もちろん，こうした方針のもとでさえ，本書が多く採用した事例研究・定性研究の曖昧さから，守りは万全とはいえないかもしれない。¹⁾いずれにせよ，本書のこれまでの基本的な方針は，誤解や思い込みを避けるべく使える研究アプローチを総動員しながら改善活動研究を深耕し，それをもってイノベーション論・経営組織論・経営戦略論にわずかながら新たな視点を加える，というものだった。

　これに対して，この最終章では，本書の議論を総括した後に，そこからやや踏み込んだ議論をもおこなう。具体的には，改善活動をめぐる技術戦略策定において何を考慮すればよいのか，そこに唯一解はあるのか，あるいは状況適合的な解がいくつかあるのか，といった議論が，そのひとつである。つぎに，どのようにすれば本書のタイトルでもある「イノベーションを生む改善」という状況が起こりうるのか，改善活動が産業の再活性化すなわち「脱成熟」を引き起こす可能性はあるのか，といった議論がありうる。最後に，本書で得られた結論が組織デザイン研究や進化経済学などに新たな視点を与える可能性についても考察していく。

　こうした目的に照らし，次節以降では，各章を振り返りながら結論を述べ，さらなる議論へと順次進めていく。

---

　1)　本書の限界として，定性分析に偏りがちであるということに加え，次のような点をあげられる。第一に；ここまでの議論は主に日本の自動車産業を対象としてきているため，これが他国・他産業にも同様にあてはまるのかを明らかにするには，研究領域を拡大しながら今後さらに研究を続けていく必要があるという，一般化への限界である。他産業にも議論を一般化していくことを目的のひとつとして，本書ではシミュレーションを用いたが，シミュレーションにおける発見もまた固有の限界を持つ。たとえば，現実世界と仮想世界との一致度という限界である。こうしたさまざまな限界を乗り越えるためにも，複合的な研究アプローチを利用した，さらなる探究が求められると考える。

1 本書が目指したこと：
イノベーションとしての改善活動のリトロダクション

1.1 長期観察による改善活動のリトロダクション

本書で議論してきた内容を総括すると，以下のようになる。

はじめに，本書の実証分析で明らかになった自動車産業における改善活動の実態をみる限り，実際の改善活動と既存研究の想定との間には一部乖離があった。特に，トヨタ自動車の観察によって得られた7つの改善活動事例には，既存研究が想定する改善活動に完全に合致するものから，そうでないものまでが混在していた。これらの事例からは，それぞれが「問題解決の連鎖としての改善活動」という性質によって，あるものは小規模でとどまりあるものは大規模にまで変化した状況が見て取れた。このように，観察期間を長くとってみることで，潜在的な問題解決の連鎖という新しい視点を発見することができた。現象への観察期間の長短が，みえるもの自体に影響するという沼上（1999）の発見と同様の状況が，改善活動についても見出されたのである。

また本書では，改善活動をめぐる理論的考察によって，改善活動を組織的調整が必要となるイノベーション一般と同様に扱うべきと考えた。このとき，改善活動が実現に至るまでに発生する調整問題は，組織階層の上下の間の垂直的なもの，あるいは，異なる機能部の間でおこなわれる水平的なもの，という2形態が考えられた。そして，こうした調整問題を解くには，企業ごとに「調整機構としてどのような組織構造を用いて改善活動をおこなうのか」というマネジメントの視点が必要となる。

これに関して，たとえば日本の自動車産業では，作業者による小集団的な典型的な改善活動が中心的におこなわれている場合もあれば，技術者が主導する大規模な改善活動が多くおこなわれている場合も，両者をつなぐ中間的な組織としてライン内スタッフが存在しバランス型の改善活動がおこなわれている場合もあった。こうした，権限（広義の資源）の配分と組織成員のネ

ットワーク形態などからなる組織構造が変化すると，当該組織が生み出すイノベーションとしての改善活動の規模別分布のパターンも変化する可能性があった。

1.2 本書が設定した研究課題への回答

以上のような発見から，本書第1章の冒頭で設定した研究課題に対しては，部分的であれ一定の答えを導くことができたといえよう。本書は，「小規模で現場作業者全員参加型の収益向上活動」といった規範的な改善活動観・改善活動研究に対して，実際の企業における改善活動の実態把握を踏まえた実証的な改善活動研究によって，どのようなマネジメント上の課題を新たに見出せるかという研究課題を設定していた。

この研究課題に対し，本書の研究からは，実際の改善活動には「潜在的な問題解決の連鎖」という性質があり，一時点において小規模にみえたものが時に大規模なものに変化する場合が考えられ，そうした可能性の中でどのような規模のものを中心的に取り扱うかには戦略的な意思決定の余地が残されており，そうした決定に適合的な組織設計の必要性がある，という答えを用意することができるだろう。

ただし，一度設計・定着した組織構造を変化させるためには，新たな組織構造が受け入れられる土台を作るための全社的なマネジメント（フレーミング）が必要である（Edmondson, 2012）。そのため，イノベーションとしての改善活動には，どのような規模のものに集中するのかという点に戦略的選択の余地があるとともに，ある戦略から別の戦略へと移動するには組織構造の変化が受け入れられる必要があることから（こうしたマネジメントにコストがかかると考えれば），Caves & Porter（1977）が経営戦略論において発見したような移動障壁が生じる可能性があった。

こうしたことから，企業の中の生産機能を担うに過ぎない工場の改善活動であっても，全てが生産現場で完結する問題解決に終始するわけではなく，そこにはなお「組織（構造）設計」という経営トップ・レベルの意思決定と，組織構造定着のための全社的な経営努力とを必要とする余地があると考えら

れる。

　本書がここまで論じてきた内容の概略は上記の通りであるが，次節以降ではもう少し詳しく議論を振り返り，本書から得られる示唆について考えていくこととする。

2　イノベーションとしての改善活動の多様性：
本書の論点整理

2.1　本書による発見事実

　これまで，改善活動は，産業において多数生じるインクリメンタルなイノベーションとして捉えられることも多かった。こうした先行研究を踏まえ，本書は第 1 章で以下のような疑問を提示した。すなわち，改善活動はなぜ尽きないのだろうか，こうした多数の改善活動は産業内の各企業で同様のものが生み出されているのか，そうでないとしたら企業ごとの差異を生み出すものは何か，という疑問である。

　上述の疑問に対して，本書は，これらの疑問が実はつながっていることを指摘した。まず，改善活動には，①問題解決の連鎖をともない，②作業者等が生産システムのどの部分に改善活動の余地を見出すかは偶発的に定まり，③改善活動は生産システムの物理的な状態や組織での意味づけによってその影響範囲もまた偶発的に決まり，④そのため問題解決の連鎖が組織内外のどこまでの範囲でおこなわれるかは事前に判明しづらい，という特徴がある。

　改善活動のこうした特性ゆえに，⑤組織として問題解決の連鎖をどこまで，どのような組織構造で扱うかは企業ごとに選択の余地があり，⑥現場の作業集団でとどめることも，最初から技術者の介入を前提にすることも，その折衷案として個々の改善プロジェクトの性質に合わせて調整をおこなうこともありうる。そして，⑦実際に日本の自動車産業では，各社が採用する組織構造と改善活動の平均的な規模とに差異があることが判明し，⑧改善活動の組織と規模には一定の因果関係が存在する可能性が論じられた。ただし，組織構造には慣性があると考えれば（March & Simon, 1958; 1993；Weick & Quinn,

1999)，戦略的な意思決定の結果を踏まえて組織構造を変化させようとしても，組織成員からの反発といったコストが発生する可能性もあった。

2.2 改善活動が全社的マネジメントを必要とするとき

こうしたことから，改善活動にはどのような規模のものに注力するかに戦略的意思決定の余地がある可能性が考えられるとともに，たとえば小規模中心の改善活動からバランス型へというように戦略を変化させるには，組織構造の変化のための時間とコストが移動障壁（Caves & Porter, 1977）としてマネジメントの課題となる。こうした点は，本書第6章・第7章でも議論してきた通りである。そして，改善活動をめぐる（生産）戦略的意思決定には組織構造の変化をともなう必要があるために移動障壁が存在するかもしれないという，ここでの主張は，改善活動のマネジメントに全社的な視点が必要であることを示唆するものでもある。

本書では，工場の改善活動をイノベーション論の知見で捉えつつ，その実態把握・再評価をおこなうことで，改善活動をめぐる調整問題という本書全体を貫く研究課題を提示した。これまで，既存研究の想定するイノベーションとしての改善活動は，あくまでインクリメンタル・イノベーションであって，多くが独創的ではなく他社との大きな相違も生じないとされ，小規模であるがゆえに資源をめぐるステークホルダー間の全社レベルでの調整も問題とされてこなかった。しかしながら，こうした既存研究の見解は，改善活動をステレオタイプ的に定義ないし想定（あるいは規範的な議論を展開）してしまっているがゆえに生じたものである可能性があった。そのため，上述のようなマネジメントが本当に必要ないのかについては，改善活動の実態把握をおこなわないと分からないのではないかというのが本書の問題意識であり，それゆえ実証的な議論展開に立脚した改善活動マネジメントの研究余地がありうることを指摘したわけである。

そして研究の結果，たとえ「工場の」改善活動という，経営全体の一部分としての生産機能の変化に取り組む場合であっても，そこに調整問題が絡むために調整の機構としての組織の設計という「全社的な」マネジメントが必

要となることがある，ということが見出された。生産機能という，企業全体からみれば一部分のマネジメントを十分におこなうのに，経営全体の視点が必要だという一見逆説的な命題は，改善活動においても他のイノベーションと同様，ステークホルダー間の調整問題が必要であるという本書の実証的結論と表裏一体となっている。

本書は，改善活動のステレオタイプ・イメージの再検討をおこない，改善活動をリトロダクションするための論理を用意し，さらにそこで求められる全社的マネジメントについて述べ，そうした中でライン内スタッフ制という特殊な組織について議論するという構成をとってきた。このとき，改善活動をめぐるステレオタイプ・イメージは次節で振り返るようなものだった。

3 「問題解決の連鎖」と改善活動の多様化および調整問題

3.1 改善活動のステレオタイプ・イメージからの脱却

これまで改善活動は，ステークホルダーの数などでみた場合に，小規模な個々独立したインクリメンタル・イノベーションの集合であり，作業者・作業集団が中心となって取り組むもの，とされることが多かった。こうした想定のもとであれば，改善活動というイノベーションにおいては，ステークホルダー間の調整問題といった，他のイノベーションにおいて問題となる視点はあまり必要とされなくなるだろう。

一方で実務家の回想等からは，改善活動が一様に小規模とは限らず，規模が比較的大きなものまで存在しうる可能性も見て取れた。こうした規模のバラツキが存在する場合，改善活動をめぐるステークホルダーの数が常に少ないとは限らず，それゆえ資源の獲得・配分を分権的な組織によって（のみ）おこなうことが必ずしも最善解とは限らなくなるだろう。すなわち，改善活動の実態如何によっては，他のイノベーション活動と同様に調整問題が生じる可能性があり，そのために組織構造などが改善活動に影響を与えることもありうる。

こうした理解の上に立って，本書では，改善活動をイノベーション論の枠

組みで捉えた場合の改善活動のイメージが実態に即したものか判断した上で，調整問題が本当に不要なのかどうか考察するという順序で，研究を進めることにした。そこで第1章では，もし実際の企業での改善活動が必ずしも既存研究の想定通りでなかったとするとどのような調整問題が生じ，それにより経営にどんな影響があり，これをマネジメントするには何が必要なのかという問いを立てた。

　続く第2章における先行研究レビューでは，既存の研究が改善活動の中でも小規模なものを取り上げがちであったことを明らかにし，さらに改善活動と組織とのかかわりについてはどのように述べてきていたか，またイノベーション活動一般において調整問題がイノベーション創出の効率性や効果にどう影響するとされてきたかを明らかにした。

　まず，生産管理論の中の改善活動研究は，トヨタ生産方式が，不具合や異常を迅速に伝達することで，改善活動という組織ルーティンの意図的な変化の始端を組織成員に与えると指摘する。ここで生まれた変化の種は，小集団改善活動という形で，作業者・作業集団で構成される小規模で分権的なメンバーのチームワークという調整形態によって実現に至るとされた。イノベーション論や経営組織論の見解と同じく，組織と調整とは一度始まった小集団改善活動の阻害要因として作用することもあるとされていた。

　また，作業者・作業集団は，資源を与えられないと小集団活動を活発化させないとされた。資源がない小集団改善活動は，本社等との調整問題に労力が費やされてしまうことが，その理由という。小集団改善活動の研究では，資源が小集団に権限委譲されれば，残りの調整活動は小集団内で完結するとされることが多いが，時には部門横断的な視点が必要であるとの指摘も一部ではなされている。これに関して，作業現場の改善活動と本社生産技術部等との関係に着目した研究もあるが，そこでは組織成員の役割が比較的決まったものとして捉えられており，相互に関係・調整し合うという視点ではあまり議論されてきていなかった。

3.2 改善活動のイノベーション論からの再検討

一方，イノベーションは，さまざまな要素の新結合によってもたらされるため，多様な参加者・関係者を巻き込む必要があるとされてきた。イノベーション論において，こうした調整に採用されるコミュニケーションと意思決定の形態は，最終的に生み出されるイノベーションの種類に適合する必要があるとされたり，反対に，ある種の調整形態のもとでは特定の（インクリメンタルな）イノベーションしか生まれないといったことが指摘されたりしている。組織内での調整活動の形態には，分権的か集権的かという大まかなパターンがあり，インクリメンタル・イノベーションには分権的な調整が，反対にラディカル・イノベーションには集権的な調整が適しているとされたのである。

また，経営組織論においても，イノベーション創出の組織能力であるダイナミック・ケイパビリティに注目が集まり，その少なくとも一部は資源再構築の調整の巧拙に依存しているとされてきた。そして，官僚制などの組織構造が上記の調整活動に影響を与えるとされ，イノベーションを阻害する要因として，組織のあり方とその処方箋とが議論されがちであった。ここでは，組織成員がイノベーティブであるという前提の上で，どのような組織であればイノベーション活動を妨げないのかという議論がなされ，組織内での変化の源泉は明らかにされていない。

一方，近年発展してきているルーティン・ダイナミクス理論は，組織ルーティンを物質的側面（紙面上のルール）・明示的側面（頭の中の解釈）・遂行的側面（実際の行動）という３つの側面に分割し，実際の行動の結果をもとに頭の中のルールや紙に書かれたルールが変化させられていくというアイデアによって，組織内の変化の原因を明らかにしようとした。ここでは，そうした変化の始端が生まれた後に，組織階層の上下方向に調整する垂直的な調整問題と，部門間での水平的な調整問題によって，変化が立ち消えになる可能性が議論され，組織ルーティンの変化と調整についての研究が今後の課題であるとされていた。

以上をまとめると，先行研究では，イノベーションの創出には調整が必要

234 第8章 イノベーションを生む改善

であるが，インクリメンタル・イノベーションの場合には分権的で小規模な
調整形態でよいとされてきた。また，経営組織論からイノベーションをみる
と，調整問題にはイノベーションを妨げる可能性があり，そうした調整には
組織階層の垂直方向の調整と部門間・組織成員間の水平的な調整の2種類が
あるとされた。

ところが，改善活動は，基本的に作業者のチームワークという小集団的で
分権的な調整形態において実現されるとされ，調整の範囲が最初から狭く捉
えられていた。こうした捉え方は，改善活動が常に小規模でステークホルダ
ーの数が少ない場合には十分なものだろう。つまり，イノベーションがイン
クリメンタルで小規模である場合には調整範囲は小さいこと，調整範囲が小
さいと変化の阻害要因である調整の必要性も少ないこと，改善活動は小規模
で調整範囲の小さい小集団によってなされると考えられてきたことという3
点が，三段論法的な関係で捉えられてきたことが，第2章の議論から明らか
になった。

しかし，こうした関係を想定するならば，改善活動がインクリメンタルで
小規模であるという前提が崩れると，それに必要な組織構造も変化する可能
性がある。そして，改善活動もまた，他のイノベーション活動と同じく組織
的な活動としてなされるのであるから，組織構造というフィルターを通して
創出される可能性を論じた。このとき，製品開発・工程開発がはじめから広
範囲な調整範囲を想定した組織構造でおこなわれるのに対し，改善活動は，
広範囲な調整範囲を必要とするものが一部存在する潜在性を有しながら，組
織構造によってはその一部しか表出していない，ということがあるのではな
いかと本書は指摘した。

そこで本書の議論の続きは実証研究へと持ち越されたのである。

4 改善活動をめぐるイノベーション戦略：組織決定論的視点

4.1 実証研究で判明した改善活動をめぐる多様性と組織

改善活動をめぐる組織決定論的な分析枠組みが問われるには，まず，改善

活動が既存研究の想定するように「小規模な，生産工程の改良を目的とする，個々独立した活動の積み重ねの，作業者・作業集団による，インクリメンタル・イノベーション」という限定的な領域に全てとどまるのかが明らかにされる必要があった。そして，改善活動がこうした想定から逸脱する場合には，他のイノベーション活動と同様に組織内外でのステークホルダーの数が増加すると考えられた。

これを受けて，第3章と第4章で，日本の自動車産業の実態把握をおこなった。その結果，改善活動の規模や調整形態といったものにはさまざまな可能性があり，その中でどのような性質のものを選択するのかには企業ごとに決定の余地があることがわかった。具体的には，日本の自動車企業4社には，小規模・作業者中心，大規模・技術者中心，バランス型・ライン内スタッフ設置という，3つのタイプが見出された。加えて，各企業の改善活動の平均的な規模と，組織成員のうち誰が中心となって改善活動をおこなっているのか，またどの種類の組織成員に資源が配分されているのかという各点の間には，一定の関係があるようにみえた（図8-1および表8-1）。

各社ごとにこのような差異が生じる背景要因は，本書が繰り返し述べている「潜在的な問題解決の連鎖としての改善活動」という視点で説明することができる。たとえば，第3章のトヨタ自動車の事例分析からは，改善活動が小規模な製品イノベーションとして製品設計の変更を求める場合もあり，また改善活動が生産システムのどの部分に影響するかによってステークホルダーの数が増加する場合もあり，投資額や経済効果などにもバラツキが生じていることが分かった。そうした改善活動の性質ゆえに，同社では次項で述べるようなマネジメントがおこなわれていた。

4.2 ライン内スタッフ制という特殊な組織形態

まず，改善活動の始端が生じた後に，問題解決の連鎖の適切な規模について意思決定し，こうした問題解決に関係するステークホルダー間でいかに調整をおこなうかという点を，考慮する必要があった。すなわち，イノベーションとしての改善活動は，実態としては，他のイノベーションと同じように，

236　第8章　イノベーションを生む改善

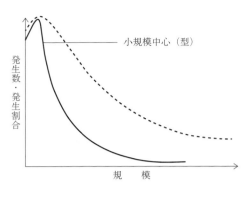

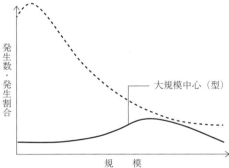

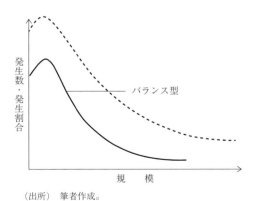

（出所）　筆者作成。

図8-1　本書の分析枠組みを用いた改善活動の比較

表 8-1　日本の自動車産業 4 社改善活動比較表（表 4-3 の再掲）

	改善活動の規模	改善活動を担う組織
A 社	小規模中心	作業者中心
B 社	比較的大規模中心	技術者中心
C 社	比較的大規模中心	技術者中心
D 社	バランス型	ライン内スタッフ型

（出所）　筆者作成。

全社的な調整問題というマネジメントの視点を必要としていたのである。

　トヨタ自動車においては，上述の調整問題を解決するために，ライン内スタッフという組織構造が用いられていた。具体的には，生産ラインに物理的に近く，組織図上の（職制上の）ラインにも近い位置に，人事上の本籍が工場であるスタッフが存在することで，ラインの組織成員が技術的に困った際にはライン内スタッフの専門知識に頼り，結果としてライン内スタッフのもとに情報が集中し，集まった情報をもとにライン内スタッフが専門知識を用いて問題解決をおこなっていた。しかも，問題が組織内外の広範囲に及ぶと考えられた場合には，彼らは専門家から調整者へと姿を変える。調整は他部門の技術者と（技術者同士の）技術的な言葉でおこなわれるため円滑に進められ，そうした調整後のライン内スタッフの意見は，ラインから専門家として権威を受容されているためコンフリクトなくラインに受け入れられていた。

　とはいえ，上述のように改善活動の規模に幅がある中で，どのような規模の改善活動に重点的に取り組むかについては意思決定の余地があるし，調整形態の設計にも企業ごとに裁量の余地がある。実際に，自動車産業に属する他企業の組織構造と改善活動の平均規模に差異があることは，すでにみてきた通りである。ただし，どのような組織を用いて問題解決の連鎖をめぐる調整をおこなうかという選択が，本当に改善活動の平均規模に影響するのかについては，さらに研究する必要があった。

　組織と改善活動の規模とのこうした関係性について，さらに考察するため，第 5 章では追加的にコンピュータ・シミュレーションを実施し，イノベーションとしての改善活動をめぐっては，どの組織成員に資源が配分され（リー

238　第8章　イノベーションを生む改善

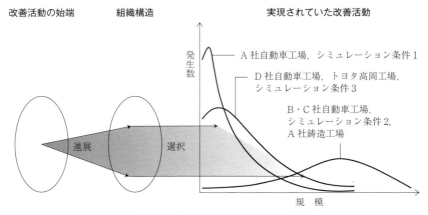

図 8-2　改善活動の組織決定論

ダーシップが与えられ）調整の主役となるかといった要因により，規模別発生割合に変化がもたらされることを明らかにした。これに加えて，ライン内スタッフ組織という組織構造によって全体の5％未満の組織成員のネットワーク形態が変化すると，最終的に実現される改善活動の規模は大きく変化した。このように，インクリメンタル・イノベーションの中でもどのような特徴のものに集中するかという点には，経営上の意思決定の余地が残され，どのような組織を採用して改善活動に取り組むかという全社的なマネジメントの必要性が生じる。

　改善活動のマネジメントのためには組織設計が必要であるというここでの命題は，第3章・第4章・第5章の3回の分析によって同様に確かめられた。ただし，こうした組織設計は，改善活動のうちどの規模に重点的に取り組むかという選択とのコンティンジェンシー関係にある可能性もあった。そこで，コンピュータ・シミュレーションでそうしたコンティンジェンシー関係を再現したところ，組織内の資源配分・権限配置・ネットワーク形態といった組織構造を変化させると，結果としての改善活動の規模に影響がみられた。すなわち，改善活動は組織構造というフィルターを通して創出されるため，組織のあり方によって制御される可能性があるのである（図8-2）。

　とはいえ，現実の経営において，戦略の転換とともにスイッチを切り替え

るように資源配分・調整形態・組織構造を変化させられるかは疑問である。組織はコンフリクト解決の手段であるがゆえに，その変化をめぐってもコンフリクトが生じる可能性があるからである（Weick & Quinn, 1999）。

5　イノベーションとしての改善活動の性質変化と全社的マネジメント

そこで，第 6 章では，自動車産業において改善活動の定着が図られつつある工場として日本企業の海外生産拠点に着目し，そこでは改善活動が技術者中心型から作業者中心型へと変化する際にマネジメントが必要とされていることを明らかにした。どのような規模の改善活動がどのような組織成員によって中心的に遂行されるのか，という改善活動の性質を変化させるには，コンピュータ・シミュレーションのようにスイッチひとつで資源配分を変化させるのでは不十分であることが分かった。こうした点は，経営組織論において述べられてきたことでもあった（Thompson, 1965；内野, 2006；Edmondson, 2012）。

実際の改善活動の現場においては，作業者・作業集団主導の小規模な改善活動を活発化させるために，人事制度から経営と現場の意思疎通の土台の構築まで，経営努力が重ねられていた。また，仮に人事制度等が整えられ作業者が改善活動に意欲を持っても，必ずしもそれが最終的な改善活動の活発化につながるとは限らなかった。生産現場と経営側とで何が望ましい改善活動なのかについての共通認識がなければ，現場を信頼して権限委譲し，資源を与えることはできなかったのである（Edmondson, 2012）。第 6 章の事例においては，こうした共通認識の醸成のために，海外生産拠点の有望な人物を日本本社に招き，その人物が改善活動についての考えを理解し，海外生産拠点のトップから現地生産現場の作業者に分かりやすい形でその考えを伝えていく取り組みがなされていた。作業者・作業集団によるボトムアップ型の改善活動を活性化させるため，末端の作業者との共通認識を醸成するのに，トップダウン型のコミュニケーションが求められていたのである。

一方，改善活動にはライン内スタッフが重要な役割を果たすこともあり，ライン内スタッフ制の採用によってイノベーションとしての改善活動の平均規模を変化させうると述べてきたことを受けて，第7章では，高岡工場技術員 OB のオーラル・ヒストリーから，ライン内スタッフ制の採用は一朝一夕には達成されないものであることを明らかにした。すなわち，経営トップが組織設計をおこなった上で，ライン内スタッフ一人一人が日々現場の立場で知識と知恵を用いて生産現場に役立つよう努力し，信頼を獲得する必要があった。

このように，第6章と第7章では，本書の全体の論旨を踏まえた上で，改善活動をおこなう際の調整形態を変化させるためのマネジメントについて考察した。そして，改善活動を分権的な組織でおこなうために権限委譲を実行するのにも，ライン内スタッフ制を採用するのにも，全社的なマネジメントの努力の上に調整役を担うスタッフ一人一人の努力が必要となっていることが分かった。これは，本章第2節で結論として述べた「企業の中の生産機能を担うに過ぎない工場の改善活動であっても，上述の調整の必要性が生じる可能性があるために，全てが生産現場で完結する問題解決に終始するわけではなく，そこにはなお全社的な意思決定と経営努力を必要とする」という主張とも，整合的なものである。

6 イノベーション戦略と組織設計に唯一解はあるのか

6.1 イノベーションとしての改善とイノベーションを生む改善

ここで，本書のタイトルである『イノベーションを生む"改善"』とはどういう意味だったのかを改めて考えてみたい。まず，本書では改善活動を，ある種の限定付きで，イノベーションの一種とみる立場を紹介した。これはすなわち，改善活動はイノベーションと呼ばれることもあるという言葉上の問題である。この立場を取れば，「イノベーションを生む改善」とは，なるほど言葉遣いの問題だったのか，ということになる。だが，本書は，改善活動をイノベーションとして捉えた研究群を，ステレオタイプ的であったとし

て批判的に扱った。そして，改善活動の長期観察とリトロダクションによって，改善活動は潜在的には問題解決の連鎖であって，その問題解決は組織的に扱われること，他の種類のイノベーション活動と同様の視点が必要となることを指摘した。さらに，その中には，多くの研究者が大規模でメジャーな工程イノベーションと呼ぶような変化が生まれる余地があることも指摘した。これは，改善活動同士が連鎖したことによって生まれるイノベーションともいえる。

　さらに，改善活動には，他のイノベーション活動と異なって，問題解決の連鎖をどこまで扱うかを決定できるという特殊性もあると議論した。そして，そうした決定にはそれぞれ適合的な組織があり，その中にはライン内スタッフ制という新たに見出された組織構造も存在した。無論，ここで発見された組織構造がすべてではなく，今後新しい組織の形をイノベーティブに探る余地もある。改善活動の研究は，経営組織論に組織設計の面でのイノベーションを生む可能性もあったのである。このように，「イノベーションを生む改善」というタイトルには，多義的に，さまざまな示唆が込められている。

　こうして，日本企業の競争力のいわば虎の子として扱われてきた「改善」「改善活動」「カイゼン」に関して，本書は改善活動をめぐるステレオタイプの存在の指摘とその打破，改善活動に工程イノベーションに近いものが含まれる理由としての「問題解決の連鎖性」，そしてこうした連鎖を扱うがゆえの組織設計の観点，および特殊な組織形態・組織構造である「ライン内スタッフ」について論じてきた。しかし，本書にはいまだ残された課題がある。そのひとつは，結局のところ改善活動をめぐるイノベーション戦略はどれが一番優れているのか，に関するものである。[2]

　2）　たとえば，潜在的に起こりうる改善活動から最も経済的価値を引き出す戦略は何かといった問いがありうるだろう。その場合，改善活動の結果として生まれた新しい設備や作業標準が現場の作業者から意図的に無視される可能性（Iwao & Marinov, 2018）や，反対に，現場からの改善提案が狭い問題意識にとどまる可能性などを，考慮する必要がある。本書ではそこまで踏み込んだ議論はできておらず，こうした点は今後の研究課題としてあげられる。

242　第8章　イノベーションを生む改善

6.2　改善をめぐる技術戦略策定のために

　ここまでに登場した企業のイノベーション戦略・組織について，本書は価値中立を目指し，半ば意図的に上記のような議論を避けてきた。とはいえ，戦略的な選択と組織との間の「適合性」という観点を取り入れれば，どのようなマネジメントが最適なのかという事実的判断の議論は可能かもしれない。また，改善活動とイノベーションをめぐる機会損失・機会費用，投資失敗リスク，人件費・雇用コストといった視点も，こうした事実判断に有用でもあるかもしれない。たとえば次のような思考実験が考えられよう。

　出発点として，Foster（1986）が主張した「イノベーションにおけるS字曲線の理論」が有用である[3]。S字曲線の理論とは，Foster自身の観察と科学哲学における Kuhn（1962）のパラダイム・シフト論などを参考にして生み出された理論であり，イノベーションの成果は資源投下と時間経過に対して伸び悩みの時期→ブレークスルーによって急激な成果が生まれる時期→再度の伸び悩みの時期というようにアルファベットのSの字の軌跡を描くとしたものである[4]（図8-3）。このとき，2回の伸び悩みの時期とブレークスルーの境界点は，それぞれ，本来はもっと伸びたはずの技術に必要なだけの投資ができないという「過小投資の壁」と，その反対に支出に見合ったリターンを得られないほどに投資してしまう「過大投資の壁」として捉えることもできる（図8-3中の説明は筆者による）。

　こうしたS字曲線を前提とした場合，次のような議論が可能であろう[5]。

---

　3)　ここでの考察は，榊原清則先生との電話でのディスカッションによって得られたものである。

　4)　なお，Foster（1986）の本来の議論においては，技術的な断絶や，攻撃側企業の優位性についての考察が重要な位置を占めているが，ここではそうした点はあまり扱えていない。

　5)　ただし，本来の Foster（1986）の議論は，産業ごとの技術体系といった大きな分析単位を扱っており，ここで議論している個別の改善プロジェクトに関する技術的可能性といった，比較的小さな分析単位と完全に一致したものではない。また，S字曲線間の断絶や移行なども扱えていない。そのため，Foster の議論のアイデアを借用して，ここで新規に議論しているという側面がある。とはいえ，こうした点についても，次節の生産性のジレンマや脱成熟と改善活動との関係を

6 イノベーション戦略と組織設計に唯一解はあるのか　243

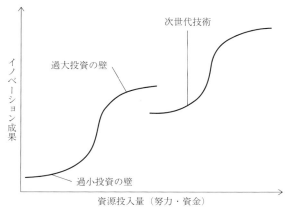

（出所）　Foster（1986）を参考に筆者作成。

図 8-3　イノベーションの S 字曲線

　まず，問題解決の連鎖の初期段階のみ扱い小規模な改善活動に注力するという場合，それぞれの改善活動に消費される資源は少ないため，投資失敗のリスクは小さいだろう。だが，それと同時に，潜在的な発展性のあった改善活動を，S 字曲線の急激な成長カーブに乗せて育てることができずに終わる可能性もある。すなわち，過小投資の壁を越えられず，イノベーションの機会費用・機会損失は大きくなるだろうことが考えられる。

　反対に，はじめから問題解決の連鎖の多くを見越して大規模な改善活動を中心的に扱うと，そうした機会損失は少なくなる。だが，個々の改善プロジェクトの技術的限界をはるかに越えて投資をおこなってしまう可能性もあり，それゆえに投資失敗のリスクが大きくなると考えられる。つまり，過大投資の壁に直面してしまい，非効率に資源を浪費してしまう可能性があるのである。

　それに対して，ライン内スタッフ制の場合には，改善活動を小さいままとどめるか，大きく育てるかを，判断する機会自体が増える。個々の改善プロジェクトの技術的可能性や潜在性に対して逐次判断するための組織であるラ

　　考察した部分において一部扱うことになる。

244 第**8**章 イノベーションを生む改善

表 8-2 改善活動の技術戦略の比較

	分権的・ 小規模中心	集権的・ 大規模中心	ライン内スタッフ制・ バランス
機会損失	大	小	小
投資失敗リスク	小	大	小
人件費	小	小	大

（出所） 筆者作成。

イン内スタッフが存在するため，個別の改善活動ごとにどれだけの投資をお
こなうか（どこまででとどめるか）を決定することができるのである。その
ため，個々のライン内スタッフの能力に依存するとはいえ，機会損失と投資
失敗リスクの双方を抑えられる可能性は高まるといえよう。

　その意味で，ライン内スタッフ制により個々の改善活動を個別判断できる
というのは，改善活動を大きく育てるためのリアル・オプションとしての価
値を持っているともいえるかもしれない[6)]。ただし，ライン内スタッフ制の場
合，大学院修了レベルの技術者を生産現場に投入しなければいけないという
意味で，人件費は増すことになろう（表 8-2）。このように，簡単な思考実験
の結果からも，改善活動をめぐる３種のイノベーション戦略には，それぞれ
メリットとデメリットがあると考えられる。

　このとき，戦略と組織の不一致に注目する必要がある。たとえば，小規模
中心の改善活動を目指している，あるいはいくつかの条件からそれを目指し
たほうが収益面で有利である場合に，組織が本社技術者中心となっていて，
結果として大規模中心の改善活動が創出されている，というような状況であ
る。これに関連して，機会損失を減らしたい，人件費を抑えたい，投資失敗
のリスクを避けたいなどといった，企業ごとの経営目的に合わせた組織を選
択する必要性を，主張することはできるだろう。

───────────────

　6)　なお，投資成果のボラティリティという観点からは，S字曲線を前提とせずと
　　も，ここでの考察と大筋では同様の議論が可能である。

7 イノベーションを生む改善を超えて：
他（多）分野への貢献可能性

　前節までで，本書の大きなテーマであった，改善活動をイノベーション論から再度考察し直すという目的は，ある程度達成できたと考える。その結果として，本書の議論が経営組織論と経営戦略論につながっていくという視点も得られた。とはいえ，こうした考察の数々は，本書の問題意識や調査結果で議論できる範囲内にとどまっている。そこで，本節では，当初設定した問題意識を越えて，ここで得られた新しい知見を活用した今後の研究の可能性について議論していく。

7.1　改善活動と生産性のジレンマ：イノベーション論の常識を疑う

　本書では，改善活動をイノベーションと関連づけて議論を進めてきた。このとき，改善活動は基本的にはインクリメンタル・イノベーションであるとはいっても，時にメジャーなイノベーションや可能性としてはラディカルなイノベーションにもなりうるのではないかという議論も一部おこなってきた。もちろん，そのためには，潜在的な問題解決の連鎖を顕在化させるために，組織設計が必要となるという条件が付いていた。それでは，改善活動がこうした可能性を持つとして，インクリメンタル・イノベーションが頻発する段階になると大きなイノベーションが起きにくいという「生産性のジレンマ」（Abernathy, 1978）の理論に対して，どのようなことがいえるのだろうか[7]。

　あるいは，これに関連して，Foster（1986）において重要な位置を占めるS字曲線間の技術的断絶と既存企業の劣位性について，何がいえるだろうか。Foster の議論によれば，既存の技術体系を深耕していくと，S字曲線の限界点（過大投資の壁）に突き当たってしまう危険がある。こうした，技術の探索か深化（深耕，活用）かという議論は現在でも注目されているが（O'Reilly

---

　7）　以下の考察は，秋池篤先生とのディスカッションに基づく。

& Tushman, 2013)，基本的な考え方は生産性のジレンマと同型といえる。すなわち，改善活動は既存の技術を深耕するだけなのか，そうだとすると改善活動はイノベーションにとってマイナスなのか，その活性化はS字曲線の予測する失敗を期すことになってしまうのか，といった議論として捉えうるだろう。

こうした議論に対して，本書は「否」と返答する。それどころか，ここまでの議論で示した論理をそのまま延長するならば，生産性のジレンマに対して一部変更を迫る可能性もある。ここで示してきた，インクリメンタル・イノベーション同士が連鎖して大規模イノベーションになりうるという論理は，Abernathy らの議論と矛盾なく両立しうるためである。そのため，第一に，産業においてインクリメンタル・イノベーションが頻発しているからといって，大規模な工程イノベーションが起こらなくなるということはないといえるだろう。

第二に，産業が再活性化する状況である脱成熟（Abernathy *et al.*, 1983）に対して，改善活動が一定の役割を果たす可能性も考えうる。本書第3章のトヨタ自動車高岡工場の事例でみた「変種変量ライン」のように，既存の生産設備の改善活動を繰り返す中で，次世代新製品の生産コスト削減を先駆けて達成するような変化が生まれる可能性があるためである[8]。これを，改善活動が技術の探索と深化を同時に達成する両利き経営（O'Reilly & Tushman, 2013）を可能にする，と表現することもできるかもしれない。新製品の生産は当初は高くつき，そのため後に専門設備などの工程や作業が開発されるとされてきたが（Abernathy, 1978），本書でみてきた例では，こうした想定は少なくとも完全にはあてはまらない。

つまり，改善活動の連鎖の結果として大規模なイノベーションが起きる可

---

8) これに関連した議論に，学習曲線の理論がある。多くの新製品において，部品レベルでは既存の生産システムを用いることもあり，これによって学習曲線効果に製品ごとのバラツキが出るとされる（Hirsch, 1956）。逆にいえば，新製品であっても，必ずしも完全に新規な生産システムを必要とするとは限らないのである。なお，学習曲線についての包括的なレビューとして，高橋（2001）がある。

7　イノベーションを生む改善を超えて　　247

能性も，それによって新製品を低コストで市場に投入することが可能になり
脱成熟に貢献する可能性も，どちらもありうるのである。そのため，ある産
業において改善活動が頻発することは，産業の硬直化や停滞を意味するわけ
ではなく，むしろ積極的に産業活性化に影響することもありうるといえる。

7.2　足し算的改善と掛け算的改善：生産関数との関係

　本書でもみてきたように，生産志向・改善志向の企業は，目先の競争では
勝てても長期的なイノベーションに取り組みにくい，といった指摘がなされ
ることもあった。しかし，本書が提示した論理からは，改善活動が大きな生
産関数の上方シフトをもたらすこともありうると結論される。これは「足し
算」の改善活動と「掛け算」の改善活動の違いとして説明することもできる。

　たとえば，改善活動によって工場内のある部分（工程）の効率を 1 ％上昇
させられるとする。仮にこの工場には 500 の工程があるとして，それぞれが
独立して 1 ％の効率上昇が見込まれたなら，全体の効率上昇もまた 1 ％とな
り，改善活動以前と比べて生産能力は 101 ％となるだろう。これは，1 ％を
500 で割ったものを 500 回「足して」いるために得られる計算結果である。

　これに対して，ある部分の 1 ％の改善を「前提にして」他の部分の改善が
1 ％おこなわれるとすると，どうなるだろうか。これはまさしく，本書が扱
ってきた問題解決の連鎖としての改善活動の状況である。このとき，効率上
場効果は「複利計算」のような掛け算的・指数関数的なものとなる。先ほど
と同じく全体を 500 の部分的な工程に分けられるとすると，ひとつ目の工程
は改善活動以前の 101 ％，ふたつ目の工程は約 102 ％だが，最後の 500 カ所
目となると複利計算的に改善活動以前と比べて約 1 万 4477 ％の生産能力と
なる。これらは全体に対してそれぞれ 500 分の 1 ずつの効果を持つため，こ
れを足し合わせて 500 で割ると約 2904 ％となり，元からして 29 倍ほどの生
産能力となる。[9]

---

　9)　この数値は以下のようにして得られる。第 1 工程では 1.01 倍に生産能力が
　　向上，次工程はこの 2 乗，第 3 工程はこの 3 乗というように，第 500 工程（約

248　第**8**章　イノベーションを生む改善

このように，「問題を部分に分け，ある部分の変化を前提に他の部分のよりよい変化を考える」という細分化と掛け算の発想が，改善活動を大規模イノベーションにして生産関数の大幅な向上を生む。「試しに改善をしてみたら，思いがけずいいものができた」「そこでさらに資金を投下してみたら，もっといいものができた」「そうこうしているうちに，イノベーションになった」ということが起きれば，改善活動は大規模でメジャーなイノベーションにつながるかもしれないのである。それどころか，こうした連鎖の結果として，まったく新しい生産方式を生み出してラディカルなイノベーションとなる可能性も否定はできない。

ただし，こうした改善の連鎖によってイノベーションを起こすには，ひとつの出来事（ここでは改善活動）を別のどの場所での出来事と組み合わせれば価値が生まれるのかを熟知している組織成員が必要である。すなわち，アイデアの組織内での淘汰過程が重要になるのである。そして，新しいアイデアの発生・淘汰・保持に影響するのが組織の形態であることは，本書でみてきた通りである。

そのため，組織ルーティンによって担われる生産関数の産業レベルでの淘汰を議論してきた進化経済学の知見（Nelson & Winter, 1982 など）を，組織内のアイデア淘汰過程という一企業内レベルの分析に活かすことで，イノベーションを引き起こしやすい組織とそうでない組織の違いが判明するかもし

144.77 倍）までの等比数列の和を算出する。等比数列の和の公式を使用すると，

$$\sum_{k=1}^{500} 1.01^k = \frac{1.01(1-1.01^{500})}{1-1.01} \fallingdotseq 14521$$

が得られる。元の生産能力は 500 であったので（上の計算結果を 500 で除して）約 2904 ％の生産能力向上となる。

なお，ここでは生産能力の向上を単純な潜在能力を表す数値として捉えているが，実際には工程は互いにつながっているために，バッファーの状態等によって生産能力を決定する工程（ボトルネック）は変化する。そのため，場合によっては，後工程がどれだけ生産能力を増しても工場全体の生産能力は不変ということがありうる。すなわち，ここでの計算はあくまで一可能性を述べているに過ぎない。

れないのである。

7.3　新しい組織の形を求めて：イノベーションと組織デザイン

　本書は，改善活動をめぐる組織構造に注目することで，イノベーションの組織決定論とも表現できる論理を発見してきた。すなわち，組立産業，装置産業，半導体産業，自動車産業といった産業ごとの技術体系によって，そこで生じるイノベーションの性質が異なるとする技術決定論的な見方に対し，同一産業内であっても，各企業の組織形態・組織構造によって，そこから生まれるイノベーションの性質は変化するという見方を提示した。こうした中で，組織をアイデアと資源の結びつきの場と考えて，シミュレーション・モデルを組んできた。

　こうした，アイデアと資源の交換の場ないし発生・淘汰・保持の場として組織を捉え直すという立場は，イノベーションとしての改善活動だけでなく，製品開発や事業開発などのイノベーション活動においても有用な視点かもしれない。なぜならば，本書が，改善活動を捉え直す中で他のイノベーション活動と同様の論理が適用可能であることを確認してきたこと踏まえれば，その反対もまた可能であると考えられるためである。

　本書でみてきたように，ある種のイノベーションを発生させる企業には，規模や文化などの点に共通項があるという視点での研究蓄積が，多数おこなわれてきた。その一方で，「メンバーが数名しかいないスタートアップ同士」や「同じ企業グループの同規模企業同士」など，トップの性格といった特殊要因以外には重大な差異が見出せないような企業同士においてもイノベーション発生頻度に差があるのはなぜか，ということについては十分な研究がなされてきていない。このとき，本書でおこなった議論を延長することで，イノベーションが発生しやすい企業には一種の「形」や「広さ」（つながりやすさ）があるのではないかという視点から，この問題に取り組むことができるかもしれないのである。組織成員のネットワーク全体にスモールワールド性をもたらすライン内スタッフ制度は，こうした特殊な組織の形の一例である。

　したがって，これまで一見すると差異がないかに思われてきた企業群が，

250 第**8**章 イノベーションを生む改善

「組織の形と広さ」という新しい概念から再分類されることで，そこに大き
な差異が見出される可能性がある。[10] たとえば次のような考察ができるのでは
ないだろうか。

まず，複数の組織成員が他者とコミュニケーションする経路を１つ以上持
っていると仮定する。このとき，組織成員のうち任意の２名をランダムに選
び出した際に両者の間に何人の他者が存在するかについての指標を，組織の
「広さ」として捉える。すなわち，組織成員Ａが，何人を介した伝言ゲーム
で，望んだ人（組織成員Ｂ）に行き着くかについての指標が，組織の広さ
（距離感）である。このとき，単純な組織の規模（組織成員数）が同一であっ
ても，上記の広さという指標は異なる数値を取ることが，以下の思考実験か
ら明らかである。たとえば，直線に100人を並べた場合には，端から端まで
99の距離を持つが，この直線の端と端をつなげて円環にした場合，ある点
から最も遠い人物までの距離は約半分となることが直感的に分かるだろう。
また，これより複雑な例として，本書で研究された組織のひとつであるライ
ン内スタッフも，組織の形をスモールワールド・ネットワークに変化させる
という効果を持っていた。こうした組織の形は，いずれも大企業・大組織の
広さを縮約する効果を持っているのである。

これによって，組織に所属する者にとっての「この組織は動きが速い」
「この組織は重厚長大である」といった認識や実感の背後にどのような論理
があり，どのような示唆があるのか，といった問いについて答えることがで
きるかもしれない。組織の形と広さがイノベーションにどう影響するか，新
しい時代の組織の形としてどんなものが考えられるのか，といった問いの萌
芽が，すでに本書には一部眠っている。

しかも，こうした問いは，組織デザイン論という近年再注目されている研[11]

---

10) なお，組織間関係や企業間関係の理論に基づいて，こうした視点からサプライ
　　ヤー・ネットワークを分析した研究には，Nishiguchi（1994）がすでに存在して
　　いる。

11) なお，日本においては，すでに沼上（2003; 2004）などで，組織デザインと経
　　営戦略を同時に考慮する視点が提案されている。

究分野の問題意識にも合致しており，これから注目されていく可能性を秘めている。そのため，やや大げさにいえば，ここでの研究自体が今後の組織マネジメントの方法論にイノベーションを引き起こすかもしれない。とはいえ，本書で示した論理からはまた，こうした潜在性を顕在化できるかどうかは，筆者自身が，今後の研究において生じる問題解決の連鎖をひとつひとつうまく乗り越えられるかどうかにかかっている，とも予測される。

8 おわりに：現場改善から全社イノベーション・マネジメントへ

これまで，改善活動は，日本企業の競争優位の源泉としてもてはやされたかと思えば，時代とともに大規模イノベーションと対置されてしまったり，それどころか大規模イノベーションを阻害してしまうものとして扱われたりすることさえあった。

しかし，改善活動をイノベーションとして捉える理論からその意義を再考察し，さらにこれまで見逃されてきた潜在的な問題解決の連鎖としての改善活動という視点を加えると，改善活動は再びマネジメントの表舞台に立つことになる。ここで再評価された新しい改善活動の意義は，産業の脱成熟に寄与し，時に大規模イノベーションを生み出して生産関数の大幅な上方シフトを可能にするかもしれず，さらに組織デザイン論という近年注目が集まってきている領域に一石を投じてマネジメント方法についてのイノベーションを引き起こす可能性すらある。すなわち，改善活動の持つこうした潜在性は，研究領域としても実務上の問題としても，現場という狭い領域にとどまるものではない。本書で議論した内容をひとつずつ追っていけば，やはりこうした結論にたどりつくだろう。

現場改善は，潜在的には全社レベルのイノベーション活動であり，そこに

12）たとえば，組織デザイン論をメインテーマとした学術誌である *Journal of Organization Design* が 2012 年に創刊されたが，そこでは，今後の研究手法として本書で用いたようなプロトタイピングとシミュレーションが求められると述べられている（Snow, 2018）。

は戦略策定と組織設計の必要性があるために，必然的に全社的マネジメントなのである。

---

13) ここで「潜在的には」という条件が付いているのは，ここでの論理は個別企業が実際にどのようなマネジメントをおこなっているかとは無関係に適用可能であるためである。むしろ，実際の個別企業の改善活動成果には，さまざまなバラツキが存在する点を，本書で何度も確認してきた。

参 考 文 献

Abernathy, W. J. (1978). *The productivity dilemma: Roadblock to innovation in the automobile industry*. Baltimore, MD: Johns Hopkins University Press.

Abernathy, W. J., & Clark, K. B. (1985). Innovation: Mapping the winds of creative destruction. *Research Policy, 14*(1), 3-22.

Abernathy, W. J., Clark, K. B., & Kantrow, A. M. (1983). *Industrial renaissance: Producing a competitive future for America*. New York, NY: Basic Books.

Abernathy, W. J., & Utterback, J. M. (1978). Patterns of industrial innovation. *Technology Review, 80*(7), 40-47.

Adler, P. S., & Borys, B. (1996). Two types of bureaucracy: Enabling and coercive. *Administrative Science Quarterly, 41*(1), 61-89.

Adler, P. S., Goldoftas, B., & Levine, D. I. (1997). Ergonomics, employee involvement, and the Toyota production system: A case study of NUMMI's 1993 model introduction. *Industrial and Labor Relations Review, 50*(3), 416-437.

Adler, P. S., Goldoftas, B., & Levine, D. I. (1999). Flexibility versus efficiency? A case study of model changeovers in the Toyota production system. *Organization Science, 10*(1), 43-68.

秋池篤 (2012).「A-U モデルの誕生と変遷：経営学輪講 Abernathy and Utterback (1978)」『赤門マネジメント・レビュー』*11*(10), 665-680.

Akiike, A., & Iwao, S. (2015). Criticisms on "the innovator's dilemma" being in a dilemma. *Annals of Business Administrative Science, 14*(5), 231-246.

Allen, T. J., Tushman, M. L., & Lee, D. M. S. (1979). Technology transfer as a function of position in the spectrum from research through development to technical services. *Academy of Management Journal, 22*(4), 694-708.

Anand, G., Ward, P. T., Tatikonda, M. V., & Schilling, D. A. (2009). Dynamic capabilities through continuous improvement infrastructure. *Journal of Operations Management, 27*(6), 444-461.

Andries, P., & Czarnitzki, D. (2014). Small firm innovation performance and employee involvement. *Small Business Economics, 43*(1), 21-38.

Aoki, M. (1986). Horizontal vs. vertical information structure of the firm. *The American Economic Review, 76*(5), 971-983.

Bansal, P., & Corley, K. (2012). Publishing in AMJ-Part 7: What's different about qualitative research? *Academy of Management Journal, 55*(3), 509-513.

Barnard, C. I. (1938). *The functions of the executive.* Cambridge, MA: Harvard University Press.

Barratt, M., Choi, T. Y., & Li, M. (2011). Qualitative case studies in operations management: Trends, research outcomes, and future research implications. *Journal of Operations Management, 29*(4), 329-342.

Benner, M. J., & Tushman, M. (2002). Process management and technological innovation: A longitudinal study of the photography and paint industries. *Administrative Science Quarterly, 47*(4), 676-707.

Bessant, J. (1992). Big bang or continuous evolution: Why incremental innovation is gaining attention in successful organisations. *Creativity and Innovation Management, 1*(2), 59-62.

Bessant, J., & Caffyn, S. (1997). High-involvement innovation through continuous improvement. *International Journal of Technology Management, 14*(1), 7-28.

Bessant, J., Caffyn, S., & Gallagher, M. (2001). An evolutionary model of continuous improvement behaviour. *Technovation, 21*(2), 67-77.

Bhuiyan, N., & Baghel, A. (2005). An overview of continuous improvement: From the past to the present. *Management Decision, 43*(5), 761-771.

Birkinshaw, J., Hamel, G., & Mol, M. J. (2008). Management innovation. *Academy of Management Review, 33*(4), 825-845.

Boer, H., & Gertsen, F. (2003). From continuous improvement to continuous innovation: A (retro)(per)spective. *International Journal of Technology Management, 26*(8), 805-827.

Breschi, S., Malerba, F., & Orsenigo, L. (2000). Technological regimes and Schumpeterian patterns of innovation. *The Economic Journal, 110*(463), 388-410.

Brown, S. L., & Eisenhardt, K. M. (1997). The art of continuous change: Linking complexity theory and time-paced evolution in relentlessly shifting organizations. *Administrative Science Quarterly, 42*(1), 1-34.

Burns, T., & Stalker, G. M. (1961). *The management of innovation.* London, UK:

Tavistock Publications.

Büschgens, T., Bausch, A., & Balkin, D. B. (2013). Organizational culture and innovation: A meta-analytic review. *Journal of Product Innovation Management, 30*(4), 763-781.

Cabral, L. M. B. & Mata, J. (2003). On the evolution of the firm size distribution: Facts and theory. *The American Economic Review, 93*(4), 1075-1090.

Carnerud, D., Jaca, C., & Bäckström, I. (2018). Kaizen and continuous improvement – trends and patterns over 30 years. *The TQM Journal, 30*(4), 371-390.

Caves, R. E., & Porter, M. E. (1977). From entry barriers to mobility barriers: Conjectural decisions and contrived deterrence to new competition. *The Quarterly Journal of Economics, 91*(2), 241-261.

Cefis, E., & Orsenigo, L. (2001). The persistence of innovative activities: A cross-countries and cross-sectors comparative analysis. *Research Policy, 30*(7), 1139-1158.

Choi, T. Y. (1995). Conceptualizing continuous improvement: Implications for organizational change. *Omega: The International Journal of Management Science, 23*(6), 607-624.

Clark, K. B., & Fujimoto, T. (1991). *Product development performance: Strategy, organization, and management in the world auto industry.* Boston, MA: Harvard Business School Press.

Cole, R. E. (1979). *Work, mobility, and participation: A comparative study of American and Japanese industry.* Berkeley, CA: University of California Press.

Cole, R. E. (1985). The macropolitics of organizational change: A comparative analysis of the spread of small-group activities. *Administrative Science Quarterly, 30*(4), 560-585.

Cusumano, M. A. (1994). The limits of "lean". *Sloan Management Review, 35*(4), 27-32.

D'Adderio, L. (2008). The performativity of routines: Theorising the influence of artefacts and distributed agencies on routines dynamics. *Research Policy, 37*(5), 769-789.

D'Adderio, L. (2011). Artifacts at the centre of routines: Performing the material turn in routines theory. *Journal of Institutional Economics, 7*(2), 197-230.

Damanpour, F. (2014). Footnotes to research on management innovation. *Organi-*

zation Studies, 35(9), 1265-1285.

Damanpour, F., & Gopalakrishnan, S. (2001). The dynamics of the adoption of product and process innovations in organizations. *Journal of Management Studies, 38*(1), 45-65.

Davenport, T. H. (1993). *Process innovation: Reengineering work through information technology*. Boston, MA: Harvard Business School Press.

Davis, J. P., Eisenhardt, K. M., & Bingham, C. B. (2007). Developing theory through simulation methods. *Academy of Management Review, 32*(2), 480-499.

Dewar, R. D., & Dutton, J. E. (1986). The adoption of radical and incremental innovations: An empirical analysis. *Management Science, 32*(11), 1422-1433.

Dul, J., & Ceylan, C. (2011). Work environments for employee creativity. *Ergonomics, 54*(1), 12-20.

Dyer, J. H., & Hatch, N. W. (2006). Relation-specific capabilities and barriers to knowledge transfers: Creating advantage through network relationships. *Strategic Management Journal, 27*(8), 701-719.

Dyer, J. H., & Singh, H. (1998). The relational view: Cooperative strategy and sources of interorganizational competitive advantage. *Academy of Management Review, 23*(4), 660-679.

Edmondson, A. C. (2012). *Teaming: How organizations learn, innovate, and compete in the knowledge economy*. San Francisco, CA: Jossey-Bass.

Eisenhardt, K. M. (1989). Building theories from case study research. *Academy of Management Review, 14*(4), 532-550.

Eisenhardt, K. M., Graebner, M. E., & Sonenshein, S. (2016). Grand challenges and inductive methods: Rigor without rigor mortis. *Academy of Management Journal, 59*(4), 1113-1123.

Enos, J. L. (1958). A measure of the rate of technological progress in the petroleum refining industry. *The Journal of Industrial Economics, 6*(3), 180-197.

Epstein, J. M., & Axtell, R. (1996). *Growing artificial societies: Social science from the bottom up*. Cambridge, MA: MIT Press.

Ettlie, J. E., Bridges, W. P., & O'Keefe, R. D. (1984). Organization strategy and structural differences for radical versus incremental innovation. *Management Science, 30*(6), 682-695.

Ettlie, J. E., & Reza, E. M. (1992). Organizational integration and process innovation. *Academy of Management Journal, 35*(4), 795-827.

Farris, J. A., Van Aken, E. M., Doolen, T. L., & Worley, J. (2009). Critical success factors for human resource outcomes in Kaizen events: An empirical study. *International Journal of Production Economics, 117*(1), 42-65.

Feldman, M. S. (2000). Organizational routines as a source of continuous change. *Organization Science, 11*(6), 611-629.

Feldman, M. S., & Pentland, B. T. (2003). Reconceptualizing organizational routines as a source of flexibility and change. *Administrative Science Quarterly, 48*(1), 94-118.

Feldman, M. S., Pentland, B. T., D'Adderio, L., & Lazaric, N. (2016). Beyond routines as things: Introduction to the special issue on routine dynamics. *Organization Science, 27*(3), 505-513.

Foster, R. N. (1986). *Innovation: The attacker's advantage.* New York, NY: Summit Books.

藤井大児 (2017).『技術的イノベーションのマネジメント：パラダイム革新のメカニズムと戦略』中央経済社.

藤本隆宏 (1997).『生産システムの進化論：トヨタ自動車にみる組織能力と創発プロセス』有斐閣.

Fujimoto, T. (1999). *The evolution of a manufacturing system at Toyota.* New York, NY; Tokyo: Oxford University Press.

藤本隆宏 (2001).『生産マネジメント入門Ⅰ　生産システム編』日本経済新聞社.

藤本隆宏 (2003).『能力構築競争：日本の自動車産業はなぜ強いのか』中央公論新社.

藤本隆宏 (2004).『日本のもの造り哲学』日本経済新聞社.

Fujimoto, T.／Miller, B. (Trans.) (2007). *Competing to be really, really good: The behind-the-scenes drama of capability-building competition in the automobile industry.* Tokyo: International House of Japan.

藤本隆宏 (2009).「複雑化する人工物の設計・利用に関する補完的アプローチ」『横幹』*3*(1), 52-59.

藤本隆宏 (2012).『ものづくりからの復活：円高・震災に現場は負けない』日本経済新聞出版社.

藤本隆宏 (編) (2013).『「人工物」複雑化の時代：設計立国日本の産業競争力』有

斐閣.

Fujimoto, T. (2014). The long tail of the auto industry life cycle. *Journal of Product Innovation Management, 31*(1), 8-16.

藤本隆宏・天野倫文・新宅純二郎 (2007).「アーキテクチャにもとづく比較優位と国際分業：ものづくりの観点からの多国籍企業論の再検討」『組織科学』*40*(4), 51-64.

藤本隆宏・陳晋・葛東昇・福澤光啓 (2010).「組織能力の偏在と日系企業の立地選択：大連における日系企業の事例」『国際ビジネス研究』*2*(2), 35-46.

Fujimoto, T., & Park, Y. W. (2014). Balancing supply chain competitiveness and robustness through "virtual dual sourcing": Lessons from the Great East Japan Earthquake. *International Journal of Production Economics, 147*(B), 429-436.

福澤光啓・稲水伸行・鈴木信貴・佐藤佑樹・村田香織・新宅純二郎・藤本隆宏 (2012).「奔走するリーダー：環境変動に対する自動車組立職場の適応プロセス」『組織科学』*46*(2), 75-94.

Gavetti, G., Levinthal, D., & Ocasio, W. (2007). Neo-Carnegie: The Carnegie School's past, present, and reconstructing for the future. *Organization Science, 18*(3), 523-536.

Glover, W. J., Farris, J. A., & Van Aken, E. M. (2014). Kaizen events: Assessing the existing literature and convergence of practices. *Engineering Management Journal, 26*(1), 39-61.

Glover, W. J., Farris, J. A., Van Aken, E. M., & Doolen, T. L. (2011). Critical success factors for the sustainability of Kaizen event human resource outcomes: An empirical study. *International Journal of Production Economics, 132*(2), 197-213.

Gonzalez Aleu, F., & Van Aken, E. M. (2016). Systematic literature review of critical success factors for continuous improvement projects. *International Journal of Lean Six Sigma, 7*(3), 214-232.

Gulick, L., & Urwick, L. (Eds.) (1937). *Papers on the science of administration.* New York, NY: Institute of Public Administration, Columbia University.

Hackman, J. R., & Wageman, R. (1995). Total quality management: Empirical, conceptual, and practical issues. *Administrative Science Quarterly, 40*(2), 309-342.

Hanson, G. H., Mataloni, R. J., Jr., & Slaughter, M. J. (2001). *Expansion strategies of U.S. multinational firms*, (No. w8433). Cambridge, MA: National Bureau of Economic Research.

Hanson, G. H., Mataloni, R. J., Jr., & Slaughter, M. J. (2005). Vertical production networks in multinational firms. *Review of Economics and Statistics, 87*(4), 664-678.

Hanson, N. R. (1958). *Patterns of discovery: An inquiry into the conceptual foundations of science*. Cambridge, UK: Cambridge University Press.

原田武彦 (2013).『モノの流れをつくる人：大野耐一さんが伝えたかったトップ・管理者の役割』日刊工業新聞社.

畑村洋太郎 (2006).『技術の創造と設計』岩波書店.

Hayes, R. H., & Clark, K. B. (1985). Explaining observed productivity differentials between plants: Implications for operations research. *Interfaces, 15*(6), 3-14.

Hayes, R. H., & Wheelwright, S. C. (1979). Link manufacturing process and product life cycles. *Harvard Business Review, 57*(1), 133-140.

Helfat, C. E., & Karim, S. (2014). Fit between organization design and organizational routines. *Journal of Organization Design, 3*(2), 18-29.

Helfat, C. E., & Peteraf, M. A. (2003). The dynamic resource-based view: Capability lifecycles. *Strategic Management Journal, 24*(10), 997-1010.

Helfat, C. E., & Winter, S. G. (2011). Untangling dynamic and operational capabilities: Strategy for the (n)ever-changing world. *Strategic Management Journal, 32*(11), 1243-1250.

Henderson, R. M., & Clark, K. B. (1990). Architectural innovation: The reconfiguration of existing product technologies and the failure of established firms. *Administrative Science Quarterly, 35*(1), 9-30.

日野三十四 (2002).『トヨタ経営システムの研究：永続的成長の原理』ダイヤモンド社.

Hirsch, W. Z. (1956). Firm progress ratios. *Econometrica, 24*(2), 136-144.

Holahan, P. J., Sullivan, Z. Z., & Markham, S. K. (2014). Product development as core competence: How formal product development practices differ for radical, more innovative, and incremental product innovations. *Journal of Product Innovation Management, 31*(2), 329-345.

Howard-Grenville, J. A. (2005). The persistence of flexible organizational routines:

The role of agency and organizational context. *Organization Science, 16*(6), 618-636.

Hsu, G. (2006). Jacks of all trades and masters of none: Audiences' reactions to spanning genres in feature film production. *Administrative Science Quarterly, 51*(3), 420-450.

伊原亮司（2017）．『ムダのカイゼン，カイゼンのムダ：トヨタ生産システムの〈浸透〉と現代社会の〈変容〉』こぶし書房．

Imai, M. (1986). *Kaizen: The key to Japan's competitive success.* New York, NY: Random House Business Division.

今井正明（1988）．『カイゼン：日本企業が国際競争で成功した経営ノウハウ』講談社．

今井正明（2011）．『現場カイゼン：知恵と常識を使う低コストの現場づくり』マグロウヒル・エデュケーション．

Imai, M. (2012). *Gemba Kaizen: A commonsense approach to continuous improvement strategy (2nd ed.).* New York, NY: McGrawHill Professional.

稲葉振一郎（2019）．『社会学入門・中級編』有斐閣．

伊藤博志（監修）／山内久則（編）（2013）．『高岡工場この四半世紀の歩み』トヨタ自動車高岡工場工務部．

岩尾俊兵（2015）．「Routine Dynamics; 変化する組織ルーチン：経営学輪講 Feldman and Pentland（2003）」『赤門マネジメント・レビュー』*14*(2), 67-76.

Iwao, S. (2015). Organizational routine and coordinated imitation. *Annals of Business Administrative Science, 14*(5), 279-291.

岩尾俊兵（2016）．「海外生産拠点へのダイナミック・ケイパビリティ移転・構築と経営者サービス：国際自動車プロジェクト（IMVP）調査による定量・定性分析」『国際ビジネス研究』*8*(2), 69-88.

Iwao, S. (2017). Revisiting the existing notion of continuous improvement (*Kaizen*): Literature review and field research of Toyota from a perspective of innovation. *Evolutionary and Institutional Economics Review, 14*(1), 29-59.

岩尾俊兵（2018）．「インクリメンタル・イノベーションと組織設計：日本の自動車産業における改善活動の実態とコンピュータ・シミュレーション」『組織科学』*52*(2), 70-86.

岩尾俊兵・菊地宏樹（2016）．「ダイナミック・ケイパビリティ論からペンローズへ：経営学輪講 Helfat and Winter（2011）」『赤門マネジメント・レビュー』

$15(2)$, 99-108.

岩尾俊兵・前川諒樹（2016）.「官僚制はイノベーションを阻害するのか？：経営学輪講 Thompson（1965）」『赤門マネジメント・レビュー』$15(6)$, 341-350.

Iwao, S., & Marinov, M. (2018). Linking continuous improvement to manufacturing performance. *Benchmarking: An International Journal. 25*(5), 1319-1332.

唐津一（1981）.『TQC 日本の知恵』日科技連出版社.

川瀬武志（1984）.「ライン中心型組織の提案」『オペレーションズ・リサーチ』$29(11)$, 646-651.

川瀬武志（1985）.「ライン中心型組織による生産性の向上」『日本経営工学会誌』$35(6)$, 363-369.

城戸康彰（1986）.「小集団活動が参加者の意識・行動に及ぼす効果：小集団活動効果の日米比較」『経営行動科学』$1(2)$, 91-100.

城戸康彰（1988）.「小集団活動参加者の意識・行動の日米比較」『組織科学』$21(4)$, 77-86.

Kikuchi, H., & Iwao, S. (2016). Pure dynamic capabilities to accomplish economies of growth. *Annals of Business Administrative Science, 15*(3), 139-148.

菊澤研宗（2014）.「組織の合理的失敗とその回避：取引コスト理論とダイナミック・ケイパビリティ」『三田商学研究』$56(6)$, 87-101.

菊澤研宗（2019）.『成功する日本企業には「共通の本質」がある：ダイナミック・ケイパビリティの経営学』朝日新聞出版.

児玉充（2010）.『バウンダリーチーム・イノベーション：境界を超えた知識創造の実践』翔泳社.

Kogut, B., & Zander, U. (1992). Knowledge of the firm, combinative capabilities, and the replication of technology. *Organization Science, 3*(3), 383-397.

小池和男（1991）.『仕事の経済学』東洋経済新報社.

Koike, K. (1998). NUMMI and its prototype plant in Japan: A comparative study of human resource development at the workshop level. *Journal of the Japanese and International Economies, 12*(1), 49-74.

小池和男（2000）.「職場の人材開発：自動車産業の職場で」『社会科学研究』（東京大学社会科学研究所）$52(1)$, 3-23.

小池和男・中馬宏之・太田聰一（2001）.『もの造りの技能：自動車産業の職場で』東洋経済新報社.

河野宏和（2007）.「モノづくりの基盤強化の視点：基本変換の考えを用いた改善方

法とその活用」『組織科学』*40*(4), 15-28.

Koumakhov, R., & Daoud, A. (2017). Routine and reflexivity: Simonian cognitivism vs practice approach. *Industrial and Corporate Change, 26*(4), 727-743.

Kuhn, T. S. (1962). *The structure of scientific revolutions.* Chicago, IL: University of Chicago Press.

Lawler, E. E., Ⅲ, & Mohrman, S. A. (1985). Quality circles after the fad. *Harvard Business Review, 63*(1), 65-71.

Lawrence, P. R., & Lorsch, J. W. (1967). Differentiation and integration in complex organizations. *Administrative Science Quarterly, 12*(1), 1-47.

Leonard-Barton, D. (1992). Core capabilities and core rigidities: A paradox in managing new product development. *Strategic Management Journal, 13*(S1), 111-125.

Levitt, B., & March, J. G. (1988). Organizational learning. *Annual Review of Sociology, 14*, 319-340.

Lindberg, P., & Berger, A. (1997). Continuous improvement: Design, organisation and management. *International Journal of Technology Management, 14*(1), 86-101.

MacDuffie, J. P. (1995). Human resource bundles and manufacturing performance: Organizational logic and flexible production systems in the world auto industry. *Industrial and Labor Relations Review, 48*(2), 197-221.

MacDuffie, J. P., Sethuraman, K., & Fisher, M. L. (1996). Product variety and manufacturing performance: Evidence from the international automotive assembly plant study. *Management Science, 42*(3), 350-369.

Malerba, F., & Orsenigo, L. (1996). Schumpeterian patterns of innovation are technology-specific. *Research Policy, 25*(3), 451-478.

March, J. G. (1991). Exploration and exploitation in organizational learning. *Organization Science, 2*(1), 71-87.

March, J. G., & Simon H. A. (1958). *Organizations.* New York, NY: Wiley.

March, J. G., & Simon H. A. (1993). *Organizations (2nd ed.).* Cambridge, MA: Blackwell.

Martini, A., Laugen, B. T., Gastaldi, L., & Corso, M. (2013). Continuous innovation: Towards a paradoxical, ambidextrous combination of exploration and exploitation. *International Journal of Technology Management, 61*(1), 1-22.

松島茂・尾高煌之助（編）（2008）.『池淵浩介オーラル・ヒストリー』（法政大学イノベーション・マネジメント研究センター ワーキングペーパーシリーズ）. 法政大学イノベーション・マネジメント研究センター.

Miles, M. B., & Huberman, A. M. (1984). *Qualitative data analysis: An sourcebook of new methods*. Beverly Hills, CA: Sage Publications.

Miller, K. D., Pentland, B. T., & Choi, S. (2012). Dynamics of performing and remembering organizational routines. *Journal of Management Studies, 49*(8), 1536-1558.

Mintzberg, H. (1980). Structure in 5's: A synthesis of the research on organization design. *Management Science, 26*(3), 322-341.

門田安弘（2006）.『トヨタプロダクションシステム：その理論と体系』ダイヤモンド社.

Myers, S., & Marquis, D. G. (1969). *Successful industrial innovations: A study of factors underlying innovation in selected firms*, (NSF 69-17). Washington, D.C.: National Science Foundation.

中條武志（2011）.「QC サークル活動」『日本労働研究雑誌』*53*(4), 22-25.

中村圭介（1996）.『日本の職場と生産システム』東京大学出版会.

中尾政之（2009）.『創造はシステムである：「失敗学」から「創造学」へ』角川書店.

Nelson, R. R., & Winter, S. G. (1982). *An evolutionary theory of economic change*. Cambridge, MA: The Belknap Press of Harvard University Press.

Neumann, W. P., & Dul, J. (2010). Human factors: Spanning the gap between OM and HRM. *International Journal of Operations & Production Management, 30* (9), 923-950.

日本銀行調査統計局（2000）.「日本企業の価格設定行動：『企業の価格設定行動に関するアンケート調査』結果と若干の分析」『日本銀行調査月報』2000 年 8 月号, 173-204.

Nishiguchi, T. (1994). *Strategic industrial sourcing: The Japanese advantage*. New York, NY; Tokyo: Oxford University Press.

Nishiguchi, T., & Beaudet, A. (1998). The Toyota group and the Aisin fire. *Sloan Management Review, 40*(1), 49-59.

野村正實（1993）.『トヨティズム：日本型生産システムの成熟と変容』ミネルヴァ書房.

野中郁次郎（1990）.『知識創造の経営：日本企業のエピステモロジー』日本経済新聞社.

Nonaka, I. (1994). A dynamic theory of organizational knowledge creation. *Organization Science*, *5*(1), 14-37.

野渡正博（2012）.『グローバル インダストリアル チームワーク ダイナミックス』ナカニシヤ出版.

沼上幹（1999）.『液晶ディスプレイの技術革新史：行為連鎖システムとしての技術』白桃書房.

沼上幹（2003）.『組織戦略の考え方：企業経営の健全性のために』筑摩書房.

沼上幹（2004）.『組織デザイン』日本経済新聞社.

OECD & Eurostat (2018). *Oslo manual 2018: Guidelines for collecting, reporting and using data on innovation (4th ed.)*, (The Measurement of Scientific, Technological and Innovation Activities). Paris, FR: OECD Publishing.

大野耐一（1978）.『トヨタ生産方式：脱規模の経営をめざして』ダイヤモンド社.

Ohno, T. (1988). *Toyota production system: Beyond large-scale production*. Cambridge, MA: Productivity Press.

大木清弘（2009）.「国際機能別分業下における海外子会社の能力構築：日系 HDD メーカーの事例研究」『国際ビジネス研究』*1*(1), 19-34.

O'Reilly, C. A., III, & Tushman, M. L. (2013). Organizational ambidexterity: Past, present, and future. *Academy of Management Perspectives*, *27*(4), 324-338.

大鹿隆（2014）.『アジア自動車工場の生産性と賃金率の格差に関する研究：IMVP ラウンド 4（2006 年）調査をベースとして』（東京大学ものづくり経営研究センターディスカッションペーパー No. 461）. 東京大学ものづくり経営研究センター.

大鹿隆・藤本隆宏（2011）.『アジア自動車工場の組立生産性に関する比較研究：IMVP ラウンド 4（2006 年）調査を中心に』（東京大学ものづくり経営研究センターディスカッションペーパー No. 351）. 東京大学ものづくり経営研究センター.

大塚忠（2002）.「日独自動車組立工場の比較生産システム論：収斂への道程？」『関西大学経済論集』（関西大学経済学会）*52*(2), 115-147.

Penrose, E. T. (1959). *The theory of the growth of the firm*. Oxford, UK: Oxford University Press（日高千景訳『企業成長の理論』原著第 3 版の訳，ダイヤモンド社，2010 年）.

Pentland, B. T., & Feldman, M. S. (2008). Designing routines: On the folly of designing artifacts, while hoping for patterns of action. *Information and Organization, 18*(4), 235-250.

Pentland, B. T., & Rueter, H. H. (1994). Organizational routines as grammars of action. *Administrative Science Quarterly, 39*(3), 484-510.

Pil, F. K., & Holweg, M. (2004). Linking product variety to order-fulfillment strategies. *Interfaces, 34*(5), 394-403.

Pil, F. K., & MacDuffie, J. P. (1999). What makes transplants thrive: Managing the transfer of "best practice" at Japanese auto plants in North America. *Journal of World Business, 34*(4), 372-391.

Pisano, G. P. (1997). *The development factory: Unlocking the potential of process innovation.* Boston, MA: Harvard Business School Press.

Plowman, D. A., Baker, L. T., Beck, T. E., Kulkarni, M., Solansky, S. T., & Travis, D. V. (2007). Radical change accidentally: The emergence and amplification of small change. *Academy of Management Journal, 50*(3), 515-543.

Porter, M. E. (Ed.) (1986). *Competition in global industries,* Boston, MA: Harvard Business School Press.

QCサークル本部（編）(2012).『現場力の強化に活かす QC サークル活動（小集団改善活動）』QC サークル本部.

Romanelli, E., & Tushman, M. L. (1994). Organizational transformation as punctuated equilibrium: An empirical test. *Academy of Management Journal, 37*(5), 1141-1166.

三枝匡（2016).『ザ・会社改造：340 人からグローバル 1 万人企業へ』日本経済新聞出版社.

榊原清則（2005).『イノベーションの収益化：技術経営の課題と分析』有斐閣.

坂爪裕（2015).『改善活動のマネジメント：問題発見・解決能力を組織に蓄積する』慶應義塾大学出版会.

桜健一・岩崎雄斗（2012).『海外生産シフトを巡る論点と事実』(BOJ Reports & Research Papers). 日本銀行調査統計局.

Salvato, C., & Rerup, C. (2018). Routine regulation: Balancing conflicting goals in organizational routines. *Administrative Science Quarterly 63*(1), 170-209.

佐武弘章（1998).『トヨタ生産方式の生成・発展・変容』東洋経済新報社.

佐藤郁哉（2008).『質的データ分析法：原理・方法・実践』新曜社.

佐藤俊樹 (2019). 『社会科学と因果分析：ウェーバーの方法論から知の現在へ』岩波書店.

Schumpeter, J. A. (1934). *The theory of economic development: An inquiry into profits, capital, credit, interest, and the business cycle.* Cambridge, MA: Harvard University Press.

Schumpeter, J. A. (1947). The creative response in economic history. *The Journal of Economic History, 7*(2), 149-159.

清水洋 (2016). 『ジェネラル・パーパス・テクノロジーのイノベーション：半導体レーザーの技術進化の日米比較』有斐閣.

新郷重夫 (1977). 『工場改善の原点的志向』日刊工業新聞社.

新郷重夫 (1980). 『トヨタ生産方式の IE 的考察：ノン・ストック生産への展開』日刊工業新聞社.

Shingo, S. (1981). *A study of the Toyota production system from an industrial engineering viewpoint.* Tokyo: Japan Management Association.

Shingo, S. (1988). *Non-stock production: The Shingo system for continuous improvement.* Cambridge, MA: Productivity Press.

篠原健一 (2014). 『アメリカ自動車産業：競争力復活をもたらした現場改革』中央公論新社.

Shook, J. (2009). Toyota's secret: The A3 report. *MIT Sloan Management Review, 50*(4), 30-33.

Singh, J., & Singh, H. (2015). Continuous improvement philosophy – literature review and directions. *Benchmarking: An International Journal, 22*(1), 75-119.

Simon, H. A. (1947). *Administrative behavior: A study of decision-making processes in administrative organization.* New York, NY: Macmillan.

Simon, H. A. (1997). *Administrative behavior: A study of decision-making processes in administrative organizations (4th ed.).* New York, NY: The Free Press.

Simon, H. A. (1969). *The sciences of the artificial.* Cambridge, MA: MIT Press.

Smith, W. K., & Tushman, M. L. (2005). Managing strategic contradictions: A top management model for managing innovation streams. *Organization Science, 16*(5), 522-536.

Snow, C. C. (2018). Research in Journal Of Organization Design, 2012-2018. *Journal of Organization Design, 7*(9).

Stadler, C., Helfat, C. E., & Verona, G. (2013). The impact of dynamic capabilities on resource access and development. *Organization Science, 24*(6), 1782-1804.

Suh, N. P. (1990). *The principles of design.* New York, NY: Oxford University Press.

Suh, N. P. (2001). *Axiomatic design: Advances and applications.* New York, NY: Oxford University Press.

Sung, H., & Lapan, H. E. (2000). Strategic foreign direct investment and exchange-rate uncertainty. *International Economic Review, 41*(2), 411-423.

鈴村尚久 (2015).『トヨタ生産方式の逆襲』文藝春秋.

Szulanski, G., Ringov, D., & Jensen, R. J. (2016). Overcoming stickiness: How the timing of knowledge transfer methods affects transfer difficulty. *Organization Science, 27*(2), 304-322.

高橋伸夫 (2001).「学習曲線の基礎」『経済学論集』(東京大学経済学会) *66*(4), 2-23.

Takahashi, N. (2015). An essential service in Penrose's economies of growth. *Annals of Business Administrative Science, 14*(3), 127-135.

武石彰・青島矢一・軽部大 (2012).『イノベーションの理由：資源動員の創造的正当化』有斐閣.

田中正知 (2005).『考えるトヨタの現場』ビジネス社.

Taylor, F. W. (1911). *The principles of scientific management.* New York, NY: Harper & Brothers.

Teece, D. J. (2007). Explicating dynamic capabilities: The nature and microfoundations of (sustainable) enterprise performance. *Strategic Management Journal, 28*(13), 1319-1350.

Teece, D. J. (2014a). A dynamic capabilities-based entrepreneurial theory of the multinational enterprise. *Journal of International Business Studies, 45*(1), 8-37.

Teece, D. J. (2014b). The foundations of enterprise performance: Dynamic and ordinary capabilities in an (economic) theory of firms. *Academy of Management Perspectives, 28*(4), 328-352.

Teece, D. J., Pisano, G., & Shuen, A. (1997). Dynamic capabilities and strategic management. *Strategic Management Journal, 18*(7), 509-533.

Thompson, V. A. (1965). Bureaucracy and innovation. *Administrative Science Quarterly, 10*(1), 1-20.

268 参考文献

鳥海不二夫・山本仁志 (2014).「マルチエージェントシミュレーションの基本設計」『情報処理』*55*(6), 530-538.

トヨタ自動車元町工場 (1989).『元町 30 年のあゆみ』トヨタ自動車元町工場工務部.

トヨタ自動車 75 年史編纂委員会 (編) (2013).『トヨタ自動車 75 年史：もっといいクルマをつくろうよ』トヨタ自動車.

トヨタ自動車高岡工場工務部 TPS (G) (2000).『改善マン育成シート』トヨタ自動車高岡工場.

Tracey, M., & Neuhaus, R. (2013). Purchasing's role in global new product-process development projects. *Journal of Purchasing and Supply Management, 19* (2), 98-105.

Tushman, M. L., & Anderson, P. (1986). Technological discontinuities and organizational environments. *Administrative Science Quarterly, 31*(3), 439-465.

内野崇 (2006).『変革のマネジメント：組織と人をめぐる理論・政策・実践』生産性出版.

Utterback, J. M. (1994). *Mastering the dynamics of innovation.* Boston, MA: Harvard Business School Press.

Utterback, J. M., & Abernathy, W. J. (1975). A dynamic model of process and product innovation. *Omega: The International Journal of Management Science, 3*(6), 639-656.

Valle, S., & Vázquez-Bustelo, D. (2009). Concurrent engineering performance: Incremental versus radical innovation. *International Journal of Production Economics, 119*(1), 136-148.

Van de Ven, A. H. (1986). Central problems in the management of innovation. *Management Science, 32*(5), 590-607.

Varadarajan, R. (2009). Fortune at the bottom of the innovation pyramid: The strategic logic of incremental innovations. *Business Horizons, 52*(1), 21-29.

von Hippel, E., & Tyre, M. J. (1995). How learning by doing is done: Problem identification in novel process equipment. *Research Policy, 24*(1), 1-12.

Watts, D. J., & Strogatz, S. H. (1998). Collective dynamics of "small-world" networks. *Nature, 393*, 440-442.

Weick, K. E., & Quinn, R. E. (1999). Organizational change and development. *Annual Review of Psychology, 50*, 361-386.

Winter, S. G. (2003). Understanding dynamic capabilities. *Strategic Management Journal, 24*(10), 991-995.

Winter, S. G. (2012). Capabilities: Their origins and ancestry. *Journal of Management Studies, 49*(8), 1402-1406.

Womack, J. P., & Jones, D. T. (1996). *Lean thinking: Banish waste and create wealth in your corporation.* New York, NY: Simon & Schuster.

Womack, J. P., Jones, D. T., & Roos, D. (1990). *The machine that changed the world.* New York, NY: Rawson Associates.

Wood, S. (1999). Human resource management and performance. *International Journal of Management Reviews, 1*(4), 367-413.

Wu, C. W., & Chen, C. L. (2006). An integrated structural model toward successful continuous improvement activity. *Technovation, 26*(5), 697-707.

山口淳・河野宏和 (2018).「改善活動の活性状態に関するフレームワークの提案」『経営情報学会誌』*26*(4), 241-271.

山影進 (2010).『人工社会構築指南：artisoc によるマルチエージェント・シミュレーション入門 (改訂新版)』書籍工房早山.

Yeaple, S. R. (2003a). The complex integration strategies of multinationals and cross country dependencies in the structure of foreign direct investment. *Journal of International Economics, 60*(2), 293-314.

Yeaple, S. R. (2003b). The role of skill endowments in the structure of U.S. outward foreign direct investment. *Review of Economics and Statistics, 85*(3), 726-734.

Yin, R. K. (1994). *Case study research: Design and methods (2nd ed.).* Thousand Oaks, CA: Sage Publications (近藤公彦訳『ケース・スタディの方法』千倉書房，1996 年).

Zollo, M., & Winter, S. G. (2002). Deliberate learning and the evolution of dynamic capabilities. *Organization Science, 13*(3), 339-351.

あ と が き

「俊兵，頼む，俺の考えを」

――――父の最期の言葉

　死の間際，簡易製本ですらない，コピー用紙を留め金でまとめただけの，書籍とはいえない紙束が，私に託された。父から私に残されたのは本当にこれだけだった。そこでは，「イノベーションはコンビネーション」や「潜在意識と顕在意識」など，さまざまなテーマがほとんど一言で解説されており，内容は難解を極めた。シュンペーター，ドラッカー，孔子，ブッダといった雑多な思想を，父なりに解釈・統合・再構築したものだ。父・岩尾俊志は，在野の学者，在野の政治家を自称していたが，在野という言葉の定義との矛盾の結果は，日々の倹しい生活に滲み出た。

　私もまた，生活の倹しさゆえに中卒で自衛隊に入隊し，訓練と並行して通信制高校に通いながら，最終的には高卒認定試験を経てようやく大学の受験資格を得るという回り道を選んだのだから，そんな父を恨んでもよかったのかもしれない。

　しかし，そうした日々の思い出は火葬場で綺麗に燃えてしまって，あとには灰色の骨だけが残った。頑固に燃えあらがう太い大腿骨が父の最後の意地に思えた。そして，親族すらわずかしか集まっていない納骨式でそれを骨壺に移したのは，父の親友であり盟友でもあった東京大学大学院経済学研究科教授・藤本隆宏先生だった。

　葬儀が落ち着いた後，藤本先生は，父の書いた「イノベーションはコンビネーション」の真意について私にご教示くださり，さらに『日本経済新聞』の「交遊抄」に「無頼の友」と題して，また，日本経済新聞出版社から出版

された『ものづくりからの復活：円高・震災に現場は負けない』にも，父の考えの一部を紹介してくださった。私は，もっともっと勉強したいと訴え，先生の門下に入った。

　それからも，藤本先生は，温かく，優しく，時に厳しく，研究と人生について，未熟な私に多くのことを教えてくださった。そうした中で，「イノベーションはコンビネーション」という言葉に「イノベーションはコンビネーション，コンビネーションはコーディネーション，コーディネーションはネットワーク，ネットワークはフットワーク」とつなげることが，父の残した思想と私自身の研究の，自分なりの合流地点となった。そのひとつの中間報告が本書であり，だからこそ本書の執筆は私なりの父への供養でもある。

　なお，ここでの研究の大部分は，私が東京大学大学院経済学研究科マネジメント専攻博士課程に在学していた時期に進められたものであり，この間に，上述した藤本先生以外にも多くの先生方からご指導をいただいた。高橋伸夫先生には，現象や理論に対して常に客観的な態度を保持する「科学としての経営学」のあり方について深く考える機会を与えていただいた。また，本書の執筆にあたっても，まえがきを小説風の記述から始めるというアイデアや，シミュレーション部分の扱い，自動車産業への偏りからいかに脱するかなどにつき，多くのご示唆を賜った。新宅純二郎先生には，藤本門下流を超えて自らのオリジナリティを出すことの重要性とその方策をご教示いただいた。粕谷誠先生は，参考文献を深く読むことの大切さを教えてくださった上，本書の草稿に対しても朱書きの修正案を毎回ご送付くださり，精神的にもご支援を多くいただいた。稲水伸行先生は，論文執筆の作法と「社会科学における面白い理論の発想法」についてご指導くださり，書籍化にあたっても熱心なアドバイスを頂戴した。

　研究科の枠を越えてご指導いただいた，東京大学大学院情報理工学系研究科の萩谷昌己先生，國吉康夫先生，中田登志之先生，谷川智洋先生には，経営学研究の意義を理工系の教員・学生に伝えるということの訓練の機会をいただいたとともに，シミュレーション部分の頑健性・新規性を高めるための具体的なご助言まで頂戴した。情報理工学系研究科が中心となった東京大学

あとがき　273

ソーシャル ICT グローバル・クリエイティブリーダー育成プログラム（GCL）関係教員のみなさま，特に大力修先生および岩野和生先生には，研究の社会的意義を考える機会をいただいた上，研究にあたって各界のトップを走るリーダーをご紹介いただき，そのたびに身の引き締まる気持ちとなった。

　さらに，東京大学以外のさまざまな機関の先生方からも，以下の通り多くのご指導を賜った。内野崇先生（経営研究所，学習院大学名誉教授）には，本書のもととなったパワーポイント資料に対し，細部にわたってコメントをいただいた。内野先生には，明治学院大学着任後にも，日本生産性本部経営アカデミーにてさまざまな企業の実務家の方々と議論する場を与えていただいたり，憧れていた野中郁次郎先生（一橋大学名誉教授）をご紹介いただいたりと，夢のような機会を数々頂戴し，感謝の言葉が尽きない。そして，野中先生は，「若者よ，大きなホラを吹け」と激励していただき，私の目を覚ましてくださった。このことが，小さく確実な守りの研究に逃げ込みがちだった博士論文を，今回の書籍化にあたって大きく性質・内容の異なるものへと脱皮させる，きっかけになった。

　また，榊原清則先生（中央大学）には，日本生産性本部経営アカデミーをきっかけとして，本書のもとになった研究報告に対して，対面あるいは電話にて鋭いご指摘の数々をいただき，背筋の凍るような思いをしつつも，それにより本書の質を大きく向上させることができたと考えている。「岩尾くんは本を書くべき」と最初にご示唆くださったのも，榊原先生であった。

　武石彰先生（京都大学）には，日経企業行動コンファレンスにおいて，深夜にまで及び深く示唆的なコメントを頂戴し，私の視点が個々の人間よりもシステムに偏りがちなことを指摘していただいた。こうしたご指摘によって，もともとは補論と位置づけていた第7章の人間臭い議論が，本書の本筋に復活した。

　網倉久永先生（上智大学）は，4社比較とシミュレーションの草稿段階で論理の不備をご指摘くださり，それが本書の完成度の向上に大きく影響した。この部分については，『組織科学』にてシニアエディターをご担当いただい

た軽部大先生（一橋大学）のコメントによっても，研究の頑健性がさらに強化された。朴英元先生（埼玉大学）には，論理の応用範囲についてご示唆をいただき，本書の視点が海外でも通用するかを試すべく，海外論文誌へ挑戦する機会を頂戴した。田中正知先生（ものつくり大学）と，ダニエル・ヘラー先生（横浜国立大学）には，日本の「改善」と欧米系の「カイゼン」の意味の違いについてご教示いただいた。

秋澤光先生（ファミリービジネス学会・会長）は，本書の議論をより広い文脈に適用すべく，ファミリービジネスを対象とした新たな研究プロジェクトにお誘いくださった。生稲史彦先生（筑波大学）には，ここでの知見を自動車産業以外にも活かすためのアイデアを頂戴した。佐脇英志先生（都留文科大学）には，本書の草稿読書会にてたくさんのコメントをいただいた。若林隆久先生（高崎経済大学）にも，本書草稿に多くのコメントをいただいた。

秋池篤先生（東北学院大学）には，本書の執筆全般に関する相談に何度も応じていただいた。また，本書の草稿に対して2回にわたる丁寧なコメントを多数いただき，本書の完成度は飛躍的に向上した。たとえば，本書のイノベーション論的な考察の多くは，秋池先生との度重なる議論，および草稿へいただいたコメントや電話でのディスカッションの数々に支えられている。

加藤木綿美先生（二松學舎大学）には，私が苦手とする企業との渉外・質的データ分析などについて，多くのご助力を賜った。加藤先生は，いつも私の研究を叱咤激励してくださり，さらに実務への示唆についてたくさんのご指摘もいただいた。しかも，その結果，加藤先生と私との共同研究が複数生まれた。そのいくつかは公刊され，さらにそのうちのいくつか（大部分）は査読の結果お蔵入りとなってしまったが，本書が多少なりとも実務的示唆を意識した議論をできているとすれば，それは加藤先生との度重なるディスカッションの賜物である。

このほか，組織学会，一橋大学イノベーション研究センター IIR サマースクール，国際ビジネス研究学会，日本生産管理学会，進化経済学会，日経企業行動コンファレンス，本書の草稿読書会などにおける発表およびディスカッションも，本書の完成のために不可欠であった。

あとがき　275

　こうした学術界の方々に加え，自動車関連産業にて日々改善活動に取り組んでいらっしゃる数多くの実務家の方々のご協力なしには，研究を進めることは不可能であった。ある方は何日も泊りがけでのインタビューにお付き合いくださり，またある方にはメールや電話で国内外から毎日生産の状況をお教えいただき，またある方は居酒屋での熱い議論に最終の新幹線を逃してしまうまでお付き合いくださった。こうした方々の中には，渡辺捷昭氏，原田武彦氏，浅田洋正氏，平野春好氏が含まれている。

　さらに，本書が出版に至るまでには，以下のような，父の古い友人の方々にお世話になった。松尾憲久氏は，専門に偏りがちだった私の視野を広げるため，経営学分野以外の書籍を月10冊お送りくださり，実際そのうちの何冊かから得られた知見を本書に取り込むことができた。本書の執筆にあたって，父が大昔に残したマネジメントについてのテキストを送ってくださったのも，松尾氏だった。原田卓季氏には，改善活動に興味を持つさまざまな企業をご紹介いただいた。藤原和博氏と豊岡俊彦氏には，執筆の困難を乗り越えるため，社会人としての生存戦略の数々をお教えいただいた。

　また，新任の1年間のほとんどを書籍の執筆に費やすという余裕を与えてくださった，明治学院大学関係者のみなさまにも感謝申し上げたい。大学教員になると雑務と教育負担が圧倒的に増えると聞いて怯えていたが，実際に明治学院大学に赴任してみると，雑務は東京大学博士課程在籍中の数分の一になった。さらに，毎月一回以上の懇親会における議論も，大いに勉強になった。こうした環境は，安息日の考え方と自由を尊ぶキリスト教主義学校ならではのものであると考える。本来ならば，明治学院大学関係者の全ての方のお名前をあげるべきところであるが，みなさまへの感謝を記すにとどめる。

　最後に，駆け出しの経営学研究者である私に，単著の研究書を出版する機会をくださった有斐閣，ならびに同書籍編集第二部専任次長の藤田裕子氏，同じく書籍編集第二部の得地道代氏の，原稿執筆から出版までのご尽力の数々に深く感謝申し上げる。お二人には，カバーの挿画を砂長正宗氏（東京藝術大学）にお描きいただきたいという，私の我儘にも付き合っていただいた。こうして生まれたカバー画のテーマは，本書と同じ「イノベーションを

生む"改善"」であり，たとえ羽ばたき自体は小さくとも，それが有機的に組み合わされ空気をつかんで，結果として飛躍（イノベーション）ができるという本書のイメージをもとに，砂長氏が描き下ろしたものである。

なお，本書の基礎となった研究の遂行に費やした資金は，5年間という長期にわたった文部科学省・日本学術振興会博士課程教育リーディングプログラム「東京大学ソーシャル ICT グローバル・クリエイティブリーダー育成プログラム」によるご支援ならびに日本生産性本部「生産性研究助成」からのご支援によるものである。また，2019年からは日本学術振興会科学研究費助成事業（若手研究，課題番号 19K13782）のご支援も受けている。さらに，本書の出版にあたっては，GBRC 三菱地所経営図書出版助成による支援が不可欠であった。こうした経済的なご支援の数々にも重ね重ね感謝したい。

ここに列記した個人・機関の数々は，紙幅の関係から，本書で取り上げた研究の遂行や本書の草稿へのコメントなど，今回の出版に直接かかわった方のみにとどまっており，本来ならば，ほかにもお名前をあげさせていただきたい方が多数いらっしゃる。そうした全ての方々・関係各位に，改めて心から感謝申し上げる。

こうしたさまざまな方々のご厚意によって成り立っている本書であるとはいえ，本書に誤りや過不足，いわゆる「若書き」ゆえの大風呂敷や勇み足などの欠点があるとすれば，これらは全て筆者の私のみの責任に帰するところである。本書の出版以後もこの研究に終わりはなく，おそらく一生涯自分でも時折思い出したようにつつきまわすテーマになるだろう。本書の出版後に寄せられるであろうさまざまなご指摘・ご批判・ご議論に対しては，今後の研究人生の中で引き続き答え続けていきたい。

　　令和元年 10 月，白金台の研究室にて

岩尾　俊兵

索　引

事 項 索 引

アルファベット

IE　→インダストリアル・エンジニアリング

IMVP　→国際自動車プロジェクト

Oslo Mannual 2018　　13

PDCA サイクル　　v

QCDF&SH　　iii

QC（サークル）活動　　53, 57

QC サークル本部　　149

RBV　→リソース・ベースト・ビュー

S 字曲線間の技術的断絶　　245

S 字曲線の理論　　242

VA/VE 活動　→バリュー・アナリシス／バリュー・エンジニアリング活動

YK 活動　　128

あ 行

アイデア
　　——と資源の結びつきの場　　249
　　——の創出　　144
　　組織内の——淘汰過程　　248

意思決定　　48, 52, 54
　　——前提　　104
　　戦略的な——の余地　　228

異 常　　54

逸脱事例　　190

移動障壁　　228

イノベーション　　iii, 12, 16, 65

　　——創出　　41
　　——としての改善活動　　74
　　——の機会費用・機会損失　　243
　　——の技術決定論　　114, 249
　　——の規模　　78
　　——の前提　　197
　　——の組織決定論〔——活動に対する組織決定論的な見方〕　　50, 114, 249
　　——の有効性　　101
　　——を生む改善　　226, 240
　　長期的な——　　247
　　民主的・分権的な——　　21

イノベーション活動のモデル　　159

イノベーション戦略　　28
　　改善活動をめぐる——　　241

イノベーション・マネジメント　　23

イノベーション論　　5, 7, 14, 40, 48

インクリメンタル・イノベーション　　14-17, 20, 39, 48, 74, 246

インダストリアル・エンジニアリング〔IE〕　　4

エルゴノミクス　　123

オーラル・ヒストリー　　209

か 行

海外（生産）拠点
　　——の改善活動　　178, 181
　　——の製造パフォーマンス点数　　184

海外生産　　180

278　索　引

垂直的——　180
水平的——　180
改善イベント　35
改善意欲　196
カイゼンエンジニア　192
改善活動〔改善〕　ii, 2, 3, 30, 74, 83, 228
　——が尽きない理由　45
　——全体　4
　——（をおこなう）組織　3, 114, 126
　——の意義　8
　——の規模　25, 34, 78, 114, 116, 121,
　　126
　——の規模別分布〔規模別発生数〕
　　114, 117
　——の偶発性　105
　——の支援　102
　——の実態把握　68, 74
　——のステレオタイプ　19
　——の性質　116
　——の性質変化　178, 197
　——の潜在性　67, 251
　——の専門家　102
　——の大規模化　67, 74
　——のための組織構造　123
　——の多様性　6
　——の調整者　102
　——の定着　179, 197
　——のバラツキ　7
　——の分類図　118
　——の方向性についての合意　197
　——のマネジメント　144, 175
　——の予算　126
　——の余地　18
　——のリトロダクション　226
　——の連鎖　248
　——を主に担う組織成員　122
　——をめぐるイノベーション戦略
　　241
　——をめぐる規範（論）　6, 19, 22

海外（生産）拠点の——　178, 181
掛け算の——　247
継続的——　3
個別——　3
作業者中心（型）の——　123, 126,
　　164, 179, 199
小規模中心（型）の——　126
小規模で作業者中心の——　119
全社規模の——　38
大規模中心（型）の——　126, 134
足し算の——　247
単純化された——　161
知に足がついた——　128
バランス型の——　121, 126, 136, 171,
　　172
ボトムアップ型の——　198
本社技術者中心〔技術者主導, 技術者中
　　心〕（型）の——　123, 124, 126, 134,
　　165, 179, 199
本社技術者中心で大規模な——　119
問題解決の連鎖としての——　74
改善機会の分布　113
改善工　83
改善志向　247
改善提案　190
　——の実施率　191
カイゼンドージョー　191
改善能力　61, 178, 182, 183
改善プロジェクト　30, 35
　——の規模　101
隠れた製造・生産活動　11
過小投資の壁　242
仮想空間　161
仮想世界　158
過大投資の壁　242, 245
課　長　82
観察期間
　——の長短　227
　改善活動の——　75

かんばん方式　54
技術員　204
技術員室　38, 83, 123, 127, 137, 202, 204
　　──の歴史的な成立条件　209
技術決定論　143
技術者　76, 103
　　作業者と──との調整　57
　　調整役の──　84
技術者中心〔技術者主導〕　→本社技術者
　　中心
技術戦略　226
技術体系　50, 114
技術的知識　103
技術的な問題　56
記述統計分析　179, 184
既存企業の劣位性　245
技能員　204
規範化　3
共通言語　191, 193, 195
共通認識　195
業務能力　182
組立産業　16
組　長　83
経営戦略論　58
経営組織論　4, 23, 54, 58, 59
経営トップ　213
　　──・レベルの意思決定　228
経営の現地化　195
形式知化　182, 211
継続的イノベーション　18
権威受容　104, 214
原価改善（活動，効果）　10, 85
権限委譲　55, 197
権限の分配　162
工場技術員　7, 83, 102, 127, 202, 204
工場長　82
工　長　83
工程イノベーション　14, 16, 105
　　大規模な──　246

工程・作業の削減　18
工程設計　57
公理的〔公理系〕設計理論　42
国際自動車プロジェクト〔IMVP〕　179,
　　183
国際的な能力構築競争　178, 181
コミュニケーション　48, 103, 250
　　トップダウン型の──　198
コンカレント・エンジニアリング　49
コンティンジェンシー関係　175
コンピュータ・シミュレーション　69,
　　158
コンフリクト　104, 175, 196

さ　行

再理論化　→リトロダクション
作業者　24, 52
　　──と技術者との調整　57
　　現場──　122
　　直接──　83
作業者中心（型の改善活動）　123, 126,
　　164, 179, 199
　　小規模で──の改善活動　119
作業集団　24, 52
作業標準　190
　　──改定　83
三角測量法的・混合法的な方法　69
産業活性化　247
参与観察　69, 80
資　源
　　──の獲得・調整　144
　　──の再配分・再配置　60
　　──配置の分権化　203
　　──配分　175, 197
　　アイデアと──の結びつきの場　249
自己組織化　60
持続的競争優位　8
実験的アプローチ　69
自動化　130

自働化　202
自動車産業の最終組立工場　82
島工程　130
シミュレーション　157
　　——上の距離　161
社会科学　4, 69
ジャスト・イン・タイム　202
収益向上活動　149
集権的な組織　122
集団力学　52
シュンペーター的レント　58
小規模中心（型の改善活動）　126
小集団改善活動　53
小集団活動　49, 52, 122
少人化　130
省人化　130
情報公理　43
事例研究　69, 71, 124
事例紹介　32
進化経済学　248
進化能力　61
人件費　244
人工社会構築技法　157
人工物　43
　　——の連続的な設計変更　46
　　巨大——　46
　　複雑な——　64
人事制度　194, 196
シンプル・セオリー　146, 157
信頼　214
遂行的側面　62
ステークホルダー〔利害関係者〕　75, 78,
　　101, 106
スモールワールド　249
　　——・グラフ　173
生産関数　247
生産管理（論）　4, 32
生産現場〔製造現場〕　45, 46
　　——と本社の距離　168

生産志向　247
生産性　185
　　——のジレンマ　18, 245
生産能率　82
生産変動　211
生産リードタイム　185
製造現場　→生産現場
制度化　3
製品イノベーション　16, 106
製品開発（論）　39, 45
成文化　182
世界観の対立・コンフリクト　64
設計　43
設備開発　39, 134
全社的な組織要因　24
全社的なマネジメント〔全社的経営努力〕
　　28, 174, 179, 228
専門家　103
相転移　166, 172
組織　249
　　——定着のための全社的経営努力　28
　　——内での変化の源泉　61, 65
　　——の形　249
　　——の硬直　60
　　——の広さ　250
　　——の目的・手段関係　54
　　戦略と——の不一致　244
　　理想の——　60
組織化の過程　41
組織間学習　11
組織形態　49
組織決定論　144
組織構造　4, 7, 48, 59, 65, 114, 116, 121,
　　144, 175
　　——の変化〔変革〕　198, 228
　　改善活動のための——　123
　　分権的な——　122
組織成員　26
　　改善活動を主に担う——　122

事項索引　　281

組織設計　　6, 8, 28, 41, 48, 158, 175, 228
　　──のイノベーション　　241
　　──の変更　　216
　　全社（的な）──　　28, 213
組織デザイン論　　250
組織能力　　59
　　マクロな──　　61
組織変革　　59
組織ルーティン　　54, 61, 62

た　行

大規模中心（型の改善活動）　　126, 134
対数正規分布　　113
ダイナミック・ケイパビリティ　　59, 61
大量生産　　210
タクトタイム　　86
脱成熟　　226, 246
探索と深化〔深耕, 活用〕　　245
知識移転　　182
チーミング　　60
チームワーク　　52
調整　　48, 65, 75
　　──集約的な製造現場　　46
　　──専従スタッフ　　208
　　──の困難度　　208
　　──役の技術者　　84
　　作業者と技術者との──　　57
　　組織内──　　115
調整活動　　26, 45, 55
調整形態　　41, 175
　　──の変化　　216
調整範囲　　47, 60, 78, 121
調整問題　　23, 25, 48, 62, 106
　　──の量的指標　　78
　　垂直方向の〔垂直的な〕──　　64, 197
　　水平方向の──　　64
調整量　　78, 101
通常型イノベーション　　14, 15, 19
定量的研究アプローチ　　69

手待ちのムダ　　85
統計分析　　69
投資規模の分布　　113
投資失敗のリスク　　243
独立公理　　43
トップダウン　　104
　　──型のコミュニケーション　　198
ドミナント・デザイン　　14, 17
トヨタ自動車高岡工場　　80
トヨタ生産方式　　9, 54, 100, 202

な　行

日本人派遣者　　193
認知フレーム　　196, 197
ネットワーク　　172, 173

は　行

バッファー　　46
バランス型（の改善活動）　　121, 126, 136,
　　171, 172
バリュー・アナリシス／バリュー・エンジ
　　ニアリング〔VA/VE〕活動　　10
班　長　　83
比較事例分析　　125, 179, 184
品　質　　185
ファットな組織　　106
複合的研究アプローチ　　68
複利計算　　247
部　長　　82
物質的側面　　62
フットワーク　　161, 170
フレキシビリティ　　185, 208
フレーミング　　196, 197, 228
フレームワーク　　26
プロジェクト・チーム　　207
プロセス産業　　16
変化の強制　　104
変種変量ライン（化）　　87, 100, 105
歩行のムダ　　87

保全工　83
ボトムアップ　104
　——型の改善活動　198
本社技術者〔本社技術部門〕　122
本社技術者中心〔技術者主導，技術者中
　心〕（型の改善活動）　123, 124, 126,
　134, 165, 179, 199
　——で大規模な改善活動　119

ま・や 行

マネジメント　106
マルチエージェント・シミュレーション
　157
ミドル・アップ・ダウン　60
無人化　129
明示的側面　62
メジャー・イノベーション　15
面積効率　128
問題解決　43
　——の一般理論　42
問題解決の連鎖　42, 45, 66, 105, 143, 241,
　247
　——としての改善活動　74
　潜在的な——　112, 228
　組織的な——　41
要素間の相互依存性　45

ら 行

ライン・アンド・スタッフ組織　84

ライン組織　103
ライン内スタッフ　76, 85, 103, 106, 123,
　126, 136, 173, 202, 204, 205, 241, 249
　——型　124, 165, 171, 199
　——制　243
　——制度の定着　215
　——組織　7, 122, 213
　——の存在意義　211
　——の努力　215
　——の必要性　206, 215
　——への依存度　215
ラディカル・イノベーション　15, 18, 48,
　100, 105
乱数シード値　163
ランダム・グラフ　173
リアル・オプション　244
利害関係者　→ステークホルダー
リソース・ベースト・ビュー〔RBV〕
　59
リトロダクション〔再理論化〕　3, 19
　改善活動の——　226
両利き経営　246
理論負荷性・理論負荷的問題　2
リーン生産（方式）　9, 54, 106, 184
ルーティン・ダイナミクス　62, 65
ルーティン・ワーク　54
連結ピン　7
ロングテール型の技術変化　9

人 名 索 引

A–F

Abernathy, W. J.　　15, 16, 18, 246
Anderson, P.　　50
Aoki, M.　　48
Baghel, A.　　13
Benner, M. J.　　18
Bessant, J.　　8, 35
Bhuiyan, N.　　13
Caves, R. E.　　228
Clark, K. B.　　50
D'Adderio, L.　　64
Edmondson, A. C.　　60, 197
Enos, J. L.　　15, 16
Farris, J. A.　　32, 35
Feldman, M. S.　　62
Foster, R. N.　　242, 245

G–N

Glover, W. J.　　32, 35
Hanson, G. H.　　2
Henderson, R. M.　　50
Holweg, M.　　186
Kogut, B.　　182
Kuhn, T. S.　　242
Lawrence, P. R.　　50
Lorsch, J. W.　　50
MacDuffie, J. P.　　186
Marquis, D. G.　　13, 159
Martini, A.　　18
Myers, S.　　13, 159
Nelson, R. R.　　13

P–U

Pentland, B. T.　　62
Pil, F. K.　　186

Porter, M. E.　　228
Quinn, R. E.　　59
Romanelli, E.　　48
Schumpeter, J. A.　　41
Suh, N. P.　　43, 44
Teece, D. J.　　58
Tushman, M. L.　　18, 48, 50
Utterback, J. M.　　16, 18

V–Z

Van de Ven, A. H.　　25
Weick, K. E.　　59
Winter, S. G.　　13
Womack, J. P.　　80, 186
Yin, R. K.　　69
Zander, U.　　182

あ 行

池淵浩介　　38
今井正明　　8, 12, 13, 32–35, 38, 80
岩尾俊兵　　159
大鹿隆　　183
大野耐一　　10, 38, 123, 210, 213, 217–219, 223

か・さ 行

川瀬武志　　21
佐武弘章　　202
篠原健一　　196
鈴村喜久男　　202

た・な 行

武石彰　　25
豊田章男　　ii
中條武志　　57
沼上幹　　227

野中郁次郎　49, 60

は 行

林南八　202
原田武彦　38, 218

フォード, H.　224
藤本隆宏　45, 61, 149, 181, 183, 205

わ 行

渡辺捷昭　81, 84, 214

著者紹介

岩尾　俊兵（いわお・しゅんぺい）

慶應義塾大学商学部准教授，東京大学博士（経営学）

平成元年，佐賀県生まれ。
平成25年，慶應義塾大学商学部卒業。
平成27年，東京大学大学院経済学研究科経営専攻修士課程修了。
平成30年，東京大学大学院経済学研究科マネジメント専攻博士課程修了。
平成30年～令和3年，明治学院大学経済学部専任講師。
令和3年～令和4年，慶應義塾大学商学部専任講師。
令和4年より現職。

主な著作　Continuous improvement revisited (*Management and Business Review*, 2(1), 2022年)；『13歳からの経営の教科書』(KADOKAWA, 2022年)；『日本"式"経営の逆襲』(日本経済新聞出版, 2021年)；「インクリメンタル・イノベーションと組織設計」(『組織科学』52(2), 2018年, 第36回組織学会高宮賞論文部門受賞) ほか。
　本書により，第73回義塾賞，第37回組織学会高宮賞著書部門，第22回日本生産管理学会賞理論書部門を受賞。

イノベーションを生む"改善"：
自動車工場の改善活動と全社の組織設計
The KAIZEN Activities Revisited:
Organizational Structures and Innovation Strategies in the Japanese Auto Industry

2019年12月25日　初版第1刷発行
2025年6月15日　初版第3刷発行

著　者	岩　尾　俊　兵	
発行者	江　草　貞　治	
発行所	株式会社　有　斐　閣	

〒101-0051
東京都千代田区神田神保町2-17
https://www.yuhikaku.co.jp/

印刷・株式会社精興社／製本・大口製本印刷株式会社
© 2019, Shumpei Iwao. Printed in Japan
落丁・乱丁本はお取替えいたします。
★定価はカバーに表示してあります。
ISBN 978-4-641-16557-1

[JCOPY]　本書の無断複写（コピー）は，著作権法上での例外を除き，禁じられています。複写される場合は，そのつど事前に，(一社)出版者著作権管理機構（電話03-5244-5088, FAX03-5244-5089, e-mail:info@jcopy.or.jp）の許諾を得てください。